スッキリわかる

ディープラーニングG検定

ジェネラリスト

第2版

テキスト&問題演習

はじめに　～第２版刊行にあたって～

本書の第１版は2020年３月に出版されました。

しかし、その半年後に画像認識の分野で従来のモデルを上回る成績を出したVision Transformerが発表され、話題になりました。

また、YOLOやEfficientNetのような代表的なモデルも次々とバージョンアップをし、より高い性能を出せるようになりました。

AIの業界はまさに日進月歩を繰り返しています。そんな中、G検定試験の様式も大きく変わってきています。

まず、画像認識、自然言語処理、強化学習、生成モデルなどの目覚ましい発展を見せる分野のシラバスが増量されました。

出題形式も、従来の長文の穴埋めをする形式は見られなくなり、一問一答の形式が主流となりました。

これは、出題する問題を選ぶ際に、各分野・項目の割合を柔軟に変更できるようにするためだと考えられます。

このことから、今後も発展が期待される分野の出題数が増加していくことが予想されます。

本書では、これらのG検定試験の変更に合わせて大幅に加筆、修正を実施しました。

より出題傾向の高い分野（章）のボリュームを増やし、問題演習も一問一答形式が主流の本番の試験と同じ形にしています。

実際に、近年のG検定試験で出題された問題を見ても、本書は大半をカバーできていると自負しております。

読者の皆様のディープラーニングに対する理解が深まり、合格の一助になることができましたら幸いです。

2022年１月　著者一同

本書の特長と学習法

本書は、「ディープラーニングG検定（ジェネラリスト）」を、執筆陣が実際に受験して出題内容を分析し、「試験に出るところ」に絞って解説、予想問題を演習することができる効率的な試験対策書です。

本書の章構成は、「ディープラーニングG検定」のシラバスに準拠しています。

- 第１章～第５章は、AIおよびディープラーニングの概要説明
- 第６章～第10章は、ディープラーニングの各種手法と領域毎の応用技術
- 第11章は、ディープラーニングの社会実装に向けた課題や各国の取り組みについての各論

となっています。

また、各章は大きく**Super Summary**というまとめのページと、基礎知識を図解したテキストパート、予想問題とその解答・解説でトレーニングする問題演習パートの３つで構成されています。

Super Summary

章またはセクションの冒頭に、「まとめ」のページを設けてあります。

新しい分野に取り組む前に、その分野の全体像と重点学習ポイントを把握するのに役立ちます。

また、試験直前の対策として、最低限、「ここだけは押さえおこう！」の最重要用語は再チェックしておきましょう。

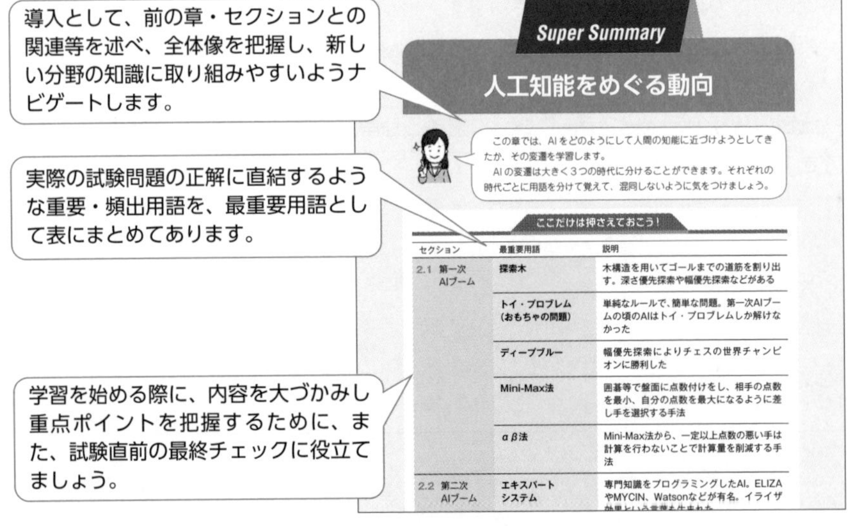
導入として、前の章・セクションとの関連等を述べ、全体像を把握し、新しい分野の知識に取り組みやすいようナビゲートします。
実際の試験問題の正解に直結するような重要・頻出用語を、最重要用語として表にまとめてあります。
学習を始める際に、内容を大づかみし重点ポイントを把握するために、また、試験直前の最終チェックに役立てましょう。

Super Summary

人工知能をめぐる動向

この章では、AIをどのようにして人間の知能に近づけようとしてきたか、その変遷を学習します。

AIの変遷は大きく３つの時代に分けることができます。それぞれの時代ごとに用語を分けて覚えて、混同しないように気をつけましょう。

ここだけは押さえておこう！

セクション	最重要用語	説明
2.1 第一次AIブーム	探索木	木構造を用いてゴールまでの道筋を割り出す。深さ優先探索や幅優先探索などがある
	トイ・プロブレム（おもちゃの問題）	単純なルールで、簡単な問題。第一次AIブームの頃のAIはトイ・プロブレムしか解けなかった
	ディープブルー	幅優先探索によりチェスの世界チャンピオンに勝利した
	Mini-Max法	囲碁等で盤面に点数付けをし、相手の点数を最小、自分の点数を最大になるように差し手を選択する手法
	αβ法	Mini-Max法から、一定以上点数の悪い手は計算を行わないことで計算量を削減する手法
2.2 第二次AIブーム	エキスパートシステム	専門知識をプログラミングしたAI。ELIZAやMYCIN、Watsonなどが有名。イライザ

テキストパート

テキストパートでは、「試験に出るところ」を中心に、ディープラーニングに関する基礎知識を図解してあります。

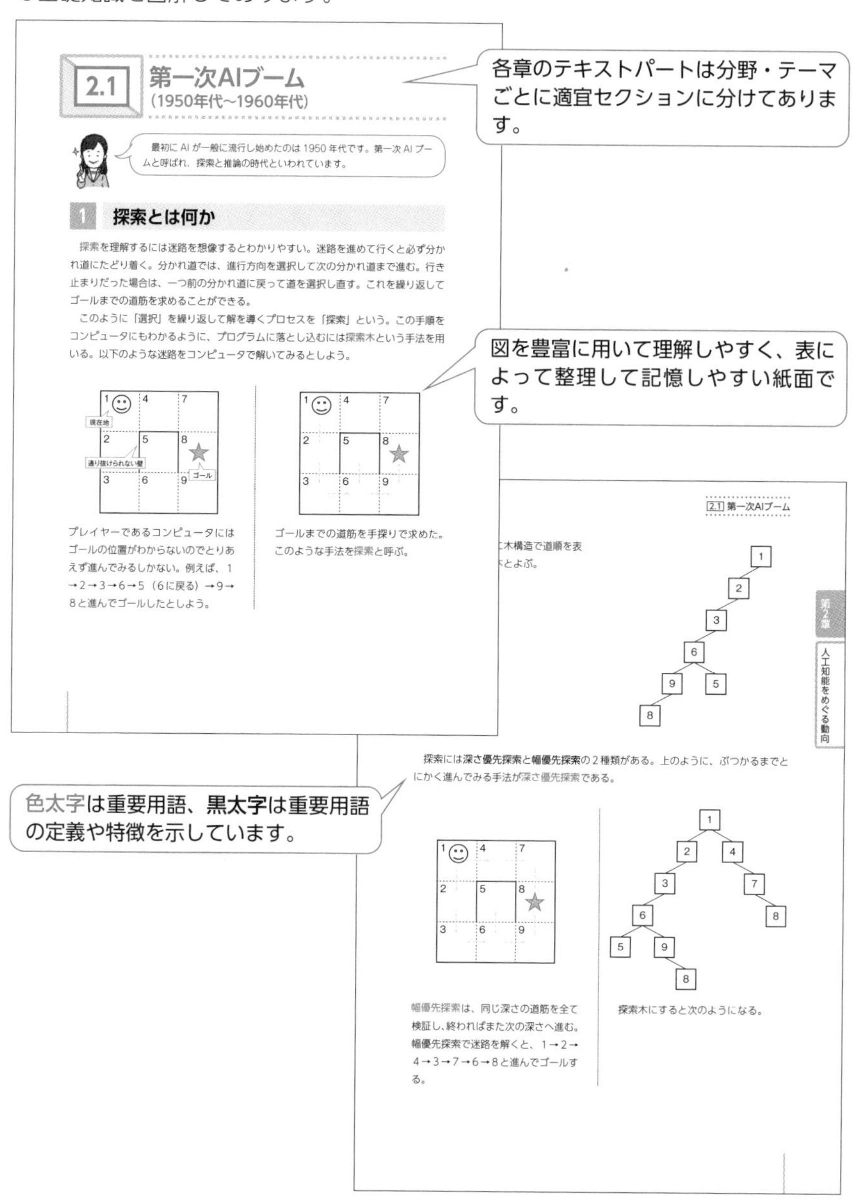

問題演習パート

実際に出題された問題を分析し、出題可能性の高い用語等を用い、出題形式も本番さながらの形とした予想問題を計206問（付録の例題含む）、関連する章の章末に掲載しました。この一冊で必要十分な問題演習ができるようになっています。

解説には、テキストの総論的な説明に掲載していない各論的知識も掲載してありますので、正解した問題の解説も、しっかり読んでおくことをお勧めします。

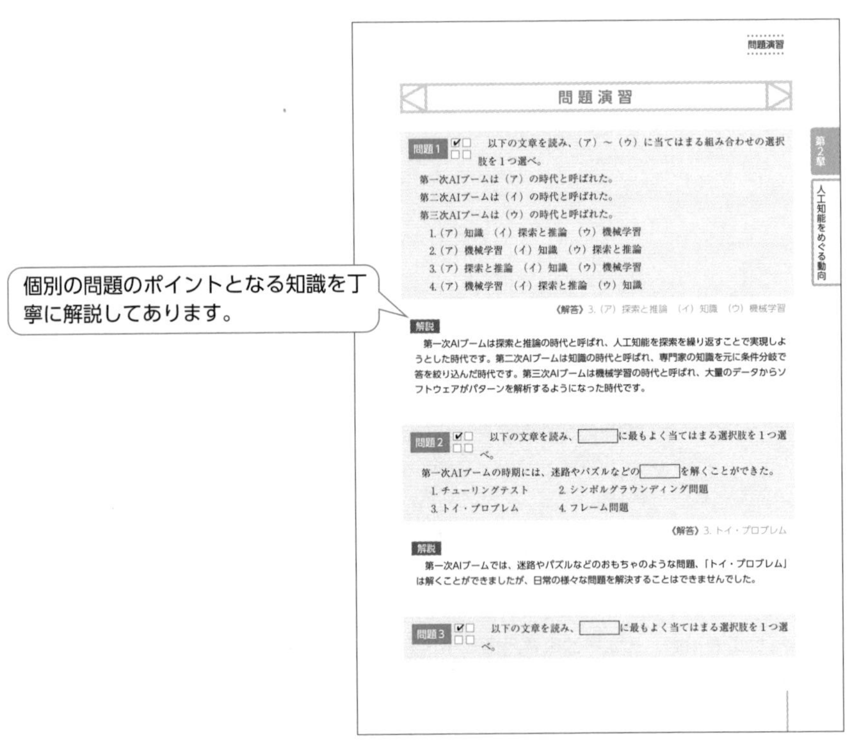
個別の問題のポイントとなる知識を丁寧に解説してあります。

問題演習

第2章 人工知能をめぐる動向

問題演習

問題1 以下の文章を読み、（ア）～（ウ）に当てはまる組み合わせの選択肢を1つ選べ。

第一次AIブームは（ア）の時代と呼ばれた。
第二次AIブームは（イ）の時代と呼ばれた。
第三次AIブームは（ウ）の時代と呼ばれた。

1.（ア）知識　（イ）探索と推論　（ウ）機械学習
2.（ア）機械学習　（イ）知識　（ウ）探索と推論
3.（ア）探索と推論　（イ）知識　（ウ）機械学習
4.（ア）機械学習　（イ）探索と推論　（ウ）知識

《解答》3.（ア）探索と推論　（イ）知識　（ウ）機械学習

解説

第一次AIブームは探索と推論の時代と呼ばれ、人工知能を探索を繰り返すことで実現しようとした時代です。第二次AIブームは知識の時代と呼ばれ、専門家の知識を元に条件分岐で答を絞り込んだ時代です。第三次AIブームは機械学習の時代と呼ばれ、大量のデータからソフトウェアがパターンを解析するようになった時代です。

問題2 以下の文章を読み、［　　］に最もよく当てはまる選択肢を1つ選べ。

第一次AIブームの時期には、迷路やパズルなどの［　　］を解くことができた。

1. チューリングテスト　　2. シンボルグラウンディング問題
3. トイ・プロブレム　　4. フレーム問題

《解答》3. トイ・プロブレム

解説

第一次AIブームでは、迷路やパズルなどのおもちゃのような問題、「トイ・プロブレム」は解くことができましたが、日常の様々な問題を解決することはできませんでした。

問題3 以下の文章を読み、［　　］に最もよく当てはまる選択肢を1つ選べ。

ディープラーニングG検定の概要

ディープラーニングG検定（ジェネラリスト）は、一般社団法人 日本ディープラーニング協会（Japan Deep Learning Association,JDLA）が実施している下記２つのディープラーニング資格・検定試験のひとつで、ディープラーニングを事業に活かすための知識を有しているかを検定する試験です。

G検定 ジェネラリスト	E資格 エンジニア
ディープラーニングの基礎知識を有し、適切な活用方針を決定して事業応用する能力を持つ人材	ディープラーニングの理論を理解し、適切な手法を選択して実装する能力を持つ人材

■ディープラーニングG検定の試験概要

●受験資格

：制限なし

●試験概要

：試験時間120分、小問191問（2021年11月試験実績）
　オンライン実施（自宅受験）

●出題問題

：シラバス（次頁参照）より出題

●試験日（2022年の実績および予定日）

：３月５日(土)、７月２日(土)、11月５日(土)

●受験料

：一般 13,200円（税込）　　学生 5,500円（税込）

●申込方法

：G検定受験申込サイトより申し込み（クレジットカード決済またはコンビニ決済）

●受験サイト

：https://www.jdla-exam.org/d/

※詳細、最新情報は日本ディープラーニング協会のG検定試験のサイト
（https://www.jdla.org/certificate/general/）にて、ご確認ください。

■G検定のシラバス

●人工知能（AI）とは（人工知能の定義）

●人工知能をめぐる動向

探索・推論、知識表現、機械学習、深層学習

●人工知能分野の問題

トイプロブレム、フレーム問題、弱いAI、強いAI、身体性、シンボルグラウンディング問題、特徴量設計、チューリングテスト、シンギュラリティ

●機械学習の具体的手法

代表的な手法（教師あり学習、教師なし学習、強化学習）、データの扱い、評価指標

●ディープラーニングの概要

ニューラルネットワークとディープラーニング、既存のニューラルネットワークにおける問題、ディープラーニングのアプローチ、CPUとGPU、ディープラーニングのデータ量、活性化関数、学習率の最適化、更なるテクニック

●ディープラーニングの手法

CNN、深層生成モデル、画像認識分野での応用、音声処理と自然言語処理分野、RNN、深層強化学習、ロボティクス、マルチモーダル、モデルの解釈性とその対応

●ディープラーニングの社会実装に向けて

AIプロジェクトの計画、データ収集、加工・分析・学習、実装・運用・評価、法律（個人情報保護法・著作権法・不正競争防止法・特許法）、契約、倫理、現行の議論（プライバシー、バイアス、透明性、アカウンタビリティ、ELSI、XAI、ディープフェイク、ダイバーシティ）

※最新のシラバス、詳細なシラバスは、下記の日本ディープラーニング協会のホームページにて、必ずご確認ください。

●日本ディープラーニング協会HP（「資格試験/講座」のページ）
https：//www.jdla.org/certificate/general

Contents

第3章　人工知能の問題点

第4章　機械学習の具体的な手法

第5章　ディープラーニングの概要

第6章　ディープラーニングの手法

第7章　画像認識、物体検出

第8章　自然言語処理と音声認識

第９章　強化学習

第10章　生成モデル

第11章　ディープラーニングの社会実装に向けて

人工知能（AI）とは

Super Summary

人工知能（AI）とは

この章では人工知能（AI）という言葉のイメージを具体化します。ひと言でAIといっても、ロボットだったり、プログラムだったりと人によって連想されるものが異なります。まずはAIの実態を正確に把握するところからスタートしましょう。

ここだけは押さえておこう！

セクション	最重要用語	説明
1.1 AIの定義	**AI**	Artificial Intelligenceの略で、日本語訳は人工知能。定義については専門家の間でも意見が分かれている
	チューリングテスト	アラン・チューリングが考案した、機械が人間と近いアウトプットをできるかを問う試験
	ローブナーコンテスト	人工知能が最も人間に近い回答ができることを競うコンテスト
	人工知能とロボット	人工知能に必ずしも実体がある必要はない
	AI効果	かつてAIと呼ばれていたものでも、仕組みがわかってしまうと、人間のような知能があるとは見なさなくなる心理現象
	機械学習	データから統計的に法則を導く手法
	ディープラーニング	機械学習の一手法。従来の機械学習では、データの注目すべき部分を人間が指定していたのに対して、ディープラーニングではそれも自動的に判定する（特徴抽出）

1.1 AIの定義

まずはAIという言葉の定義について考えてみましょう。

1 専門家によるAIの定義

AIとはArtificial Intelligenceの略で、日本語では「人工知能」と訳される。人工知能という言葉が初めて使用されたのは、1956年にアメリカで開催されたダートマス会議である。

❏ ダートマス会議

ダートマス会議とは、考えたり、行動したりするプログラムに関する会議で、ジョン・マッカーシーやマービン・ミンスキーなど、人工知能分野の著名人達が参加している。人工知能という学術分野はこの会議から始まった。

では人工知能とはいったいなんなのだろうか。意外かもしれないが、**人工知能という言葉の定義は定まっていない。**次の表に「人工知能とは何か」という問いに対する専門家の回答をまとめた。

▶専門家による人工知能の定義

中島 秀之 公立はこだて未来大学学長	人工的につくられた、知能を持つ実体。あるいはそれをつくろうとすることによって知能自体を研究する分野である
西田 豊明 京都大学大学院 情報科学研究科教授	「知能を持つメカ」ないしは「心を持つメカ」である
溝口 理一郎 北陸先端科学技術 大学院大学教授	人工的につくった知的な振る舞いをするもの（システム）である
長尾 真 京都大学名誉教授 前国立国会図書館長	人間の頭脳活動を極限までシミュレートするシステムである
堀 浩一 東京大学大学院 工学系研究科教授	人工的につくる新しい知能の世界である

浅田 稔 大阪大学大学院 工学系研究科教授	知能の定義が明確でないので、人工知能を明確に定義できない
松原 仁 公立はこだて未来大学教授	究極には人間と区別がつかない人工的な知能のこと
武田 秀明 国立情報学研究所教授	人工的につくられた、知能を持つ実体。あるいはそれをつくろうとすることによって知能自体を研究する分野である（中島氏と同じ）
池上 高志 東京大学大学院 総合文化研究科教授	自然にわれわれがペットや人に接触するような、情動と冗談に満ちた相互作用を、物理法則に関係なく、あるいは逆らって、人工的につくり出せるシステムを、人工知能と定義する。分析的にわかりたいのではなく、会話したり付き合うことで談話的にわかりたいと思うようなシステム。それが人工知能だ
山口 高平 慶應義塾大学理工学部教授	人の知的な振る舞いを模倣・支援・超越するための構成的システム
栗原 聡 電気通信大学大学院 情報システム学研究科教授	工学的につくられる知能であるが、その知能のレベルは人を超えているものを想像している
山川 宏 ドワンゴ人工知能研究所所長	計算機知能のうちで、人間が直接・間接に設計する場合を人工知能と読んでよいのではないかと思う
松尾 豊 東京大学大学院 工学系研究科准教授	人工的につくられた人間のような知能、ないしはそれをつくる技術

（出典：『人工知能は人間を超えるか』松尾豊著、2015、KADOKAWA/中経出版
※所属・役職等は、同書出版時点のもの）

表からわかるように、専門家の間でも一つに意見がまとまっているわけではない。**「人間の知能や知的活動を再現したもの」**であるという意見はおおむね一致しているようではあるが、大阪大学大学院工学研究科教授の浅田氏が述べている通り、「知能」の定義が定まっていないのだ。知能が定義できないと人工知能も定義できない。では知能とはいったい何なのだろうか。

❏ チューリングテスト

数学者であり、「人工知能の父」とも呼ばれるアラン・チューリングは、「アウトプットこそが知能」だと考えた。人間は名前を聞かれれば、自分の名前を答える。数式を与えれば、解を答える。機械に人間と同じような回答ができるのならば、その機械には知能があるという考え方だった。それを象徴する実験が、**チューリングテスト**である。

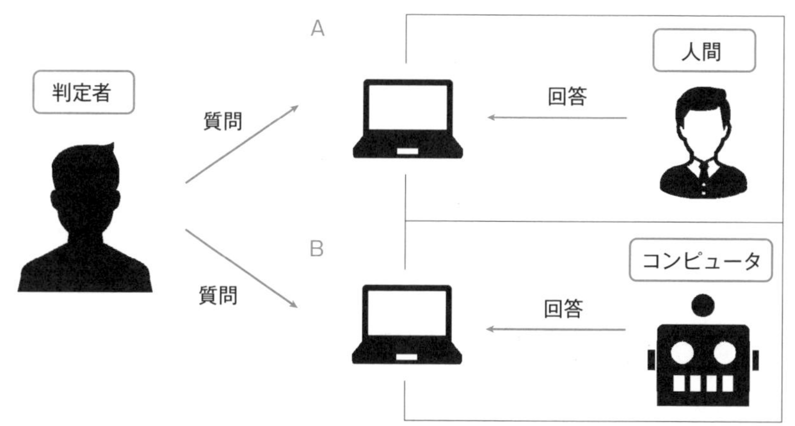

［手順］ 判定者が人間とコンピュータにそれぞれ質問をし、回答させる。判定者と、回答する人間、コンピュータは隔離されており、判定者は回答の内容のみから判定する状態とする。コンピュータの回答をそうと見抜けなかった場合、そのコンピュータには知能がある（合格）とする。

▶チューリングテスト

チューリングは、チューリングテストに合格した機械は知能があるとした。現在でも人工知能は様々な問題に対して、人間のアウトプットに近づけるように（あるいは人間を超えるように）研究が進められており、人工知能が最も人間に近い回答ができることを競うローブナーコンテストも開催されている。競技にはチューリングテストが用いられる。

2 人工知能とロボット

人工知能というとロボットを連想する人が多いのではないだろうか。先述の専門家の定義にもいくつか「実体」という言葉も出てくる。しかし人工知能とロボットは明確に違うものだ。

単純にいえば、ロボットの脳にあたる部分が人工知能である。しかし、人工知能の研究はロボットの脳だけでなく、あらゆる分野で進められている。たとえば、囲碁や将棋のようなゲームの研究ではロボットのような身体は必要ない。

完全な人工知能はまだ実現していないが、その長い研究の中で様々な副産物を生み出してきた。「音声認識」「文字認識」「自然言語処理」「ゲーム」「検索エンジン」などは、社会に大きなインパクトを与え、日常的に使用されている。

これらは当初、「人工知能」と呼ばれていたが、現在、これらを人工知能と呼ぶ人はいないだろう。このように仕組みがわかってしまうと「人間のような知能がある」とは認識されなくなってしまう心理現象を**AI効果**と呼ぶ。人工知能が完成するとしたら、人間には理解できない仕組みとなるのかもしれない。

3 世間にあふれる人工知能

現在、人工知能と呼ばれているものにはどのようなものがあるだろうか。身近な例を考えると、ロボット掃除機は部屋の形や状況などを「考えて」、掃除のルートや時間を変更することができる。

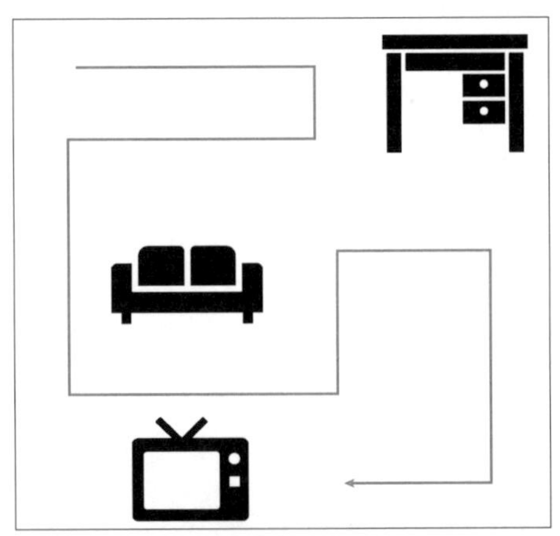

▶ロボット掃除機の掃除ルート

また、AI搭載の洗濯機などは、洗濯物の量や内容などから「考えて」、適した洗濯方法を自動的に選んでくれる。では、AI搭載のエアコンはどうだろうか。部屋の温度の高い部分をセンサーで感知して、冷風をそこに向けるなどしてくれる。そこに「考える」という作業があるようには感じないが、これもAIと呼ばれている。これらは単純にAIとして一括りにするよりも、レベル分けして考える必要がある。

レベル1　単純な制御プログラムを「人工知能」と称している

顧客の興味を惹くためなどの目的でAIと称しているが、実際は予め決められた制御プログラムによって動作しているものをレベル1とする。
先述のエアコンの例はこのレベル1に該当するだろう。センサーの値が一定値を超えれば送風方向を変更するという動作が予めプログラミングされていると考えられるからだ。

レベル2　古典的な人工知能

レベル1から動作が複雑・多様になったものをレベル2とする。将棋のプログラムやロボット掃除機、人間とのQ&Aのようなやりとりができるものがレベル2に該当する。Q&Aのプログラムを実装するには、人間の多岐にわたる質問に対応し、当然、回答パターンも増えるため、レベル1のAIとは大きく異なる。

レベル3　機械学習を取り入れた人工知能

機械学習とはコンピュータを使ってデータから統計的に法則を見つけ出す手法である。例えば天気予報では、過去に雨が降った日の雨雲の位置、気温、湿度、前日の天気などから今日の天気を予測する。レベル2であったものが機械学習を取り入れ、レベル3に上がってきているのが現状だ。

レベル4　ディープラーニングを取り入れた人工知能

ディープラーニングは機械学習の一手法である。従来の機械学習ではデータのどの部分に注目して判断すべきかは人間が指定していたが、ディープラーニングでは注目すべきポイントもデータから自動的に学習する（**特徴抽出**）。音声認識や画像認識で精度をあげるにはディープラーニングが不可欠となっている。機械学習とディープラーニングについての詳細はのちの章で解説する。

　世間にあふれるAIがどのレベルを指しているのか正確に把握することが、AIの本質を考える上では大切である。

問題演習

問題1 ☑□ □□ AIという用語が初めて使用されたのはどこか、最もよく当てはまる選択肢を1つ選べ。

1. ILSVRC　　2. イギリス国立物理学研究所
3. ダートマス会議　　4. オタワ会議

《解答》3. ダートマス会議

解説

AIという用語が初めて使用されたのは1956年にアメリカで開催されたダートマス会議です。ジョン・マッカーシーによって使用されました。

問題2 ☑□ □□ アラン・チューリングによって考案された、機械が知的か否か判定するためのテストを何というか。

1. F検定　　2. インテリジェンステスト
3. k-分割交差検証法　　4. チューリングテスト

《解答》4. チューリングテスト

解説

アラン・チューリングによって考案された、機械が知的か否か判定するためのテストをチューリングテストといいます。チューリングテストには、アウトプットこそが知能であるというチューリングの思想が反映されています。

問題3 ☑□ □□ 以下の文章の空欄に当てはまる単語として最も適切なものを選択肢から選べ。

AIと認識されていたものが原理や使い方が認識されるにつれ、AIだとは認識されなくなる人間の心理を［　　　］と呼ぶ。

1. ELIZA効果　　2. AI効果
3. シンボルグラウンディング問題　　4. AIブーム

《解答》2. AI効果

解説

AI効果は、以前はAIとして認識していたものを使い込んでいくうちに、仕組みやできることが周知され、AIであると認識されなくなる人間心理のことをいいます。代表的な例として検索エンジンが挙げられます。当初、検索AIと呼ばれることもありましたが、一般まで浸透した現代では検索エンジンをAIと認識している人は少ないでしょう。

問題4 ☑□□□ 人工知能がどれだけ人間に近い回答をできるかを競う大会として最も適切なものを選択肢から選べ。

1. ILSVRC　　2. ローブナーコンテスト
3. チューリングテスト　　4. ロボットコンテスト

《解答》2. ローブナーコンテスト

解説

人口知能がどれだけ人間に近い回答ができるかを競う大会は、ローブナーコンテストといいます。コンテストにはチューリングテストが用いられます。

人工知能をめぐる動向

Super Summary

人工知能をめぐる動向

この章では、AI をどのようにして人間の知能に近づけようとしてきたか、その変遷を学習します。

AI の変遷は大きく３つの時代に分けることができます。それぞれの時代ごとに用語を分けて覚えて、混同しないように気をつけましょう。

ここだけは押さえておこう！

セクション	最重要用語	説明
2.1 第一次AIブーム	**探索木**	木構造を用いてゴールまでの道筋を割り出す。深さ優先探索や幅優先探索などがある
	トイ・プロブレム（おもちゃの問題）	単純なルールで、簡単な問題。第一次AIブームの頃のAIはトイ・プロブレムしか解けなかった
	ディープブルー	幅優先探索によりチェスの世界チャンピオンに勝利した
	Mini-Max法	囲碁等で盤面に点数付けをし、相手の点数を最小、自分の点数を最大になるように差し手を選択する手法
	αβ法	Mini-Max法から、一定以上点数の悪い手は計算を行わないことで計算量を削減する手法
2.2 第二次AIブーム	**エキスパートシステム**	専門知識をプログラミングしたAI。ELIZAやMYCIN、Watsonなどが有名。イライザ効果という言葉も生まれた
	知識表現	知識（概念）をどのように整理していくかという研究分野
	意味ネットワーク	知識表現研究の産物。概念同士をリンクして知識を表現する

2.2 第二次AIブーム	**オントロジー**	概念同士をis-a関係、part-of関係などで表す考え方。間違いがないようにつくり込んでいくヘビーウェイト・オントロジーと、機械によって自動的につくるライトウェイト・オントロジーがある
	形式知	人間が説明できる知識
	暗黙知	人間が説明できない知識
	ウェブマイニング	データから必要な情報を抽出するデータマイニングを、Web上の情報に対して行うこと
	セマンティックWeb	Webサイトにメタデータを付与することによって、コンピュータがWebサイトを解析しやすくする
2.3 第三次AIブーム	**機械学習**	大量のデータから統計的に回帰や分類を行う手法
	強化学習	AIの判断に点数をつけて高得点を目指させる手法。AlphaGoやPonanzaで用いられる
	AlphaGo	強化学習にディープラーニングを応用したAI。囲碁の世界チャンピオンに勝利した
	ニューラルネットワーク	機械学習の一手法。人間の脳神経回路をプログラムで模倣
	ディープラーニング	ニューラルネットワークの隠れ層を深くしたもの。2012年のILSVRCで圧勝し、一躍有名に。自動的に特徴抽出を行う
	統計的自然言語処理	人間が自然な会話の中で使用する言語を統計的に意味解析する
	特徴抽出	推論に必要なデータの特徴量を抽出すること
	過学習	訓練用データに過適応してしまい、未知のデータに対応できない状態
	次元の呪い	データが複雑になると学習に必要なデータが指数関数的に増えてしまうこと

2.1 第一次AIブーム（1950年代～1960年代）

最初にAIが一般に流行し始めたのは1950年代です。第一次AIブームと呼ばれ、探索と推論の時代といわれています。

1 探索とは何か

探索を理解するには迷路を想像するとわかりやすい。迷路を進めて行くと必ず分かれ道にたどり着く。分かれ道では、進行方向を選択して次の分かれ道まで進む。行き止まりだった場合は、一つ前の分かれ道に戻って道を選択し直す。これを繰り返してゴールまでの道筋を求めることができる。

このように「選択」を繰り返して解を導くプロセスを「探索」という。この手順をコンピュータにもわかるように、プログラムに落とし込むには探索木という手法を用いる。以下のような迷路をコンピュータで解いてみるとしよう。

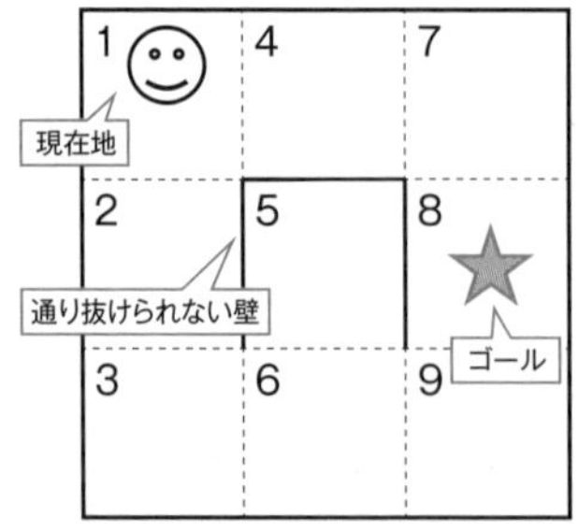

プレイヤーであるコンピュータにはゴールの位置がわからないのでとりあえず進んでみるしかない。例えば、1→2→3→6→5（6に戻る）→9→8と進んでゴールしたとしよう。

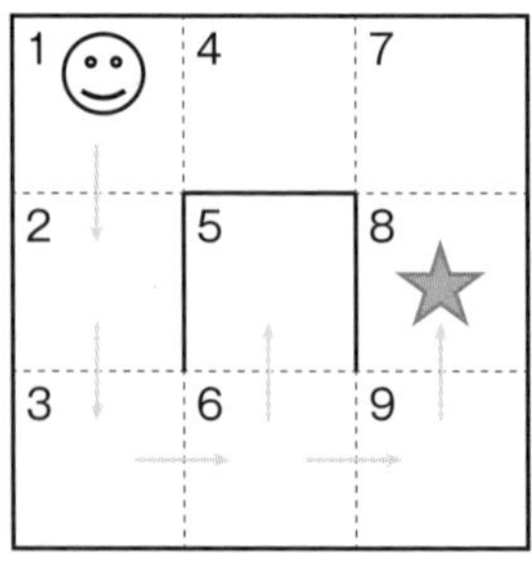

ゴールまでの道筋を手探りで求めた。このような手法を探索と呼ぶ。

わかりやすいように木構造で道順を表現したものを**探索木**とよぶ。

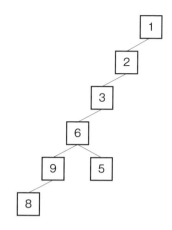

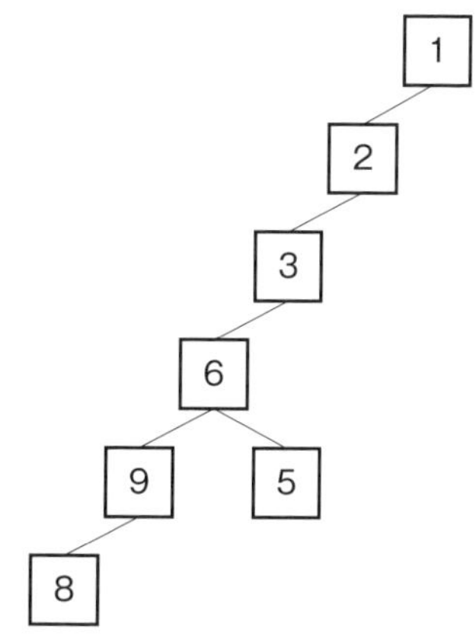

探索には**深さ優先探索**と**幅優先探索**の２種類がある。上のように、ぶつかるまでとにかく進んでみる手法が**深さ優先探索**である。

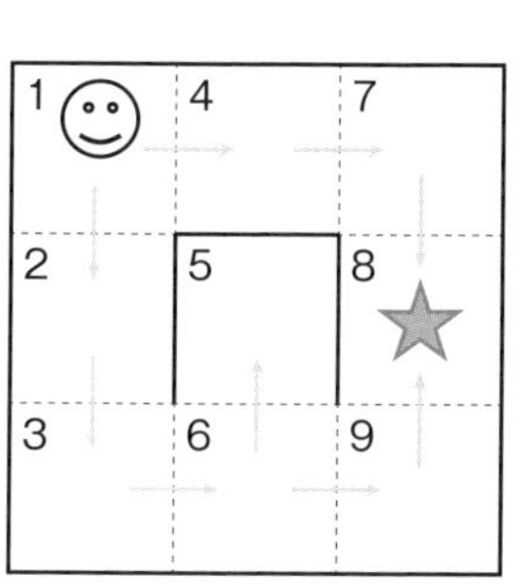

幅優先探索は、同じ深さの道筋を全て検証し､終わればまた次の深さへ進む。幅優先探索で迷路を解くと、１→２→４→３→７→６→８と進んでゴールする。

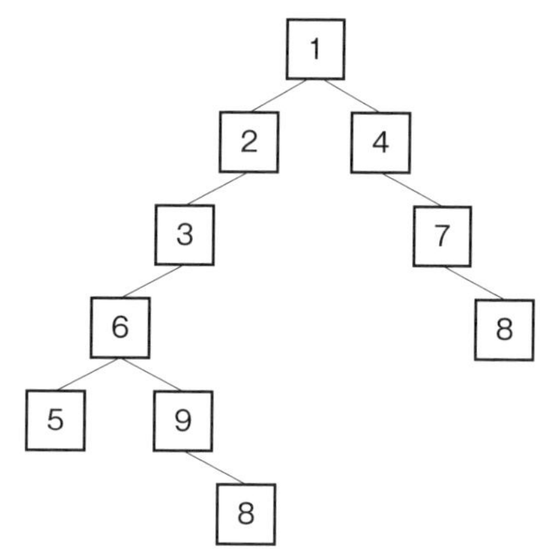

探索木にすると次のようになる。

それぞれの手法のメリットとデメリットをまとめておく。

▶探索手法とメリット、デメリット

探索手法	メリット	デメリット
深さ優先探索	負荷が小さい	遠回りする可能性がある
幅優先探索	最短経路が見つかる	負荷が大きい

実際にチェスの世界チャンピオンに勝利したことで名を馳せたディープ・ブルーは、この幅優先探索で指手を決めていた。

しかし、チェスよりも指手のパターンが多く複雑な囲碁や将棋では計算が追いつかなかった。そこで考案されたのがMini-Max法とαβ法である。この二つの手法の特徴は盤面を評価することにある。シンプルなオセロの例で考えてみよう。次の図のように、初手黒が指した後の盤面が自分にとってどれぐらい有利かを数値化する。

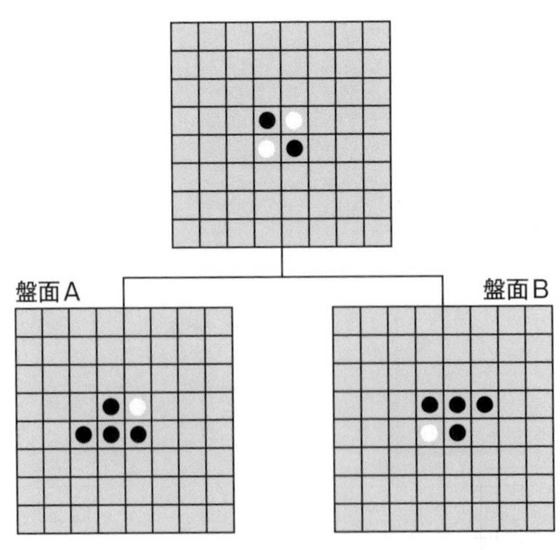

▶盤面の評価

自分にとって有利であれば高い数値で評価し、不利であれば低い数値で評価する。Mini-Max法では、評価値が自分にとって最大、相手にとって最小になるように手を選ぶ。そして次の盤面も更に評価し、より有利になるように選択していく。

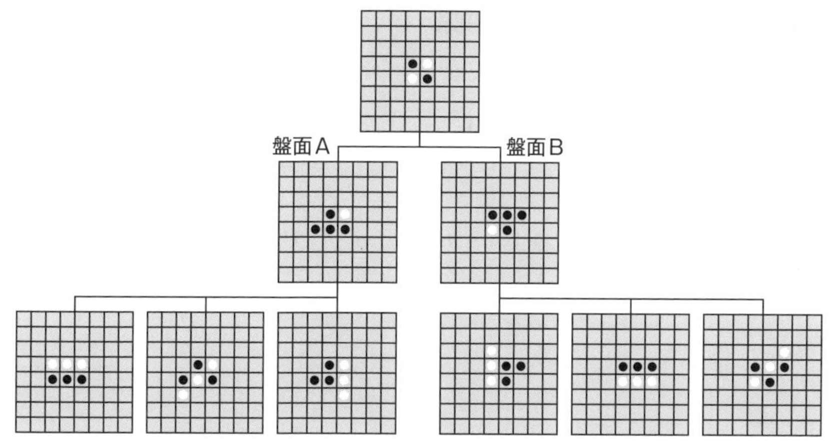

▶無数の未来

更に計算量を減らすために一定水準以上点数が低い盤面は、先の計算を行わないようにした。それがαβ法である。

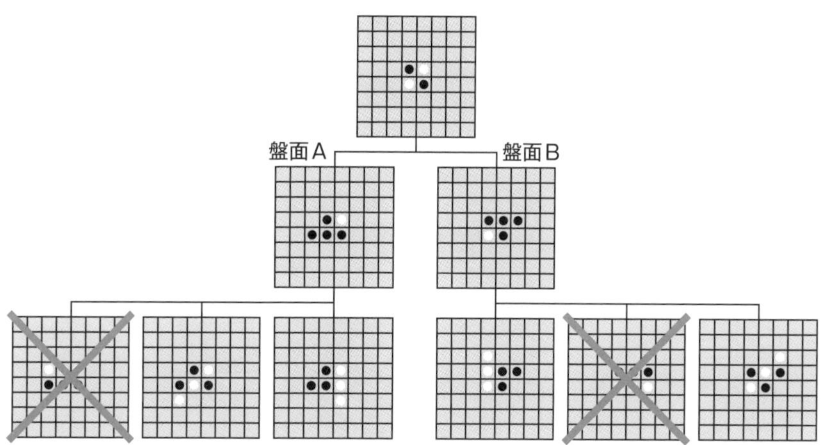

▶いくつかの未来は切り捨てる

αβ法では先の悪そうないくつかの未来は切り捨てることによって（逆転の目はあるかもしれないが）、計算量を減らすことができた。

2 探索の抱える問題

人間のように迷路やチェスができたことで、AIは一躍話題となった。しかし、盤面の評価が人間に依存していたため、なかなか精度が上がらなかったことや、計算能力の問題で、複雑なゲームではなかなか勝てるようにならなかった。また、ゲームはできるようになっても、現実の問題は更に複雑だったため「**トイ・プロブレム（おもちゃの問題）**しか解けない」と揶揄される結果となってしまった。こうして、次第にブームは下火になっていった。

2.2 第二次AIブーム（1980年代）

２回目の AI ブームは 1980 年代に入ってからで、知識の時代と呼ばれています。

1 エキスパートシステム

第二次AIブームにおいては、人間が持っている専門的な知識をプログラミングすることで、コンピュータに問題解決させる方法でAIを実現しようとした。専門知識を取り込むことから、この時代のAIは**エキスパートシステム**と呼ばれた。

専門知識のプログラミングとはどうやるのだろうか。医師が病気を診断するプロセスを例に考えてみよう。

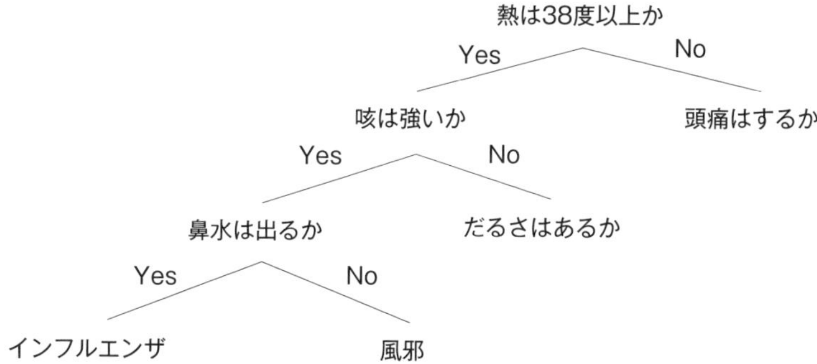

医師は、最初に患者に熱の有無を確認する。熱がある場合、咳はあるかどうか確認する。体の痛みについて確認するなど、質問を繰り返して病名を絞り込んでいく。

▶エキスパートシステムの例

このように専門知識を組み込むことでより効率的に解にたどり着くことができる。このエキスパートシステムがトイ・プロブレムだけでなく実際の問題の解決にも役に立ったことで一気にブームが再燃した。代表的なエキスパートシステムに**MYCIN**（マイシン）や**ELIZA**（イライザ）などがある。

❏ MYCIN

MYCINとは血液疾患の患者を診断することができるエキスパートシステムである。次のようにMYCINの問いに答えていくことで、感染している細菌を特定することができる。

Q：血液に感染しているか
A：YES
Q：細菌グラム染色による分類はポジティブか？
A：NO
Q：細菌の形状は棒状か？
A：YES
Q：激しい痛みはあるか？
A：YES

→ 緑膿菌の薬を処方

▶MYCINの診断例

MYCINは69%の確率で正しい診断を行うことができた。細菌を専門にしていない医師の診断よりは精度が高く、専門医師（およそ80%の確率で正しい）よりは低い結果であった。

❏ ELIZA

ELIZAは、次のようなテキストコミュニケーションを行うエキスパートシステムである。

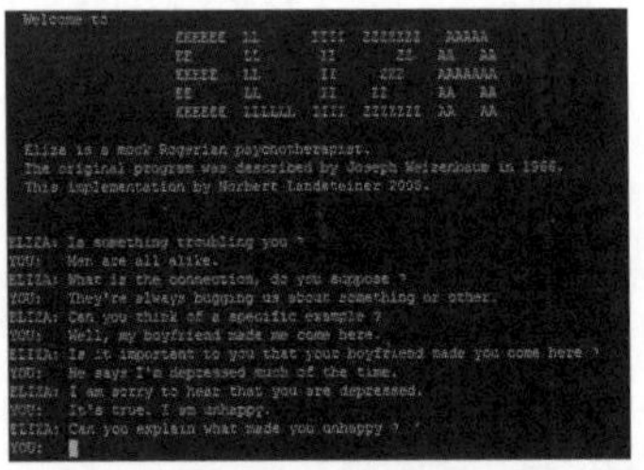

(https://en.wikipedia.org/wiki/ELIZAより転載)

▶ELIZAの会話例

次図は、前図の会話内容の和訳である。

ELIZA：何かあった？
YOU：男ってみんな同じよね。
ELIZA：どうしたの？
YOU：色んなことでイライラしてる。
ELIZA：具体的には？
YOU：彼氏に会おうと言われて会ったんだけど。
ELIZA：彼氏に誘われたのは良いことじゃない？
YOU：ずっと落ち込んでいるねと言われたの。
ELIZA：あなたが落ち込んでいると聞いて私も心配。
YOU：確かに落ち込んでいる。
ELIZA：原因は何かわかる？

▶ELIZA和訳

会話が成立しているように見えるだろうか。しかし、実際には相手の発言を再利用して、オウム返ししているだけである。人間が「XXX」と入力すれば、ELIZAは「XXXの理由は何？」と返すというルールにしたがって会話を成立させている。先程の会話例でも「I am unhappy.」に対して「Can you explain what made you unhappy?」と返しているのが読み取れる。

気がつけば単純なルールではあるが、人間は会話が成立しているように感じてしまうのである。このように意識的には相手がコンピュータであると理解していても、無意識に人間と同じように会話が成立していると錯覚してしまう現象を**イライザ効果**と呼ぶ。

2 意味ネットワーク

エキスパートシステムに知識を取り込むには膨大な量の情報を整理しなくてはならない。これを知識表現の研究と呼ぶ。有名な研究の一つに**意味ネットワーク**がある。物事の概念同士を線で結び、意味のつながりをネットワークで表すものである。

例えば、「ネコ」は「哺乳類」に属し、「足」と「尾」を持っている。「ヒト」も同様に「哺乳類」に属するが、「手」と「足」を持っており、「尾」は持っていない。これをネットワークで表現すると次の図のようになる。

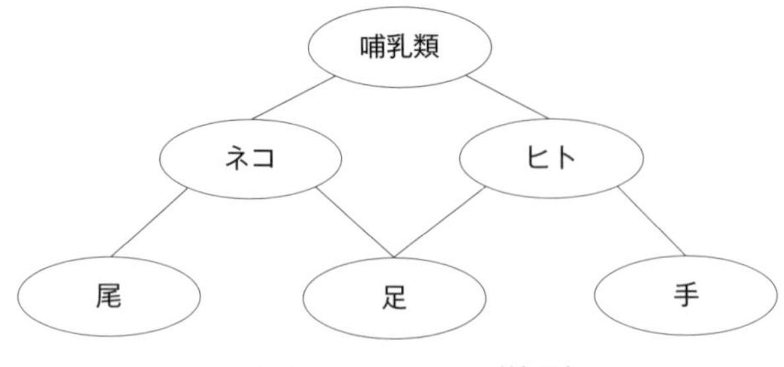

▶意味ネットワーク（簡易）

❏ Cycプロジェクト

同じような考え方で、人間の持つ全ての一般常識である知識をコンピュータに入力しようとするCycプロジェクト（サイクプロジェクト）もスタートした。Cycプロジェクトでは次図のように「ビルは、米国大統領の一人だ」など、単語と単語のつながりを入力していく。

(#$isa #$BillClinton #$UnitedStatesPresident)
"Bill Clinton belongs to the collection of U.S. presidents."
ビル・クリントンは米国大統領の一員だ。

(#$genls #$Tree-ThePlant #$Plant)
"All trees are plants." すべての木は植物だ。

(#$capitalCity #$France #$Paris)
"Paris is the capital of France." パリはフランスの首都だ。

（出典：『人工知能は人間を超えるか』松尾豊著、2015、KADOKAWA/中経出版）

▶Cycプロジェクトで記述された知識の例

Cycプロジェクトは1984年にダグラス・レナート氏が始めたが、30年以上経過した今でも続いており、知識の入力の難しさを表している。

❏ オントロジー

大量の知識を入力しようとすると、より効率良く知識表現をする必要が出てくる。そこでオントロジーについて研究されるようになった。

オントロジーは、知識の共有と再利用のために学問として研究されるようになった知識工学の中心的な研究である。

オントロジーとは存在論のことで、AIの文脈では「概念化の仕様」である。オントロジーの考え方では知識と知識の関係性に「is-a関係」や「part-of関係」という言葉を用いる。

「is-a関係」は上位概念、下位概念の関係性を表す。先述の例では、「ネコ is a 哺乳類」というように、ネコは哺乳類の下位概念であることを表している。

「part-of関係」は全体と一部の関係性を表す。「手 part of ヒト」というように、手はヒトの一部であることを表している。これを意味ネットワークに書き加えると次図のようになる。

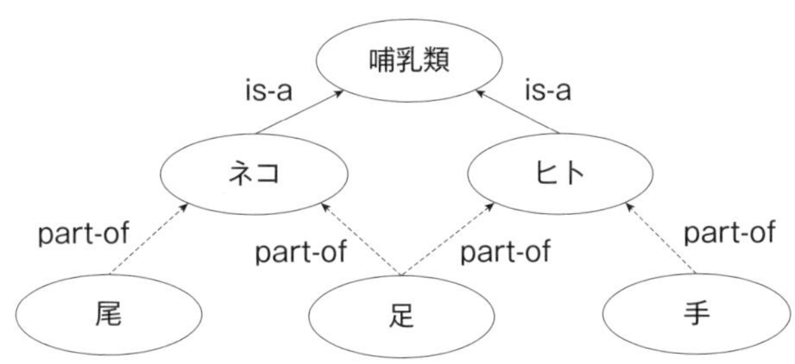

▶意味ネットワーク（オントロジー）

実際には、ヒトは尾を持っていないのでヒトと尾を「not part-of」でつないだり、ネコは足を４本持っているのでネコの足と４を「number」でつなぎ、複雑なネットワークを構築する。

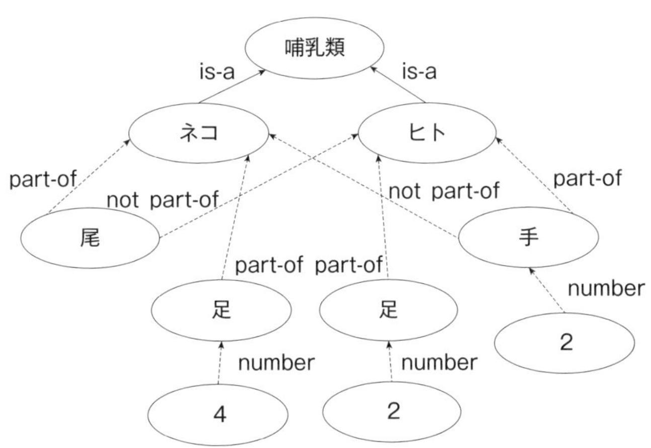

▶意味ネットワーク（オントロジー詳細）

確かにこのネットワークであれば「2本の足を持つ哺乳類は？」という質問に答えられそうである。しかし、今登場している単語は「哺乳類」「ネコ」「ヒト」「尾」「手」「足」の6つだけ。概念が増えるたびに加速度的にネットワークが肥大化していくことがわかるだろう。

そこで2つの流派が生まれた。ヘビーウェイト・オントロジーとライトウェイト・オントロジーである。

❏ ヘビーウェイト・オントロジーとライトウェイト・オントロジー

ヘビーウェイト・オントロジーが従来の知識表現研究のように、人間が概念同士のつながりを整理していくのに対して、ライトウェイト・オントロジーはコンピュータにデータを読み込ませて自動的に概念同士のつながりを整理しようという考え方である。コンピュータが自動で行うので間違いが混入する可能性はあるが、ネットワーク構築のスピードは圧倒的に速い。

ライトウェイト・オントロジーは、セマンティックWebの研究分野でも期待されている。セマンティックWebとは、Webサイトにメタデータ（サイトの目的やサイトの形態など）を付与することによって、コンピュータがWebサイトを解析しやすくすることを目指す枠組みである。セマンティックWebの構築はWebマイニングを考えた時に重要になってくる。Webマイニングとは、膨大なデータから必要な情報を抽出するデータマイニングをWeb上の情報に対して行うことである。

Web上のデータは膨大なだけでなく、日々、世界中で追加・更新されていく。人の手でオントロジーを構築していくのはやはり現実的でないだろう。

実際にライトウェイト・オントロジーを使ってつくられた人工知能にWatsonがある。Watsonは、Wikipediaの情報をもとにライトウェイト・オントロジーを構築している。アメリカのクイズ番組「ジョパディー」で人間のチャンピオンに勝ったことで一躍有名となった。Watsonはこれだけでなく医療診断にも応用されている。

3 エキスパートシステムの抱える問題

今まで挙げてきたようにエキスパートシステムは多くの分野で活躍を見せたが、問題もあった。アップデートの問題だ。時代とともに人間の知識もアップデートされる。そのたびに意味ネットワークを更新するのは大きな労力をともなった。また、アップデートが増えてくると他の問題が表出する。アップデート漏れや過去の知識との整合

▶美しい花

性、例外的対応が必要な知識など無数の可能性を考慮しなくてはならなくなっていった。

また、形式知についてはプログラミングすることができたが、人間の暗黙知に対応できなかった。**形式知**とは、人間が言葉で説明できる知識のことである。「熱があって、咳が出るのであれば風邪」というような「～ならば、～である」と断定できるような知識だ。対して**暗黙知**とは、人間が言葉で説明することはできない知識である。次の写真を見てほしい。

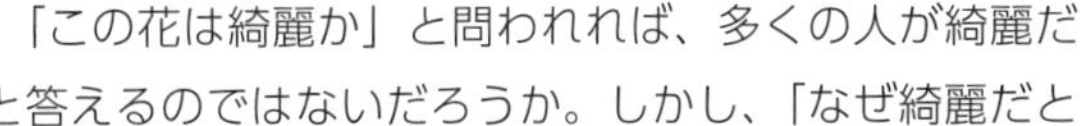

「この花は綺麗か」と問われれば、多くの人が綺麗だと答えるのではないだろうか。しかし、「なぜ綺麗だと感じたのか」と聞かれたら答えられるだろうか。別の言い方をすれば、コンピュータに「～ならば、綺麗である」と断定させる判断基準を伝えられるだろうか。このように「～ならば」の部分が欠けている知識をエキスパートシステムにプログラミングできなかった。現実の多くの問題はこの暗黙知が必要で、これ以上の発展が望めなくなってしまったのだ。

2.3 第三次AIブーム（2010年代～）

第三次 AI ブームは機械学習の時代と呼ばれます。機械学習は、コンピュータに大量のデータを読み込ませ、統計的に判断基準を特定する手法です。

1 機械学習の時代

AI研究の先駆者であり、スタンフォード大学教授も務めたアーサー・サミュエルは、機械学習を「**明示的にプログラムしなくても学習する能力を、コンピュータに与える研究分野**」と定義した。

機械学習の背景にはクラウドやIoT、ビッグデータが盛んに用いられるようになったことがある。これらの発達によって、あらゆるデータがクラウド上に保存され、分析できるようになった。

その最たる例が**統計的自然言語処理**である。自然言語処理とは、人間が自然な会話の中で使用する言語をコンピュータで読み取ろうという研究分野である。しかし、従来のエキスパートシステムでは思うような結果が出なかった。同じ語句を使っていても、文脈や話者の立場、状況などで意味が変わってしまう。これをコンピュータに解釈させるのは相当に難しい。そこで統計的自然言語処理という考え方が生まれた。

これは、例えば翻訳であれば、語句の意味や文脈などは考えず、訳される確率の高いものを当てはめていくという手法である。「英語のこのフレーズは日本語ではこう訳されることが多い」というのを統計的に判断する。この手法で先頭に立っているのがGoogleである。GoogleはWeb上のテキストデータを収集し、統計的自然言語処理を行っている。また、機械学習は「この花は綺麗か」の問に答えることができる。綺麗な花の画像とそうでない花の画像データを集め、統計的に判断させることで、暗黙知をプログラミングすることに成功した。

機械学習はその他にも、ECサイトなどで利用される**レコメンデーションエンジン**や**スパムメールフィルター**などに応用されている。レコメンデーションエンジンとは、ログインしたユーザーにおすすめの商品を表示する仕組みで、ユーザーの商品購入データから次に購入するであろう商品を統計的に割り出して表示する。スパムメールフィルターは名前の通りスパムメールを迷惑メールフォルダに仕分ける仕組みで、ユーザーが過去に迷惑メールフォルダに入れたメールのパターンなどを統計的に導き、自動的に仕分けを行うことができる。他にも医療分野や金融分野でも活躍が期待されており、機械学習は様々な分野で応用の効く手法だと言えるだろう。

2 ニューラルネットワークとディープラーニング

ニューラルネットワークも機械学習の一手法である。人間の脳神経回路の仕組みを再現しようとしたもので、入力層、隠れ層、出力層の３種類の層からなる（ニューラルネットワークの詳しい仕組みについては第４章以降で説明する）。ディープラーニングはそのニューラルネットワークの隠れ層を深くしたものである。

第三次AIブームのきっかけとなったのは2012年に開催されたILSVRCという画像認識のコンペティションである。ILSVRCではImageNetという画像の共有データセットを使用し、一般物体認識の精度を競う。一般物体認識とは、たとえば、画像に映っているものがネコなのかイヌなのか判定するものである。

このコンペではエラー率26％前後で、せいぜい１％の差での勝負が続いていたが、AlexNetというディープラーニングを用いた人工知能（チーム名「SuperVision」）がエラー率15％という大差をつけて勝利したため、一躍有名になった。

ディープラーニングの性能を説明する際によく用いられるデータにMNISTデータがある。MNISTデータは０～９の手書き数字の画像で、正解ラベルとデータがセットになっている。ディープラーニングでMNISTデータを使って学習し、手書き数字を認識させると高い確率で正しい値を認識することができる。

ディープラーニングが他の手法と異なる点は、特徴抽出を自動で行うことである。特徴抽出とはデータの中から回帰や分類で重要となる情報を抽出することだ。

例えば、従来の方法でネコとイヌの画像を分類しようとすると、「目が鋭い」「鼻が高い」など、人間がデータのどこに注目するかを抽出する必要があった。これはとても技術のいる作業で、経験と勘がなければできなかった。画像や音声という次元数の多いデータでは特に顕著である。ディープラーニングは人間が気づかない特徴も抽出できたことで、画像認識などの一部の分野では人間を上回る結果を出すこともあった。

画像認識を応用すると様々なことができるようになる。例えば自動運転では、車載カメラに映った物体が人であるのか、信号であるのか分類することによって、ブレーキを踏むべきか、ハンドルをきるべきか判断することができる。他にも、手書き文字をデジタルに置き換えるOCRでは、手書き文字をデジタル文字に分類することによって精度の高い置き換えが可能となった。

また、特にゲームの分野で活躍の目覚ましい強化学習という手法がある。詳しくは第9章「強化学習」で扱うが、AIが選択した行動やその結果に対して点数付けを行い、なるべく点数が高くなるように学習する手法である。強化学習にディープラーニングを取り入れたAIでは、DeepMind社が開発したAlphaGo（囲碁）や、Ponanza（将棋）などがある。これらのAIは世界チャンピオンやプロに勝利するなどして有名になった。これらのゲームは従来の探索手法では計算が難しいとされていた分野である。

とはいえ、ディープラーニングも万能ではない。学習用のデータに適応しすぎてしまって、未知のデータに対応できなくなってしまう過学習や、データが複雑であればあるほど特徴抽出のために必要なデータが指数関数的に増える次元の呪いなど、いざ実用しようとすると壁となる問題があることは頭に入れておかなければならないだろう。

問題演習

問題1 ☑□ □□ 以下の文章を読み、（ア）～（ウ）に当てはまる組み合わせの選択肢を1つ選べ。

第一次AIブームは（ア）の時代と呼ばれた。
第二次AIブームは（イ）の時代と呼ばれた。
第三次AIブームは（ウ）の時代と呼ばれた。

1.（ア）知識　（イ）探索と推論　（ウ）機械学習
2.（ア）機械学習　（イ）知識　（ウ）探索と推論
3.（ア）探索と推論　（イ）知識　（ウ）機械学習
4.（ア）機械学習　（イ）探索と推論　（ウ）知識

《解答》3.（ア）探索と推論　（イ）知識　（ウ）機械学習

解説

第一次AIブームは探索と推論の時代と呼ばれ、人工知能を探索を繰り返すことで実現しようとした時代です。第二次AIブームは知識の時代と呼ばれ、専門家の知識を元に条件分岐で答を絞り込んだ時代です。第三次AIブームは機械学習の時代と呼ばれ、大量のデータからソフトウェアがパターンを解析するようになった時代です。

問題2 ☑□ □□ 以下の文章を読み、□に最もよく当てはまる選択肢を1つ選べ。

第一次AIブームの時期には、迷路やパズルなどの□を解くことができた。

1. チューリングテスト　　2. シンボルグラウンディング問題
3. トイ・プロブレム　　4. フレーム問題

《解答》3. トイ・プロブレム

解説

第一次AIブームでは、迷路やパズルなどのおもちゃのような問題、「トイ・プロブレム」は解くことができましたが、日常の様々な問題を解決することはできませんでした。

問題3 ☑□ □□ 以下の文章を読み、□に最もよく当てはまる選択肢を1つ選べ。

第二次AIブームの時代には、知識と条件分岐により問題を解く[　　　]が登場した。

1. 機械学習　　2. サポートベクトルマシン

3. ニューラルネットワーク　　4. エキスパートシステム

《解答》4. エキスパートシステム

解説

知識と条件分岐によって問題を解くAIをエキスパートシステムと呼びます。代表的なエキスパートシステムとして、血液疾患の患者を診断するMYCINや、人間とテキストで対話を行うことができるELIZAなどがあります。

問題4 ☑☐☐☐ 代表的なエキスパートシステムのうち、医療分野で有名になったものを選択肢から1つえらべ。

1. MYCIN　　2. ELIZA　　3. ENIAC　　4. ABC

《解答》1. MYCIN

解説

選択肢のうち、エキスパートシステムはMYCINとELIZAで、ENIACやABCは世界で最初のコンピュータの名前です。ELIZAは人間と対話できるAIで、MYCINは血液疾患の患者を診断するなど、医療分野で有名になりました。

問題5 ☑☐☐☐ 以下の文章を読み、[　　　]に最もよく当てはまる選択肢を1つ選べ。

エキスパートシステムで、知識の言語化、共有が難しくなってくると[　　　]の研究が盛んになってきます。

[　　　]とは、哲学用語で存在論を意味する単語で、人工知能の分野では、「概念化の明示的な仕様」と定義されています。

1. オントロジー　　2. トートロジー

3. アナロジー　　4. トポロジー

《解答》1. オントロジー

解説

哲学用語で存在論を意味する単語をオントロジーといいます。人工知能の分野では、「概念化の明示的な仕様」を表します。システムをつくるときに仕様が必要なように、知識を考えるときにも仕様が必要という考え方です。具体的には、「動物」と「猫」のように、上位概念（動物）と下位概念（猫）の関係性、「猫」と「足」のような全体（猫）と部位（足）

の関係性に沿って知識を考えるべきとしました。

問題6 ☑□ □□ 以下の文章を読み、（ア）～（イ）に当てはまる組み合わせの選択肢を１つ選べ。

オントロジーにおいて、概念間の関係を表す用語で、上位概念と下位概念の関係を表す「（ア）の関係」と、全体と部分の関係を表す「（イ）の関係」があります。（ア）には推移律が成立します。

1.（ア）is-a　（イ）part-of　2.（ア）is-a　（イ）number-of
3.（ア）in　（イ）part-of　4.（ア）in　（イ）number-of

《解答》1.（ア）is-a　（イ）part-of

解説

オントロジーの上位概念と下位概念の関係性を表す用語を「is-aの関係」といいます。動物とネコの例でいうと、ネコ is-a 動物（ネコは動物である）ということになります。全体と部分の関係性を表す用語を「part-ofの関係」といいます。足 part-of ネコ（足はネコの一部である）ということになります。推移律とは、要素がある集合Aに含まれているとき、自動的に集合Bにも含まれるような関係のことをいいます。ネコであれば自動的に動物という集合に含まれるため、ネコと動物は推移律にあります。

問題7 ☑□ □□ 人間の脳の神経回路を模してつくられた、大量のデータによって学習するソフトウェアを何と呼ぶか。

1. セマンティックウェブ　2. ニューラルネットワーク
3. 機械学習　4. クラスタリング

《解答》2. ニューラルネットワーク

解説

ニューラルネットワークは人間の脳が学習する仕組みを模倣しようと、人間の脳の神経回路を模してつくられました。学習用データからパラメータを調整しながら統計的に学習します。そのため、学習には大量のデータが必要になるという特徴があります。クラウドやIoTなどの発展で、簡単に多くのデータを収集、管理できるようになったことも、ニューラルネットワークが活躍するようになった理由の一つです。

問題8 ☑□ □□ 以下の文章を読み、［　　　］に最もよく当てはまる選択肢を１つ選べ。

ニューラルネットワークの性能を説明するときによく用いられるのが、0〜9までの手書き文字の画像データセットである[　　　]を学習データに用いた画像認識である。

1. MNIST　　2. Iris　　3. ImageNet　　4. ILSVRC

《解答》1. MNIST

解説

MNISTは0〜9までの白黒の手書き数字データです。60,000枚の訓練データ、10,000枚のテストデータから構成されます。実際のデータ1件は、ラベルデータ（その画像が0〜9のどの数字を表しているかの解答）と、画像を28×28（=784）ピクセル画像とし、1ピクセルあたりの色の濃淡を0〜255までの数字で表した785桁のデータで構成されます。

問題9 ☑□□□ 以下の文章を読み、（ア）〜（ウ）の組み合わせとして最もよく当てはまる選択肢を1つ選べ。

ニューラルネットワークは、（ア）層、（イ）層、（ウ）層に分かれており、（ア）層はデータを受け取り、（ウ）層で答が取り出される。（イ）層は複雑に何層にも構成されることがある。

1.（ア）始端　（イ）継承　（ウ）終端
2.（ア）入力　（イ）隠れ　（ウ）出力
3.（ア）開始　（イ）中継　（ウ）終了
4.（ア）入口　（イ）経過　（ウ）出口

《解答》2.（ア）入力　（イ）隠れ　（ウ）出力

解説

ニューラルネットワークは入力層、隠れ層、出力層の3つの層で構成されます。入力層の数は、学習用データの列数と同じ数になります。MNISTデータを学習する場合は、784個の入力層をつくる必要があります。出力層は、MNISTデータのように多クラス分類問題の場合は、分類したい種類の数と同じになります。0〜9なので10個の出力層が必要となります。隠れ層の数は一意には決まらず、学習データによって最適な個数や層数を割り出す必要があります。

問題10 ☑□□□ 以下の文章を読み、[　　　]に最もよく当てはまる選択肢を1つ選べ。

ニューラルネットワークの隠れ層を多層に増やしたものを[　　　]と呼ぶ。

1. ディープラーニング　　2. 多層パーセプトロン
3. ディシジョンフォレスト　　4. ベイズポイントマシン

《解答》1. ディープラーニング

解説

ニューラルネットワークの隠れ層を多層としたものをディープラーニングと呼びます。ILSVRCという画像認識のコンテストで圧勝し、一躍有名となりました。2015年には画像認識において人間の認知を超え、今後も様々な分野での活躍が期待されています。ディープラーニング自体も発展を続けており、画像認識に特化したCNNや、言語解析などの時系列データに特化したRNNなど、各分野に特化したディープラーニングの開発が進められています。

問題11 ☑☐☐☐ 機械学習について説明した文章として最も適切なものを選択肢から選べ。

1. 木構造を用いて、目的までの道筋を割り出す
2. ビッグデータを用いて、データのパターンを学習する
3. 専門家の知識を用いて、条件分岐により解を導く
4. 形式知を用いて、プログラミングによって目的を達成する

《解答》2. ビッグデータを用いて、データのパターンを学習する

解説

選択肢1. は探索についての説明です。選択肢3. と選択肢4. はエキスパートシステムについての説明です。

問題12 ☑☐☐☐ イライザ効果の例として最も適切なものを選択肢から選べ。

1. AIとチャットを通して会話していたら人間と会話しているように錯覚した
2. クロアゲハチョウを見たことが無かったが、初めて黒いアゲハチョウを見た時クロアゲハチョウだと認識できた
3. AIブームが起きて、身近な家電がAIを搭載するようになった
4. 検索エンジンには当初はAIが使われていると認識していたが、使っているうちに原理がわかってきてAIだとは思わなくなった

《解答》1. AIとチャットを通して会話していたら人間と会話しているように錯覚した

解説

選択肢2. はシンボルグラウンディング（第３章参照）の例です。選択肢3. はAIブームの例です。選択肢4. はAI効果の例です。

問題13 ☑☐☐☐ オセロの例をもとにαβ法について説明した文章として最も適切なものを選択肢から選べ。

1. 手を選ぶ際に、盤面が自分にとって最大限有利に、相手にとって最大限不利に働くようにする
2. 手を選ぶ際に、乱数を用いてランダムに手を選び、より良い手を探す
3. 全ての手を洗い出すよりも、一つの手の先の未来がどうなるかを優先して探索する
4. 近い未来で盤面の評価が悪くなる手は、遠い未来まで計算せず、早めに計算を打ち切る

《解答》4. 近い未来で盤面の評価が悪くなる手は、遠い未来まで計算せず、早めに計算を打ち切る

解説

選択肢1. は、Mini-Max法の説明です。
選択肢2. は、モンテカルロ法の説明です。
選択肢3. は、深さ優先探索の説明です。

問題14 ☑☐☐☐ セマンティックWebについて説明した文章として最も適切なものを選択肢から選べ。

1. Webサイトにメタデータを付与して解析しやすくする枠組み
2. Webサイトが検索されやすいように、キーワードをちりばめる行為
3. Web上のデータを大量に集めて抽出すること
4. Webサイト同士をクリックで遷移できるように繋ぐ仕組み

《解答》1. Webサイトにメタデータを付与して解析しやすくする枠組み

解説

セマンティックWebとは、Webサイトにメタデータを付与することで、コンピュータがWebサイトを解析しやすくすることを目指す枠組みです。

選択肢2. は検索対策で、選択肢3. はWebマイニングの説明です。選択肢4. はハイパーリンクの説明です。

人工知能の問題点

Super Summary

人工知能の問題点

この章では人工知能の現状の問題点について学習します。人工知能の目指すところは、人間との判別のつかないアウトプットをすることです。しかし、現状では一部分野を除いて、まだまだそのレベルには達していません。どのような問題があるのか確認しておきましょう。

ここだけは押さえておこう!

セクション	最重要用語	説明
3.1 強いAIと弱いAI	**強いAI**	あらゆる状況で適切な判断、行動ができるAIのこと。ドラえもんなど
	弱いAI	ある特定の仕事のみを行えるAIのこと。AlphaGo（碁）やPonanza（将棋）、AlexNet（画像認識）など
3.2 人工知能に関する諸問題	**フレーム問題**	人間であれば、無意識に不要と判断している情報でも、コンピュータの場合はメモリを割いて考える必要があり、計算が追いつかない問題
	シンボルグラウンディング問題	コンピュータにはシンボルと意味が結びつけられない問題。言葉をただの記号として扱うため、応用が効かない
	身体性	言葉の意味を理解するには、現実世界に身体が必要であるという考え。見て、触って初めて理解できる
	シンギュラリティ	技術的特異点。人工知能が自分より賢いAIを作るようになると無限に賢くなる

3.1 強いAIと弱いAI

人工知能は、囲碁や将棋や画像認識といった一部の分野では人間を超える成果をあげています。しかし、目標はもっと先で、朝起きて家族に会ったら挨拶をし、朝ごはんを食べ、歯を磨き、仕事に出かけ……などあらゆる場面で考え、適切な行動を選択できることなのです。

1 強いAI ／弱いAIとは

何かの仕事に特化せず、汎用的に人間と同じような生活を送れるであろう人工知能を「強いAI」と呼ぶ。対して、AlphaGoやPonanza、Super Visionなどの一つの仕事に特化したAIを「弱いAI」と呼ぶ。

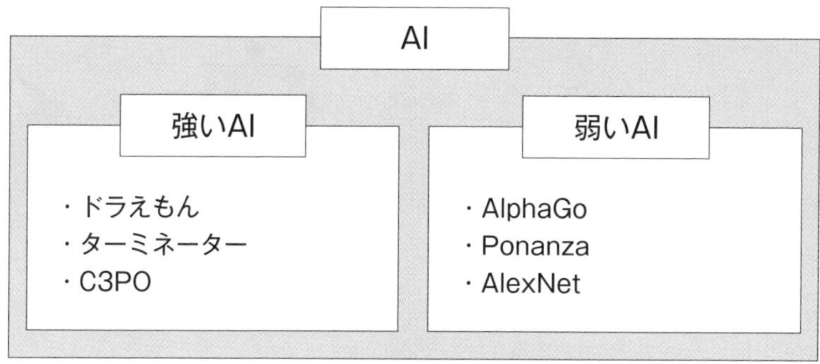

▶強いAIと弱いAI

強いAIに具体例を当てはめるなら、ドラえもん（ドラえもん）やC3PO（スターウォーズ）、ターミネーター（ターミネーター）あたりだろうか。まだまだSFの世界である。

彼らに比べて、現実のAIには何が足りないのだろうか。

3.2 人工知能に関する諸問題

1 フレーム問題

フレーム問題は、人工知能がある仕事をする際に、関係する事柄だけを考えることが非常に難しいことを表しています。

フレーム問題は、ダートマス会議にも出席していたジョン・マッカーシーの議論から始まっている。この問題の有名な例題として哲学者のダニエル・デレットが提案したものがある。

洞窟の奥にロボットを動かすバッテリーがあり、そのバッテリーの上には時限爆弾が載っている。ロボットはバッテリーをとってくるように指示された。

ロボット１号はバッテリーをとってくることができたが、爆弾も一緒に持ってきてしまった。爆弾が載っていることはわかっていたが、バッテリーをとってくると、爆弾も一緒に持ってきてしまうことがわからなかった。爆弾は爆発してしまった。

そこで、改良を加えたロボット２号をつくった。爆弾を一緒に持ってこないようにするため、自分の行動に伴って副次的に起こることも考えるようにした。すると、ロボット２号はバッテリーの前で考え始めた。「自分がワゴンを引っ張ったら壁の色が変わるだろうか」「天井が落ちてこないか」など……。あらゆる事象の可能性を考えたせいで時間切れとなり、爆弾が爆発してしまった。

そこで、ロボット３号は目的と無関係なことは考えないように改良した。すると、ロボット３号は関係あることと無いことに仕分ける作業に没頭して洞窟に入る前に動作しなくなった。「壁の色は目的と関係あるだろうか」「天井が落ちるかどうかは関係あるだろうか」……。目的と無関係な事柄は無限にあるため、それらをすべて考慮することに無限の時間がかかってしまったのだ。

▶ダニエル・デレットの例題

人間であれば無意識に行っている情報の取捨選択が人工知能には難しいのだ。

2 シンボルグラウンディング問題

シンボルグラウンディング問題はフレーム問題と並ぶ大きな問題である。シンボル（記号や言葉）と、シンボルが意味するものを結びつけられない問題である。認知科学者のスティーブン・ハルナッドの議論から始まっている。

例えば、シマウマを見たことがない人間がいたとする。その人にシマ模様のある馬を「シマウマ」と呼ぶことを教える。その後、その人がシマウマを見たとき、それがシマウマだとすぐにわかるだろう。これはその人が「シマ」と「ウマ」の意味を理解しているためだ。「ウマにはタテガミとヒヅメがあり、ヒヒンと鳴く４本足の動物」ということを知っており、シマは色の違う線が交互に並ぶ模様であることを知っている。それを組み合わせた「シマ模様のある馬」がシマウマであることもすぐにわかるというわけだ。

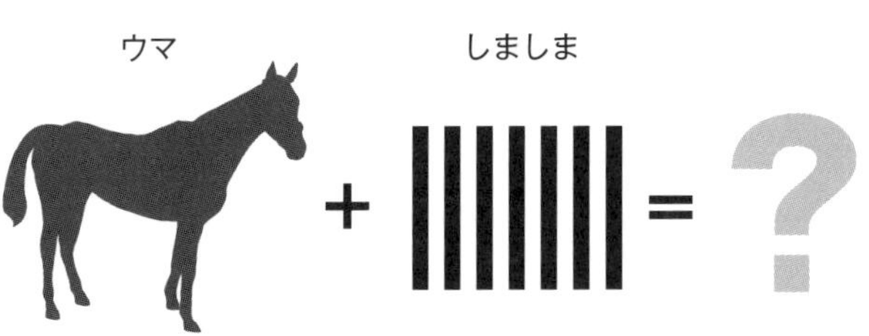

しかし、これがコンピュータには難しい。シマウマ＝シマ模様の馬だということは記述できても、ただの記号にすぎないので、それが何を意味するのかわからない。「シマ」と「ウマ」というシンボルに、意味がグラウンドし（結びつい）ていないのだ。

「ウマ」というものを理解するためには、現実世界に身体が必要だと考えられている。例えば、「コップ」を理解するためには、実際に手で触り、使ってみる必要がある。強く握れば割れてしまうし、内容物に合わせて冷たくもなる。そういうことも含めて「コップ」という概念が作られる。このように、「外界と相互作用できる身体がないと概念はとらえきれない」というアプローチは身体性に着目した研究と呼ばれる。

3 シンギュラリティ

シンギュラリティは、元々は数学や物理学での用語であったが、人工知能の分野では技術的特異点のことを表す。

人工知能が十分に賢くなり、自分よりも賢い人工知能を作るようになった時、無限に知能の高い人工知能を作るようになる時点をいう。実業家のレイ・カーツワイルはシンギュラリティが起こるのは2045年という近未来であると主張している。

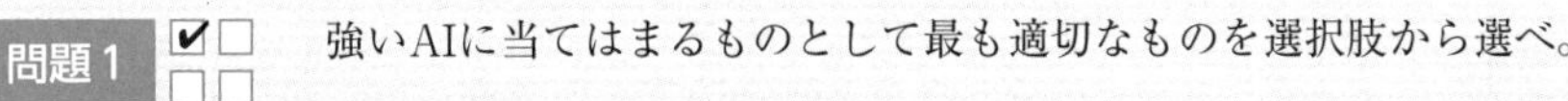

問題演習

問題 1 ✔□ □□ 強いAIに当てはまるものとして最も適切なものを選択肢から選べ。

1. 家事全般をこなすAI
2. 囲碁を打つAI
3. 画像の分類をするAI
4. 言語を翻訳するAI

《解答》1. 家事全般をこなすAI

解説

家事という仕事は範囲が広く、また日常とも密接に関わっており、様々な場面を想定しなくてはなりません。選択肢の中では最も高い汎用性を求められる仕事です。選択肢2. ～4.のAIに関しては実現している、または、実現しつつあります。

問題 2 ✔□ □□ フレーム問題の説明として適切なものを選択肢から選べ。

1. 人工知能が、あるタスクを実行するのに関係のある事柄に絞って考えられない問題
2. 人工知能が、自分の能力を超える人工知能を生み出せるようになる時点
3. 人工知能が、迷路などのおもちゃのような問題しか解けないことを表した単語
4. 汎用的な用途に使用できるAI

《解答》1. 人工知能が、あるタスクを実行するのに関係のある事柄に絞って考えられない問題

解説

フレーム問題は、人工知能が、考える必要性の小さい可能性まで計算し、計算能力が追いつかなくなってしまう問題です。人間であれば、あまりに小さい可能性は無意識のうちに無視して考えることができますが、現在の人工知能にはこれができません。

問題 3 ✔□ □□ シンギュラリティの説明として最も適切なものを選択肢から選べ。

1. 人工知能が、あるタスクを実行するのに関係のある事柄に絞って考えられない問題
2. 人工知能が自分の能力を超える人工知能を生み出せるようになる時点

3. 人工知能が迷路などのおもちゃのような問題しか解けないこと表した単語
4. 汎用的な用途に使用できるAI

《解答》2. 人工知能が自分の能力を超える人工知能を生み出せるようになる時点

解説

シンギュラリティとは技術的特異点を表す単語であり、人工知能の文脈で使用される場合、「人工知能が自分の能力を超える人工知能を生み出せるようになる時点」を表すことが多いです。選択肢1. はフレーム問題の説明、選択肢3. はトイ・プロブレムの説明、選択肢4. は強いAIの説明です。

問題 4 ☑☐☐☐ シンボルグラウンディング問題について[　　　]に当てはまる単語を選べ。

コンピュータはシンボル（記号）が意味するものを理解できない。そのため、例えば人間の顔を学習しても顔文字のような記号を人間の顔として認識することができない。シンボル（記号）が意味するものを理解するためには、[　　　]が必要とされている。

1. 論理性　　2. 想像性　　3. 身体性　　4. 接続性

《解答》3. 身体性

解説

記号と意味を紐づけるには、外界と相互作用するための身体が必要であると考えられています。例えば、コップを理解するには実際に触ってみる必要があります。重みや冷たさ、強く握ると割れてしまう脆さなども含めてコップという概念を理解するには、身体が必要であるということです。

機械学習の具体的な手法

Super Summary

学習の種類

機械学習によってコンピュータは自らデータの特徴を獲得し、問題の解答を導き出すことができます。第２章で触れたようにデータから「統計的に判断」するのです。機械学習には様々な手法があり、取り扱う問題の種類や目的によって手法を使い分けます。

ここだけは押さえておこう！

最重要用語	説明
教師あり学習	データと正解ラベルをセットにして学習する手法
教師なし学習	正解ラベルはなく、データのみを使用して学習する手法
半教師あり学習	一部の少量のデータに対してのみ正解ラベルをセットにして学習する手法
強化学習	エージェントと呼ばれる学習の主体が、行動の結果として得られる報酬が最大化するように行動方針を学習する手法
回帰	連続値である値Yを関連する別の値Xから予測すること
単回帰	１つの説明変数を用いた回帰
重回帰	複数の説明変数を用いた回帰
分類	離散値である値Yを関連する別の値Xから予測すること
２値分類	確率を元にデータを２種類に分類すること
多クラス分類	確率を元にデータを複数の種類に分類すること
クラスタリング	データを似た特徴ごとにグループ分けすること
樹形図（デンドログラム）	データがグループ化される様子を表した図。階層型クラスタリングにより作成される

4.1 学習の種類

機械学習の手法は、いくつかの視点から分類できます。まず、「学習するデータの構造」によって分類してみましょう。

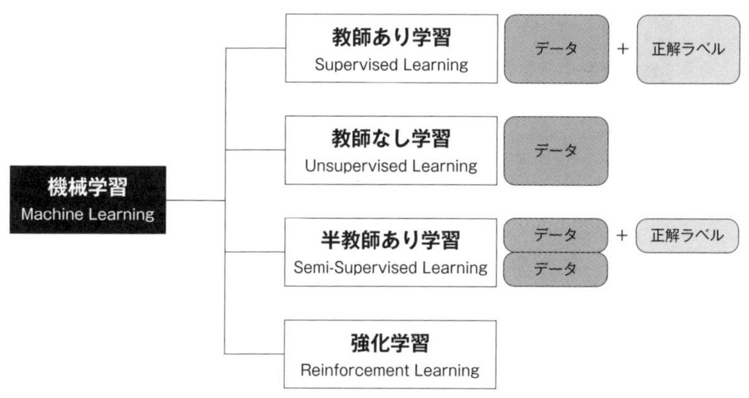

▶機械学習の種類

1 教師あり学習

教師あり学習は、学習に使用するデータと正解となる値（正解ラベル）をセットにして学習する手法である。例えば、手書きの数字画像を与えられて0から9のどの数字かを当てる場合、数字の画像データと正解ラベルとなる数字をセットで学習する。学習に用いるデータには正解が予めわかっているデータが必要となる。

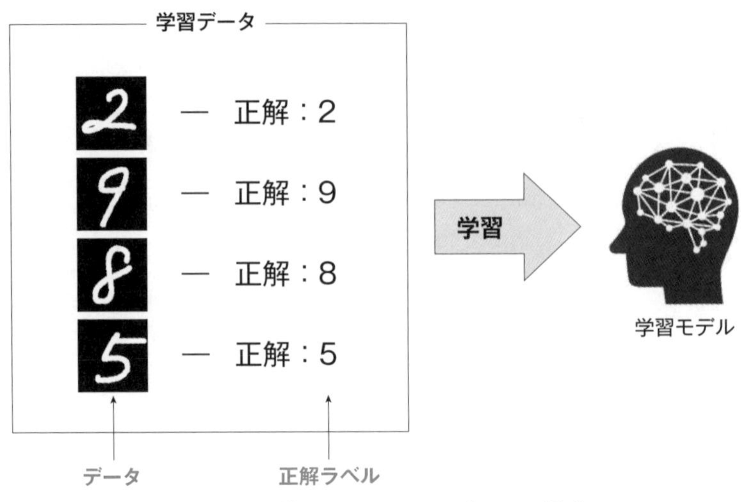

▶教師あり学習で用いられるデータの構成

教師あり学習は、与えられたデータを元に、データがどんなパターンなのか予測したり、何を表しているのか識別したりする場合などに用いられる。これらは、回帰問題と分類問題の２種類に分けることができ、例えば以下のようなケースが考えられる。

- 過去の売上情報から将来の売上を予測したい。（回帰問題）
- 過去の開花情報から桜の開花を予測したい。（回帰問題）
- 与えられた画像に写っているのが何の動物なのか識別したい。（分類問題）
- 測定情報から健康か不健康を判定したい。（分類問題）

1 回帰

機械学習における回帰とは、連続値である値Yを関連する別の値Xから予測することをいう。株価の動きを例に考えてみよう。

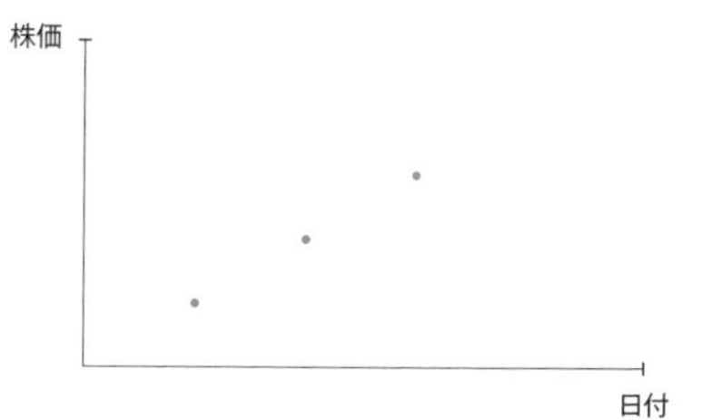

❶上のように推移している株価があるとする。

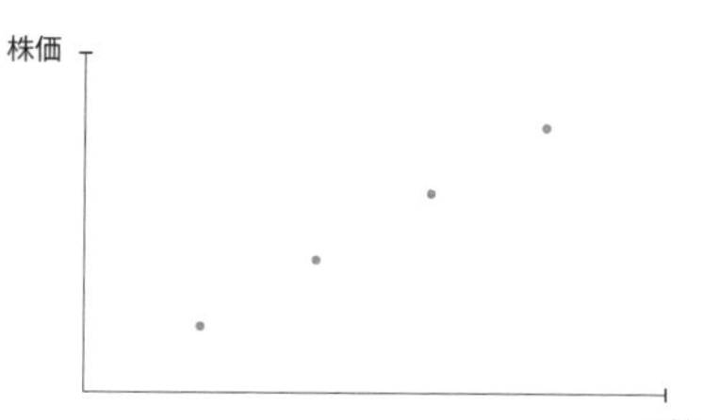

❷３日目の点が本日の株価だったとすると、明日の株価は上のように予想する方が多いのではないだろうか。

では、どのようにして明日の株価を予想したのだろうか。

❸おそらく、頭の中で線を引いて考えたはずだ。

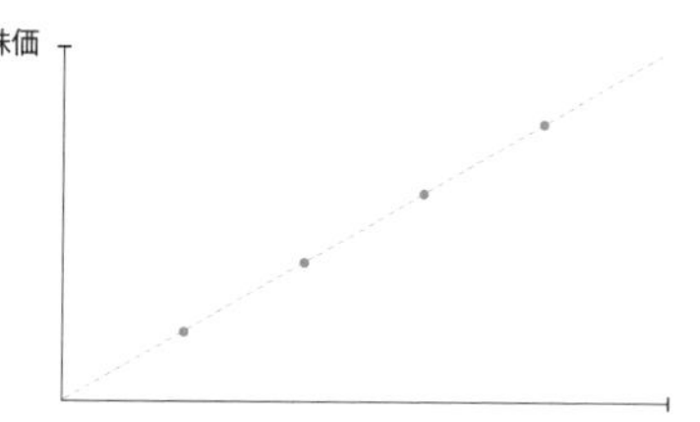

回帰で使用する値は変数といい、予測の対象となる値Yを**目的変数**（または**従属変数**）、目的変数に影響を与える変数を**説明変数**（または**独立変数**）という。後述の「分類」においてもこれらの変数を使用する。

説明変数 / 目的変数

広さ（畳）	階数	最寄駅からの距離（分）	家賃（万円）
10	1	7	7.2
12	4	12	11
8	2	6	6.5
10	3	3	9.1
14	3	5	12.5
6	2	8	5.2

▶目的変数と説明変数

回帰の中でも、説明変数が１つの場合は単回帰、複数の場合は重回帰という。ある地域の賃貸マンションの家賃を予測する場合に、物件の広さのみから予測する場合は単回帰、広さだけではなく階数や最寄駅からの距離でも予測する場合は重回帰となる。

どの要因（説明変数）が、どの程度関係しているのかを、分析および予測することからそれぞれ単回帰分析、重回帰分析ともいう。

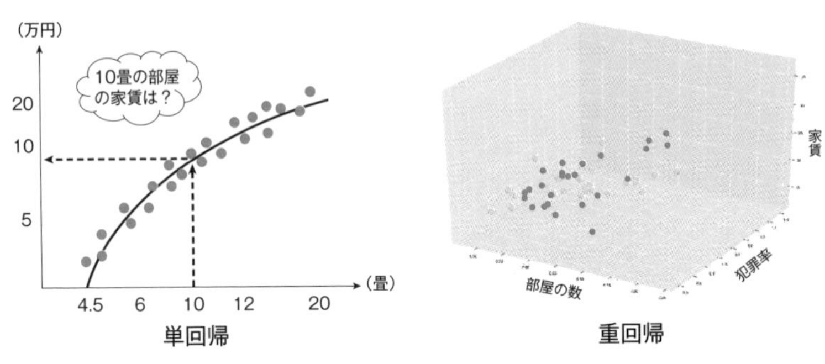

▶単回帰と重回帰のイメージ図

また、変数の数だけでなく、目的変数と説明変数の関係を元に、線形回帰と非線形回帰に分けられる。

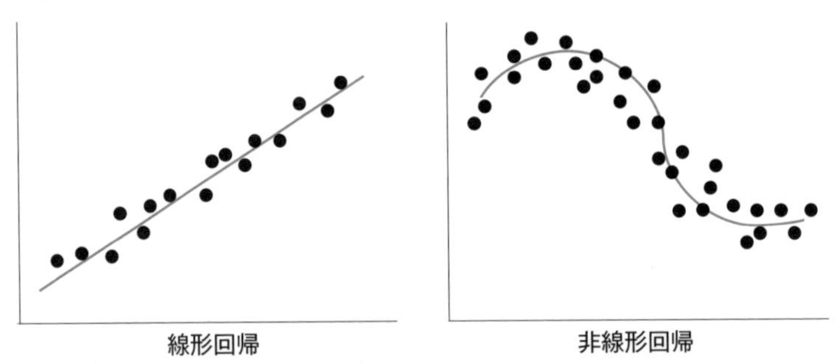

▶線形回帰と非線形回帰

線形回帰は、目的変数と説明変数の関係を直線で表現できる場合に用いることができるモデルである。しかし、目的変数と説明変数の関係を直線で表現できないこともしばしばある。こうした場合、直線の関係になるようにデータを前処理するか、非線形回帰のモデルを用いる必要がある。

2 分類

機械学習における分類とは、**離散値**である値Yを関連する別の値Xから予測することをいう。ネコとイヌの画像を分類することを例に考えてみよう。

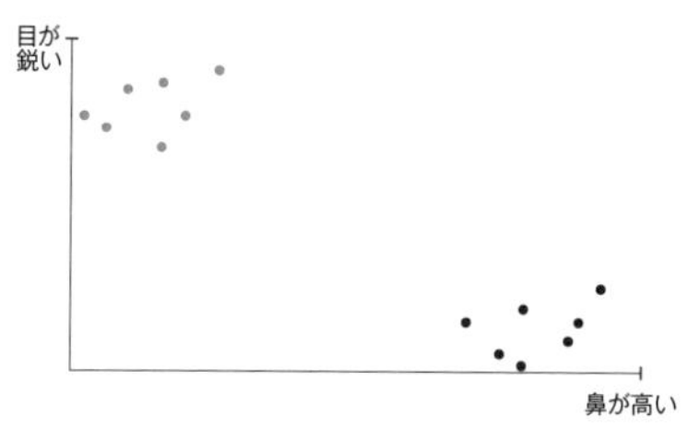

❶縦軸に目の鋭さ、横軸に鼻の高さを設定している。
ネコのほうが目が鋭く、鼻は低い傾向があるため、ネコの画像は左上に、イヌの画像は右下に集まる。

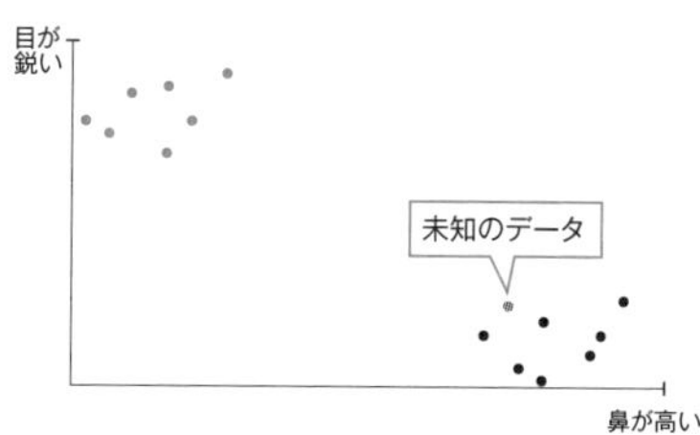

❷では上のような未知のデータを追加した場合、それはネコだろうか、イヌだろうか。

❸ほとんどの人がこれはイヌだと答えるだろう。これも回帰と同じように頭の中で線を引いているはずである。

太い色線より右下であればイヌ、左上であればネコと判定する。

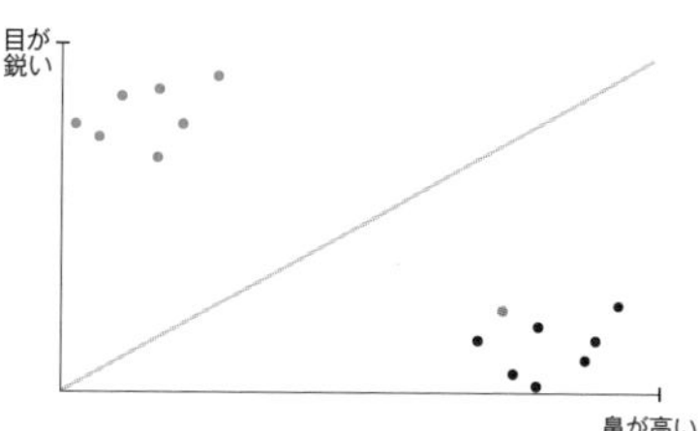

目的変数である値Yを予測するためのルールをモデルといい、既存のデータからモデルを調整する過程を学習という。学習はデータが増える度に行われ、学習が進んだモデルを**学習済みモデル**という。

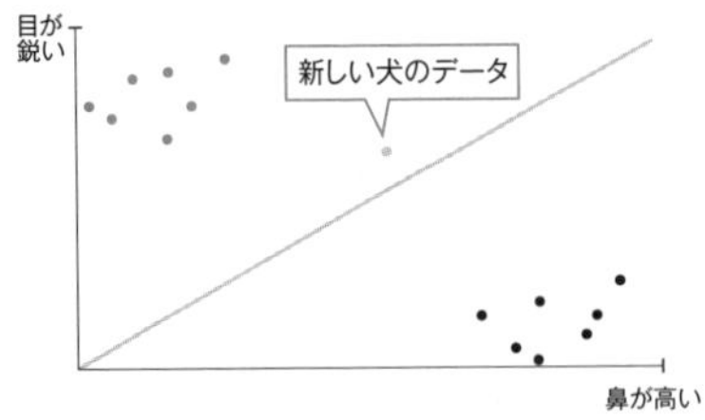

❶分類の例に新しいイヌのデータが増えたと考えてほしい。

イヌの画像なのに先程作成したモデルを超えてしまっている。つまり、モデルが間違っているのである。

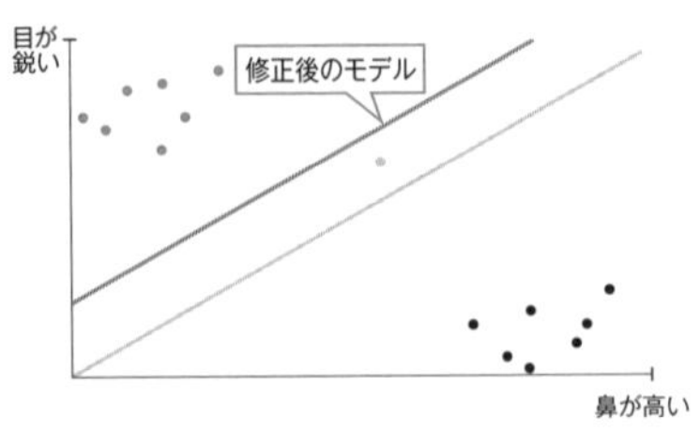

❷その場合、モデルを上のように修正しなくてはならない。

新しく太い黒線のモデルを作成した。

分類はさらに**2値分類**と**多クラス分類**に分けられる。2値分類はスパムメールのような「スパムメールである」「スパムメールでない」という2つの結果に分類するもので、多クラス分類は手書き数字認識のような0から9の複数の結果に分類するものである。

なお、分類も回帰と同様、目的変数と説明変数の関係性から**線形分類**と**非線形分類**に分けられる。

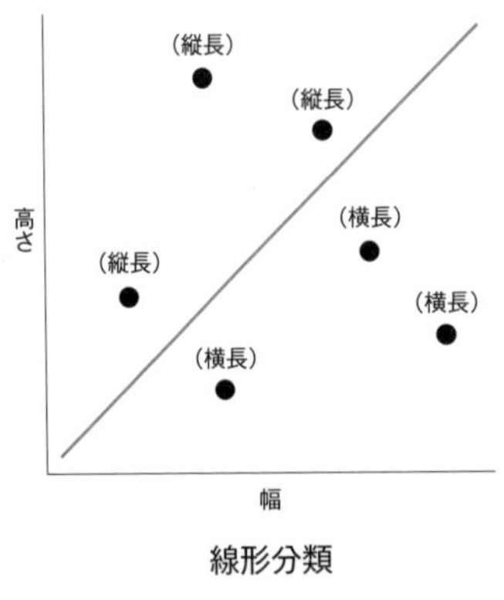

線形分類

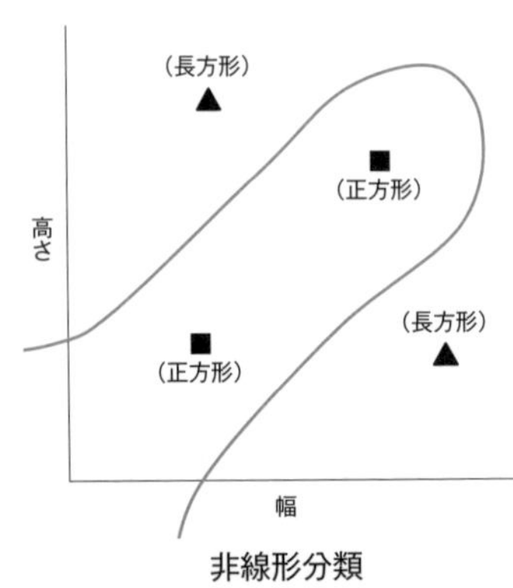

非線形分類

▶線形分類と非線形分類

2 教師なし学習

教師なし学習は、学習に使用するデータに正解ラベルを付与せずに学習する手法である。

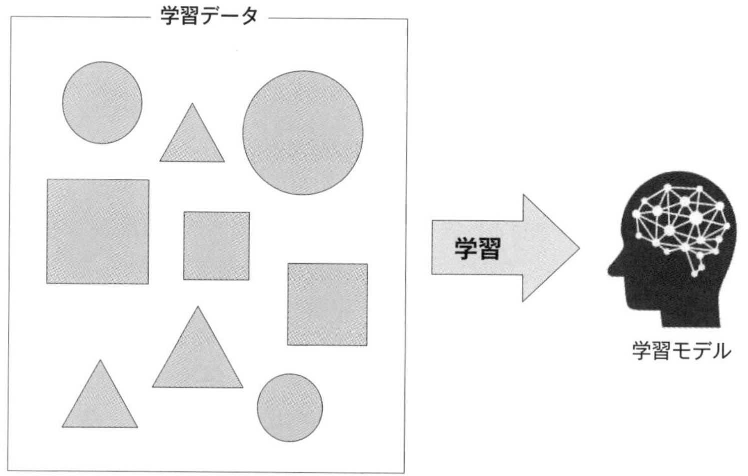

▶教師なし学習で用いられるデータの構成

教師なし学習は、主にデータの分析や必要な項目の抽出といった用途に使用される。以下のようなケースが考えられる。

- 売上情報からどういった顧客層が多い（少ない）のかを把握したい。
- 住宅価格の相場を知るために必要な情報を把握したい。

1 クラスタリング

教師なし学習の主な用途の１つにクラスタリング（クラスター分析）がある。クラスタリングは、別の言葉でグルーピングということもできる。与えられたデータを**近似する特徴ごとにクラスター（グループ）分け**する。

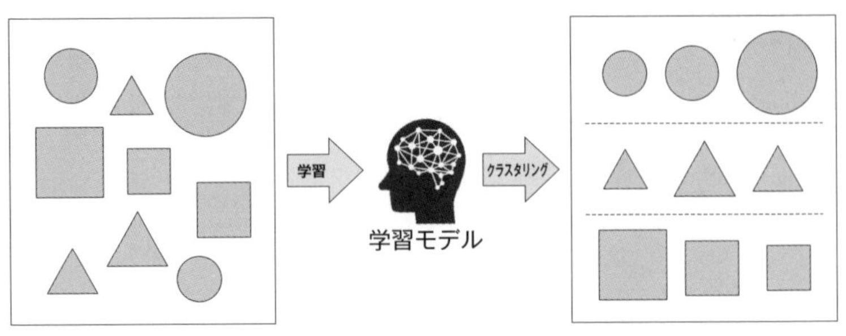

▶クラスタリングの例

クラスタリングの考え方は、大きく2つに分けられる。似た特徴を持つもの同士を併合していくつかのグループにまとめていく階層型クラスタリングと、似た特徴を持つものを集めていくつかのグループを作る非階層型クラスタリングである。非階層型クラスタリングの代表的な手法として、後述のk-means法がある。

階層型クラスタリングは、データをひとつひとつ比較し、似た特徴を持つもの同士をグルーピングすることを繰り返す。すべてのデータがグルーピングされるまで繰り返し、ひとつの**樹形図（デンドログラム）**が完成したらクラスタリングは完了となる。樹形図は、逐次的にデータがグループ化される様子を樹木のような形で表したものである。完成した樹形図によって、視覚的にデータの関係性を把握することができる。

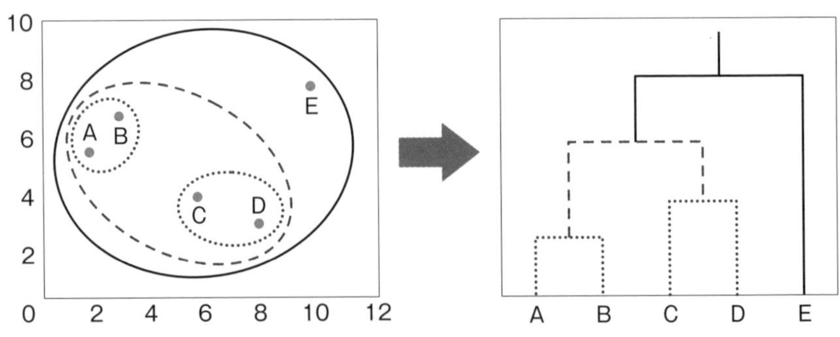

▶階層型クラスタリングのイメージ

3 半教師あり学習

半教師あり学習は、教師あり学習と教師なし学習の中間に相当する。すべてのデータのうち、一部のデータに対してのみ正解ラベルを付与して学習をする手法である。少量の正解ラベル付きのデータを用意すれば、大量の正解ラベルなしのデータを活かすことができるため、データに正解ラベルを付与するという作業を低減できる。

ただし、**教師あり学習に比べて精度が低くなる可能性がある**ことや**正解ラベル付きのデータに偏りがあると正しく学習できない**ことには注意が必要である。

4 強化学習

強化学習は、「エージェント」とよばれる学習の主体が、行動の結果として得られる報酬が最大化するように行動方針を学習する手法である。

ゲームの学習などに用いられる手法だが、学習にはエージェントが行動をし、報酬を得られるシミュレーション環境が必要となる。詳細は第９章で後述する。

Super Summary

代表的なアルゴリズム

アルゴリズムとは、機械学習における計算方法です。内部で様々な計算をすることでデータの特徴やパターンを解析します。それが学習するということです。長年の研究・開発により様々なアルゴリズムが用意されており、データや目的に合わせて選定します。

ここだけは押さえておこう！

セクション	最重要用語	説明
4.2 代表的なアルゴリズム（教師あり学習）	**線形回帰**	回帰問題に用いられるアルゴリズム
	ロジスティック回帰	分類問題に用いられるアルゴリズム
	シグモイド関数	ロジスティック回帰と組み合わせて２値分類をするのに用いられる関数
	ソフトマックス関数	ロジスティック回帰と組み合わせて多クラス分類をするのに用いられる関数
	決定木	木構造を用いて回帰、分類を行うアルゴリズム
	ランダムフォレスト	複数の決定木を作成し、それぞれの出力結果から多数決で最終的な出力を決定するアルゴリズム
	アンサンブル学習	複数のモデルで学習させる手法
	バギング	アンサンブル学習の一種で、全データから一部のデータを取り出し、複数のモデルで並列的に学習する方法
	ブースティング	アンサンブル学習の一種で、複数のモデルを用いて逐次的に学習する方法
	サポートベクトルマシン	マージン最大化やカーネル法により精度の高い学習ができるアルゴリズム

	用語	説明
	マージン最大化	サポートベクトルマシンにおいて、境界と境界に最も近いデータとの距離を大きくして線を引くという考え方
	カーネル法	線形分離可能でないデータを高次元空間に移すことで、線形分離を可能にする手法
	カーネル関数	カーネル法において、高次元空間で学習して適切な境界線を得ることができる関数
	ニューラルネットワーク	人間の脳神経回路の仕組みを模倣し、入力層、隠れ層、出力層の３層で構成されるアルゴリズム
	単純パーセプトロン	ニューラルネットワークの原形で、入力層と出力層で構成されるモデル
	多層パーセプトロン	単純パーセプトロンに隠れ層を追加したモデル
	誤差逆伝播法	モデルの予測値と実際の正解との誤差を、ネットワークにフィードバックする手法
4.3 代表的なアルゴリズム（教師なし学習）	**k-means法（k平均法）**	最も代表的なクラスタリングアルゴリズム
	主成分分析	膨大なデータの中から不要なものを削減（次元削減）するアルゴリズム
	特異値分解	データを３つの行列に分解して、重要でないデータを削減（次元削減）するアルゴリズム
	t-SNE	確率分布を基に高次元のデータを低次元にすることで、データの可視化をするアルゴリズム

4.2 代表的なアルゴリズム（教師あり学習）

長年の研究・開発によって数多くのアルゴリズムが存在しますが、ここでは代表的なアルゴリズムをいくつか取り上げます。

▶教師あり学習の代表的なアルゴリズム

種類	アルゴリズム	用途
教師あり学習	線形回帰	回帰
	ロジスティック回帰	分類
	決定木	回帰・分類
	ランダムフォレスト	回帰・分類
	ブースティング	回帰・分類
	サポートベクトルマシン	回帰・分類
	ニューラルネットワーク	回帰・分類

1 線形回帰

線形回帰（Linear Regression）は、最もシンプルなアルゴリズムの１つで、回帰問題に用いられる。4.1で前述したとおり、目的変数と説明変数の最も適切な直線の関係を考えるというものである。

例えば、数学の点数から物理の点数を予測したい場合、既存のデータの組み合わせから回帰直線を求めることになる。グラフにすると、横軸（X軸）を数学の点数、縦軸（Y軸）を物理の点数で表現できる。回帰直線が求まれば、新しく数学の点数が来た際に、直線に当てはめて値を返すことで物理の点数を予測することができる。

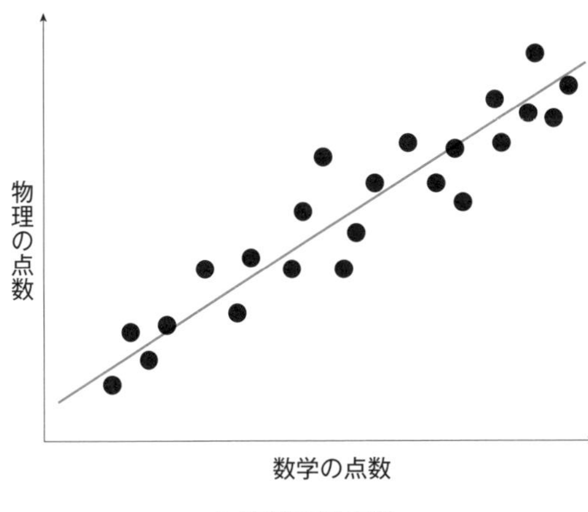

▶線形回帰の例

2 ロジスティック回帰

線形回帰は回帰問題に用いるのに対して、ロジスティック回帰（Logistic Regression）は分類問題に用いるアルゴリズムである。名前に「回帰」と付いているが、分類をするためのアルゴリズムであることに注意してほしい。ロジスティック回帰では、出力にシグモイド関数を用いることで、確率を元に2値分類をする。

ロジスティック回帰は、与えられたデータを元に0から1の確率に相当する値を出力し、結果を正例か負例かに分ける。たとえば0.5を閾値とした場合、出力の値が0.5以上なら正例、0.5未満なら負例となる。健康診断を例にとると、出力の値が0.5以上なら「健康」、0.5未満なら「不健康」のように分類できる。

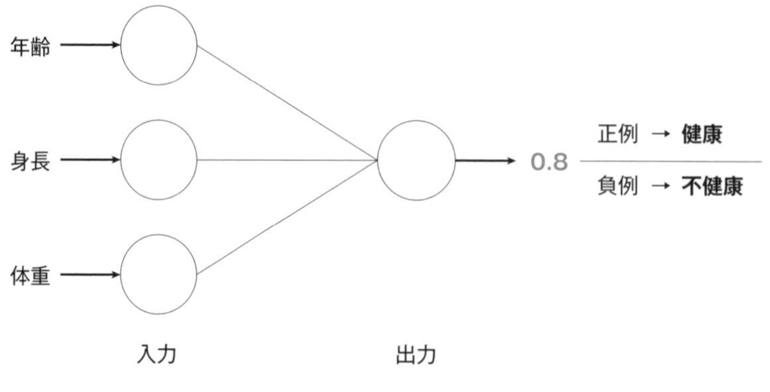

▶ロジスティック回帰のイメージ図

出力にシグモイド関数を用いると２値分類ができるが、複数の結果に分類したいというケースも考えられる。そうした場合は、シグモイド関数の代わりにソフトマックス関数を用いることで多クラス分類ができる。多クラス分類をするロジスティック回帰を特に多項ロジスティック回帰という。

シグモイド関数とソフトマックス関数の詳しい仕組みについては第６章で後述する。

3 決定木

決定木（Decision Tree）は、木構造を用いて回帰、分類を行うアルゴリズムである。回帰に用いられる決定木を**回帰木**、分類に用いられる決定木を**分類木**と呼ぶ。ここでは分類木について触れる。

雨と雪の関係について考えてみる。雨が降るか雪が降るかは気温と湿度が大きく関係する。とある町の気候と天気をグラフにすると次の図のようになった。

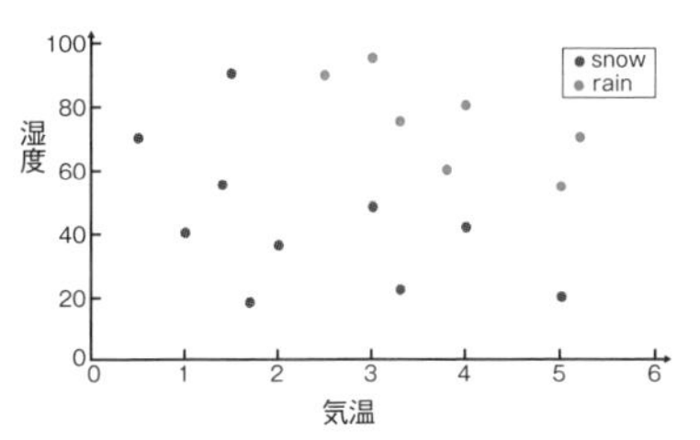

❶とある町の気候と天気をグラフにしたら、上の図のようになった。

縦軸に湿度、横軸に気温をとっているグラフで、灰色の点が雪、青が雨を表している。
例えば、湿度20％で気温が3.3度の時の天気は雪である。

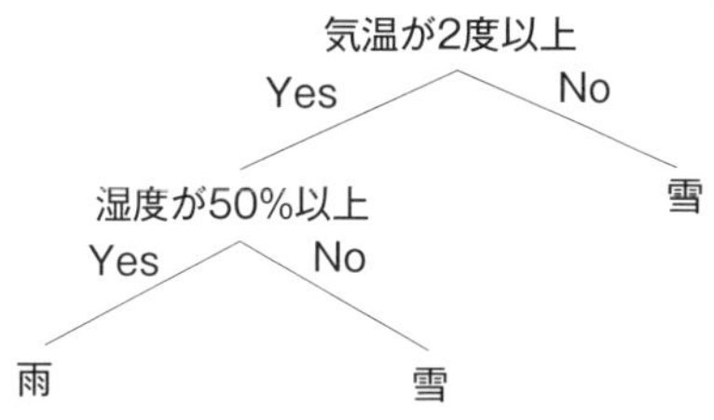

❷これを探索木で用いたような木構造で表現すると上のようになる。

この木が分類木である。

❸これをグラフに落とし込んでみよう。

湿度50％以上かつ、気温２度以上で雨と分類されていることがわかる。

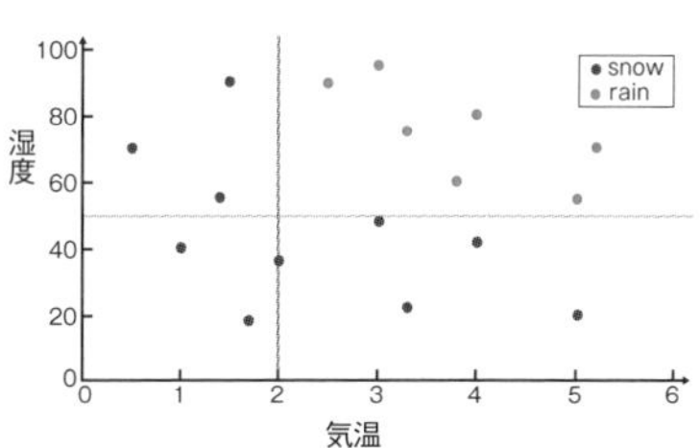

回帰木も同様に、あるデータの規則性を木構造で表現し、グラフ上に境界線を引くことで予測をする決定木である。

4 ランダムフォレスト

ランダムフォレスト（Random Forest）は、複数の決定木を作成し、それぞれの出力結果から多数決で最終的な出力を決定するアルゴリズムである。すべてのデータからランダムに一部のデータを取り出し、それぞれの決定木に与えるというブートストラップサンプリングを用いる。そのため、それぞれの決定木で異なる結果が出力される場合があるが、多数決によって最終結果を決めるため、ある決定木の精度が悪かったとしても、全体的にはいい結果が得られる可能性を高められる。

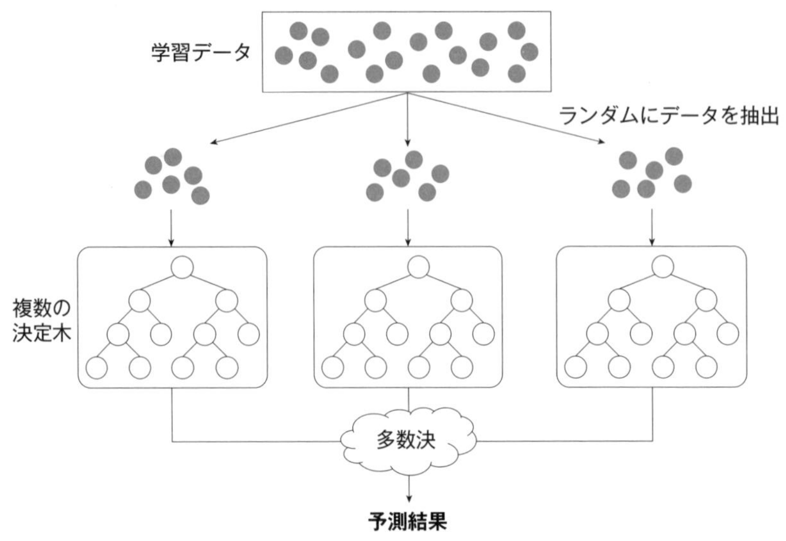

▶ランダムフォレストのイメージ図

複数のモデルで学習させることをアンサンブル学習という。また、アンサンブル学習の主な手法に、バギングとブースティングがある。

ランダムフォレストのように全データから一部のデータを取り出し、複数のモデルを用いて**並列的に学習する**方法をバギングという。次項でブースティングについて触れる。

5 ブースティング

ブースティング（Boosting）は、バギング同様に複数のモデルを用いて学習するアンサンブル学習の一種である。並列的にモデルを作成するバギングに対して、ブースティングは**逐次的にモデルを作成する**。

ブースティングでは、まず１つのモデルを作成して学習する。次に作成するモデルでは、１つ目のモデルで誤認識したデータに焦点を当てて正しく認識できるように学習する。誤認識を加味してモデルを作成し、学習することを繰り返していき、最終的に１つのモデルとして結果を出力する。

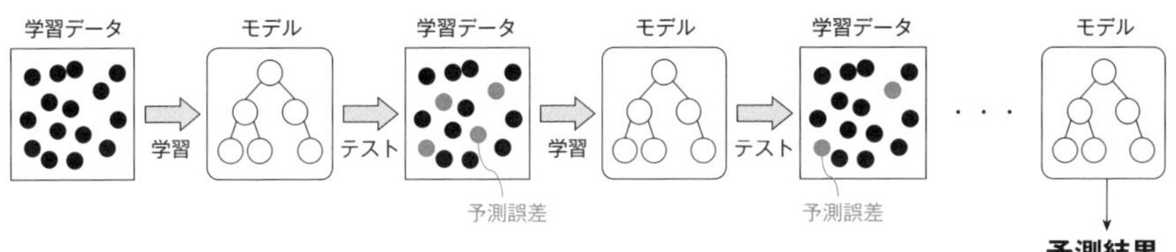

▶ブースティングのイメージ図

逐次的に学習を進めていく分、一般的にバギングに比べてブースティングの方が高い精度が得られやすい。反面、ブースティングは並列処理ができないため、バギングに比べて学習に時間がかかる。

ブースティングを用いたアルゴリズムとして、AdaBoostや勾配ブースティングが有名である。

6 サポートベクトルマシン

サポートベクトルマシン（またはサポートベクターマシン、Support Vector Machine, SVM）は、ディープラーニングが出てくる以前は最も主流であった手法の１つである。その第一の特徴は、マージン最大化という考え方で回帰や分類を行う点である。ネコとイヌの分類を例に見ていこう。

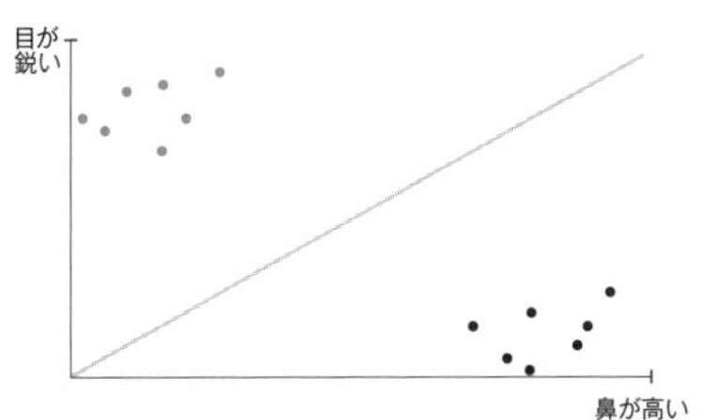

❶イヌとネコを分類した例を思い出してほしい。

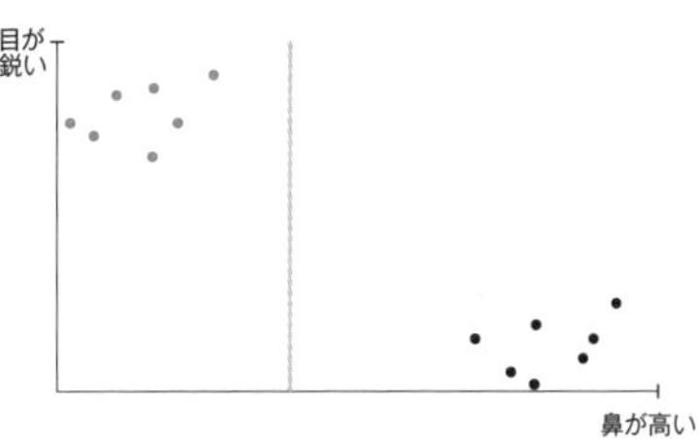

❷左のように直線を引いて分類を行ったが、上図のようにしてもいいはずである。

では最も適切な線はどのようにして求めればよいだろうか。サポートベクトルマシンでは、サポートベクトルからのマージン（距離）が最大になるようにデータ間に境界を作る。サポートベクトルとは、境界に最も近いデータのことである。つまり、**境界と境界に最も近いデータとの距離の総和が大きくなるように線を引く**ということである。

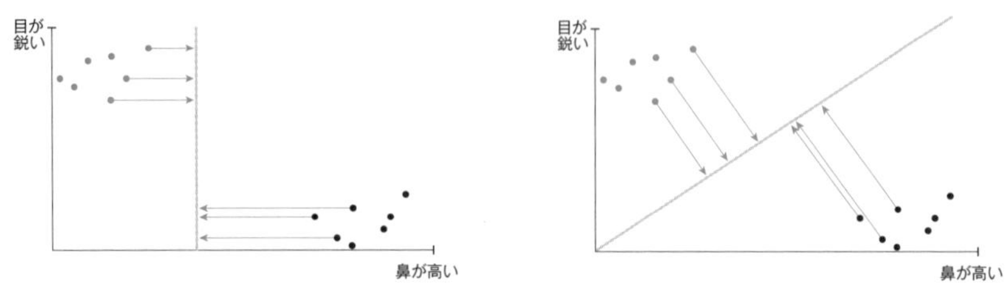

目算でも右のグラフの方が距離の合計が大きいことがわかる。マージンをより大きく確保して境界線を引くことで、学習データから少しズレたパターンの未知のデータが来ても誤認識しにくくなる。

マージン最大化の考え方は難しくないが、前提条件として**線形分離可能でなければならない**。分類問題であれば、線形分類できる状態でなければならない。もし線形分離可能でないデータであれば、線形分離可能にする必要がある。

そこでサポートベクトルマシンでは、線形分離可能でないデータを高次元空間に移して、高次元空間内で線形分離するという**カーネル法**を利用する。

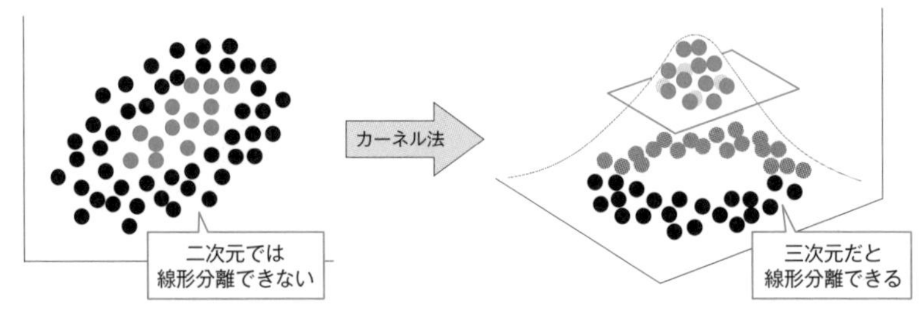

▶**カーネル法のイメージ図**

実際には線形分離ができる高次元な空間を具体的に構成することは困難であるため、カーネル法では**カーネル関数**と呼ばれる関数を利用することで、高次元な空間を具体的に構成することなく、高次元空間で学習して得られる境界線を利用できる。カーネル関数を使ってデータの計算を高次元空間に拡張するアプローチを**カーネルトリッ**

クという。

7 ニューラルネットワーク

ニューラルネットワーク（Neural Network）は、人間の脳の神経回路網の仕組みを模倣したアルゴリズムで、入力層、隠れ層、出力層の３種類の層から構成される。人間の脳内にはニューロンと呼ばれる神経細胞が数多く存在し、それらが結びつくことで神経回路網というネットワークを構成している。このネットワークを再現しようというアプローチから誕生したのがニューラルネットワークである。

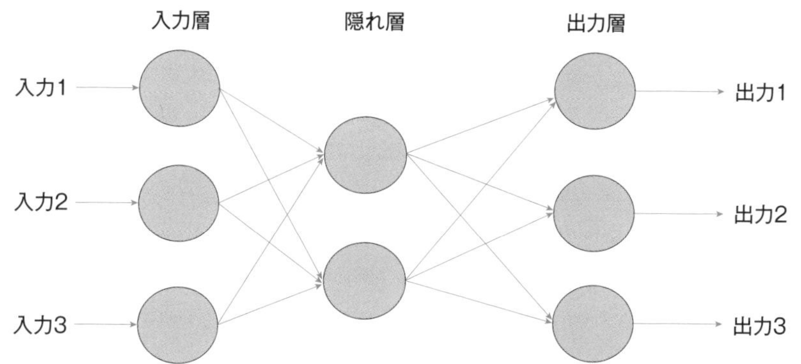

▶ニューラルネットワークのイメージ図

ニューロン間のつながりは重みで表され、入力信号の重要性（出力に及ぼす影響の大きさ）によって強弱を調整しながら伝播していく。重みの算出には**シグモイド関数**が用いられ、０から１の値を取って伝播する。

元々は入力層と出力層しかない単純パーセプトロンというモデルを原形としている。その後、上図のように隠れ層を追加した多層パーセプトロンというニューラルネットワークの基本形となるモデルに形を変えた。また、学習の中で発生するモデルの予測値と実際の正解との誤差を、ネットワークにフィードバックする手法である誤差逆伝播法（バックプロパゲーション）が精度向上に貢献した。

これらのアプローチは当初注目されたが、実際にはあまり高い精度が得られず、サポートベクトルマシンなどの他のアルゴリズムが主流で使われていた。しかし、隠れ層を増やしたディープラーニングという形に発展し、飛躍的に精度を高めたことで大きな注目を集めることとなる。

ニューラルネットワークとディープラーニングの詳しい仕組みについては、第５章以降で詳しく説明する。

4.3 代表的なアルゴリズム(教師なし学習)

▶教師なし学習の代表的なアルゴリズム

種類	アルゴリズム	用途
教師なし学習	k-means法（k平均法）	クラスタリング
	主成分分析	次元削減
	特異値分解	次元削減
	t-SNE	次元削減

1 k-means法

k-means法（k平均法）は、クラスタリングをするためのアルゴリズムである。まず、クラスター（グループ）の数を決める。その後、同一クラスターのデータの距離が近くなるように調整していく。

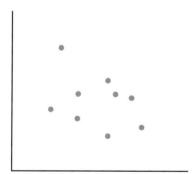

⓿上のようなデータがあるとする。

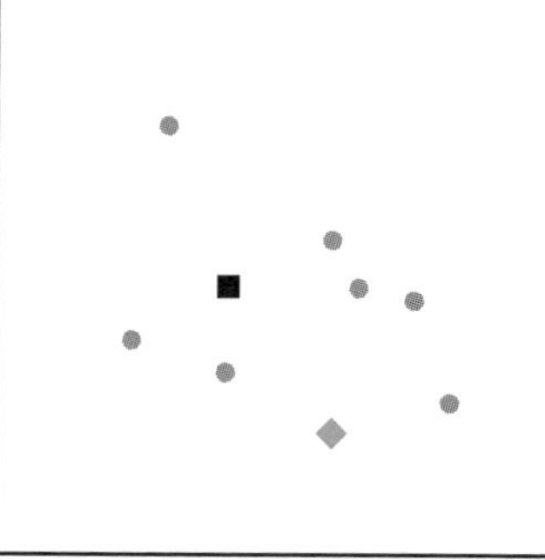

❶まずはクラスター数を決定する。ここでは2つのクラスターに分けてみよう。

❷次にクラスターの中心となるシードを決定する。シードは既存データからランダムに2つ抽出する。

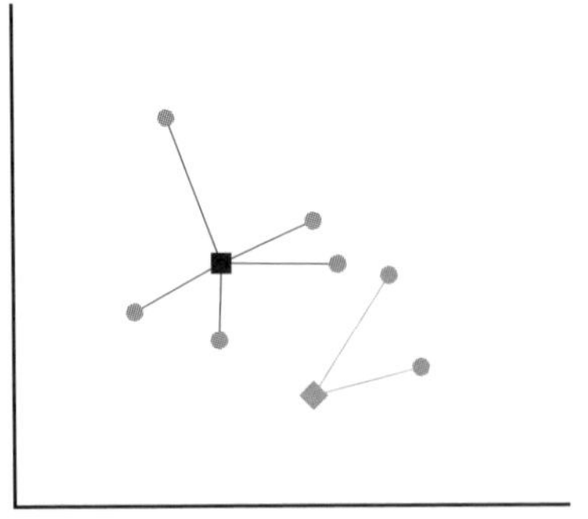

❸次に全てのデータの最寄りのシードを決める。

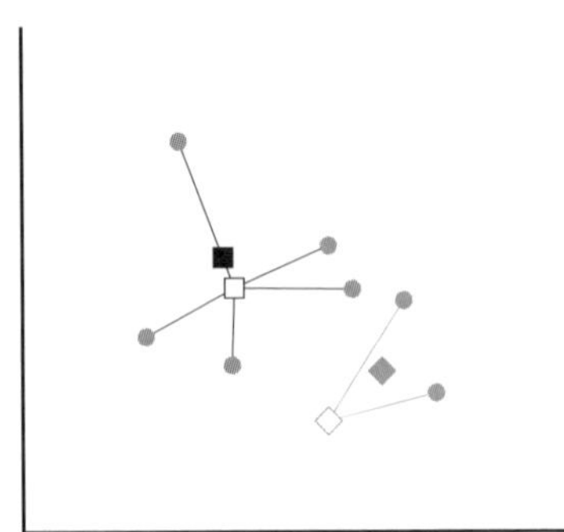

❹各クラスターの中心点を割り出し、それを新しいシードとする。

❺全てのデータの最寄りのシードを決める。

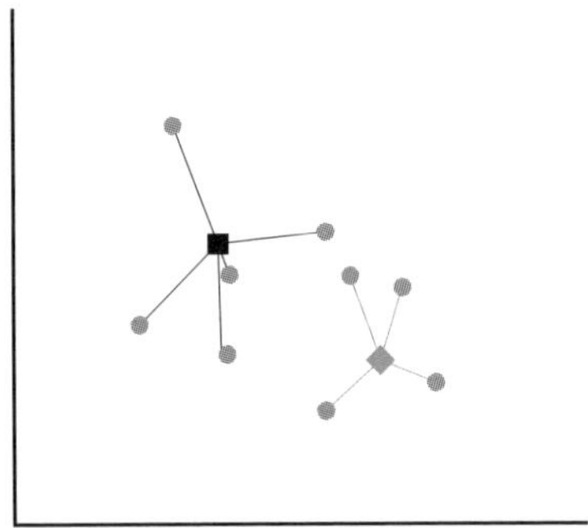

これを繰り返すことで、クラスターを形成する。

2 主成分分析

教師なし学習はクラスタリング以外にも次元削減（次元圧縮）といった用途にも使われる。データの持つ次元数を削減するという用途で、**膨大なデータの中から不要なものを削減する**ことをイメージするとよい。

次元削減するための手法に、主成分分析（Principal Component Analysis, PCA）がある。主成分分析は、データの中で相関を持つ多数の特徴量から、相関のない少数の特徴量へと次元削減する手法である。ここで得られる少数の特徴量を主成分という。

主成分分析で次元を圧縮し、データを解釈しやすい状態にすることで、精度の向上と計算量の削減が見込める。

また、高次元のデータから、必要な項目に絞った低次元のデータにすることで、データを可視化できる。例えば、国語、数学、理科、社会、英語の５教科から得意分野（理系か文系か）を求めるとする。この場合、データとして５教科＋得意分野で６項目（６次元）あるため、全項目を使ってグラフ化することはできない。これを、例えば「合計点数」と「得意分野」の軸だけにすると、６次元が２次元に減り、全体の傾向を平面上に表すことができる。

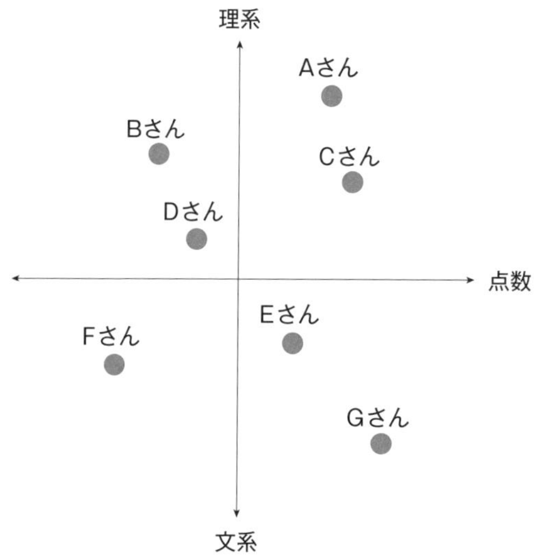

▶主成分分析によるデータ可視化の例

3 特異値分解

同じく次元削減をする手法に**特異値分解**（Singular Value Decomposition, SVD）がある。特異値分解は、重要でないデータを削るために、ある行列（データ）を３つの行列の積に分解する。行列を分解する理由として、いわゆるビッグデータなどと呼ばれる世の中のデータは、行列の形にすると整理しやすいからということがある。数式で書くと、次のように表される。

$$A = U\Sigma V^T$$

ある行列Aを、U、Σ、V^Tの３つの行列の積に分解する。UとV^Tは直交行列で、それぞれ行ベクトル、列ベクトルを表す。Σは対角行列であり、対角成分以外はすべて0の行列である。これらの行列を視覚的に表すと、次の図のようになる。

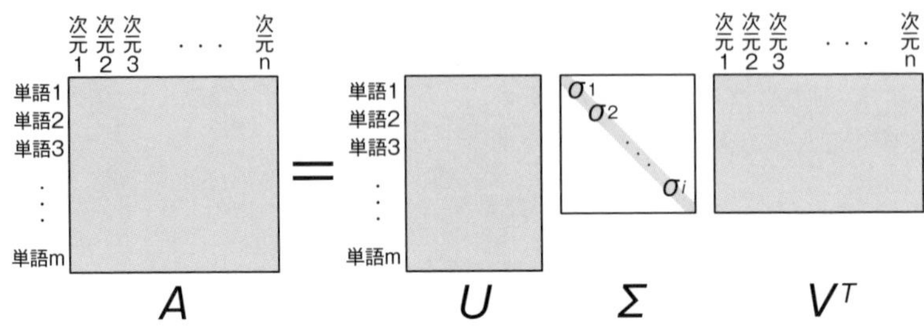

▶行列Aを３つの行列の積に分解するイメージ

行列Σの対角成分には、特異値という値が大きい順に並んでいる。特異値とは、対応する軸の重要度とみなすことができる。例えば特異値σ^2は、２番目の軸の重要度を表す。

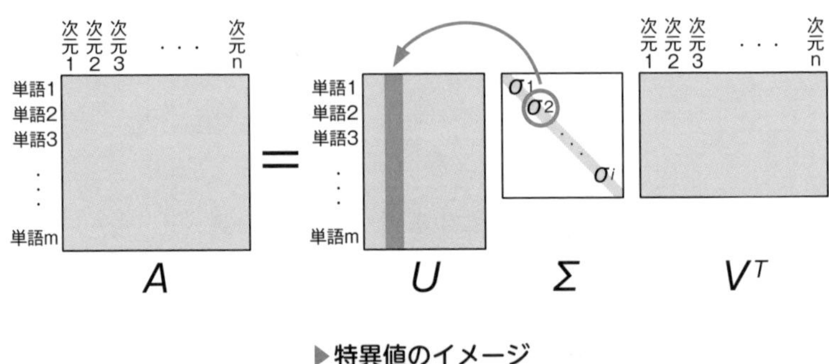

▶特異値のイメージ

行列Σの特異値が小さいものは重要度が低いということであるため、特異値を基に行列Uから余分な列ベクトルを削ることで、元々の行列Aを圧縮した表現にできる。

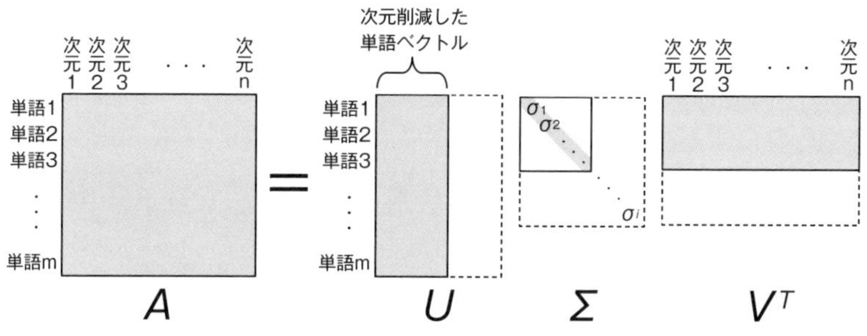

▶特異値を基に余分なデータが削られる様子

4 t-SNE

t-SNE（t-Distributed Stochastic Neighbor Embedding）は、日本語で**t分布型確率的近傍埋め込み**と呼ばれる手法である。t-SNEも次元削減をする手法で、主にはデータを可視化するために用いられる。高次元のデータを2〜3次元の低次元にすることで、データの可視化を可能にする。SNEというアルゴリズムの改良版である。

ベースとなっているSNEは、高次元空間におけるデータ同士の距離の近さ（類似度）が、低次元空間でのデータ同士の近さとできるだけ同じになるように圧縮する。データ同士の距離の近さ（類似度）を正規分布で表現することが大きな特徴である。

SNEでもある程度の精度でデータの可視化ができるが、いくつかの課題が挙げられた。その1つがCrowding Problemと言われるもので、データの次元を圧縮すると、近傍のデータ点を中心に強く集めてしまうという問題である。この問題を解消するために、t-SNEでは圧縮後の距離の近さを計算するのに、正規分布ではなくt分布を使用する。t分布を用いることで、高次元空間において距離の遠いデータ点を、低次元空間でも遠くなるよう配置する事ができ、データの距離（類似度）をより正確に表現できる。

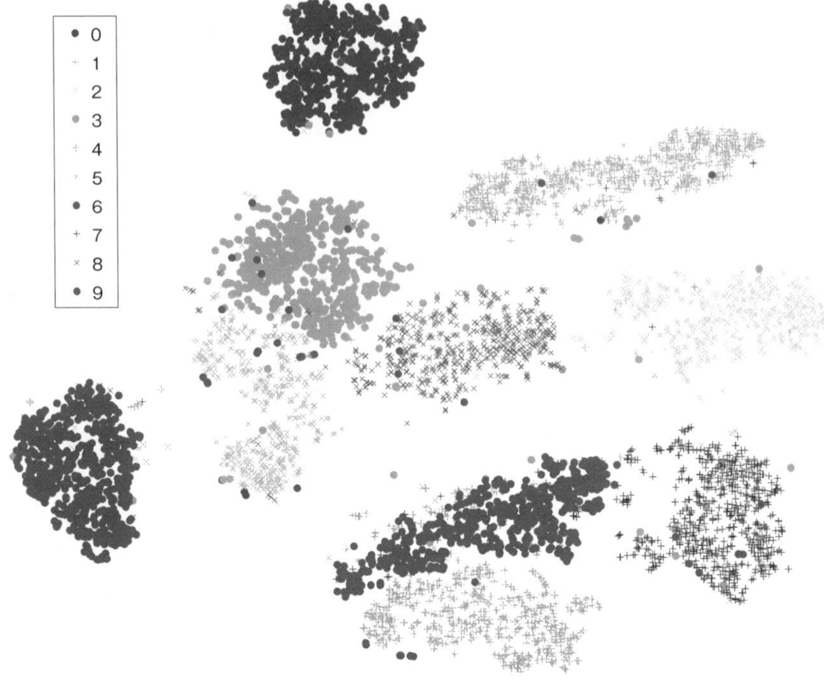

(a)Visualizationbyt-SNE.

（出典：Visualizing Data using t-SNE, https://www.jmlr.org/papers/volume 9 /vandermaaten08a/vandermaaten08a.pdfより引用）

▶t-SNEによるデータの可視化

Super Summary

学習済みモデルの評価

学習によって生成された学習済みモデルがどのくらいの精度なのか評価する手法を見ていきましょう。評価をする際には、いくつかの評価指標があり、目的に合わせて見るべき指標を選択することも重要です。

ここだけは押さえておこう！

最重要用語	説明
訓練データ	全体のデータから学習用のデータとして切り出したデータ部
テストデータ	全体のデータから評価用のデータとして切り出したデータ部
過学習	モデルが訓練データに最適化されすぎて、未知のデータに対する予測能力が低下する事象
未学習（学習不足）	モデルが訓練データにもテストデータにも最適化されていない状態
ホールドアウト検証	データの一部を訓練データに、残りをテストデータに割り当てて検証する手法
k-分割交差検証	訓練データとテストデータの分割を複数回行って検証する手法
混同行列	分類結果と正解の組み合わせを表現した表
正解率	全データの中で予測が当たった割合
適合率	真と予測した中で、正解した（実際に真であった）割合
再現率	結果が真のデータの中で、正解した（真だと予測できた）割合
F値	適合率と再現率の調和平均

4.4 訓練データとテストデータ

ここで機械学習の目的を整理しましょう。機械学習の目的は、データを元に学習を進めていくことでデータの特徴を掴み、未知のデータが与えられた時にも正しく予測できるようになることです。

あるモデルに対して機械学習を実施し、データの特徴や傾向の学習を進めていくと、学習済みモデルとして確立されていくことになる。未知のデータに対する予測能力のことを**汎化性能**ともいう。モデルの汎化性能を評価するために、一般的に全体のデータを学習用のデータである**訓練データ**と、評価用のデータである**テストデータ**に分割する。訓練データを使ってモデルは学習をし、データの特徴を掴む。その後、テストデータを使って学習済みモデルの汎化性能を評価するのである。つまり、テストデータは未知のデータという位置付けであり、全体のデータから疑似的な未知のデータを作り出していることを意味する。

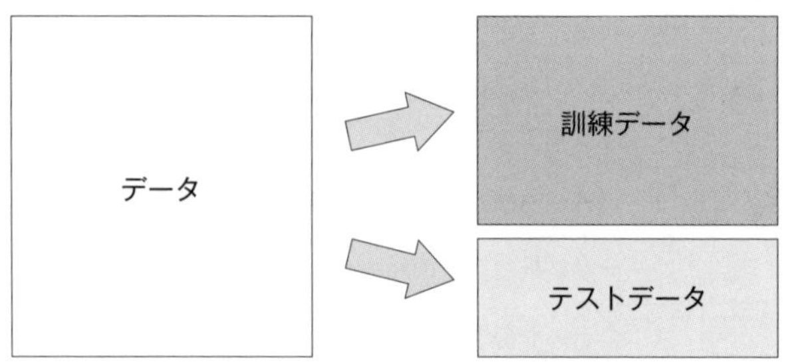

▶**訓練データとテストデータへの分割**

なお、訓練データに対してのみ予測能力が高いことを**過学習**（**オーバーフィッティング**）という。訓練データに最適化され過ぎてしまい、未知のデータに対する予測能力が低くなってしまう事象である。機械学習において最も注意すべき事項の１つである。

過学習を抑制する手法として、６章で紹介する正則化などがある。

過学習と対になるものに**未学習**（**学習不足**）がある。未学習は、モデルが訓練データにもテストデータにも適合していない状態をいう。訓練データのパターンを学習し切っていないために起きる事象である。例として、次の左図はモデルがデータの傾向に最適化されているが、右図は十分に最適化されているとは言えない状態を表している。

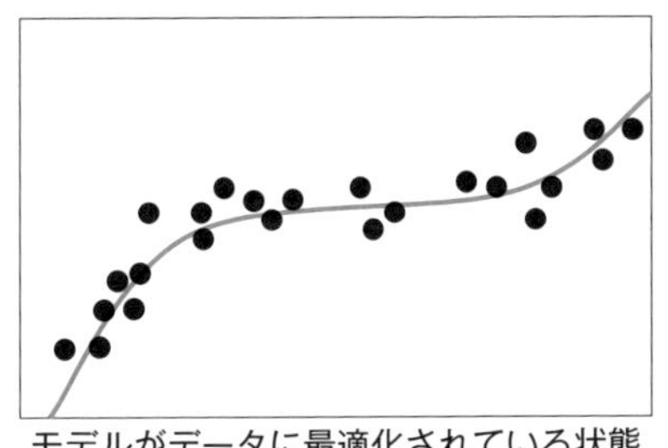
モデルがデータに最適化されている状態

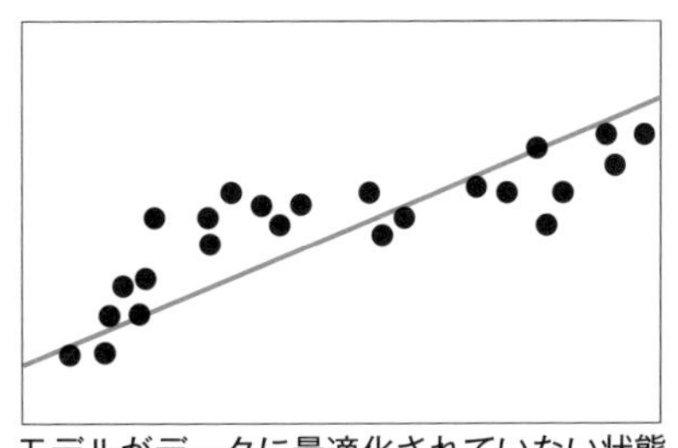
モデルがデータに最適化されていない状態

▶未学習

未学習となる原因は様々だが、正則化のし過ぎや訓練時間が短いといったことが挙げられる。

データを分割して一部を訓練に使い、残りのデータを評価に使う手法を**交差検証**という。代表的な交差検証に**ホールドアウト検証**と**k-分割交差検証**の手法がある。

❏ ホールドアウト検証

データの一部を訓練データに使い、残りを評価用のテストデータに割り当てる手法である。

❏ k-分割交差検証

訓練データとテストデータの分割を複数回（k回）行い、テストデータを入れ替えながら検証する手法である。

ホールドアウト検証		訓練データ			テストデータ
k-分割交差検証	1回目	テストデータ	訓練データ	訓練データ	訓練データ
	2回目	訓練データ	テストデータ	訓練データ	訓練データ
	3回目	訓練データ	訓練データ	テストデータ	訓練データ
	4回目	訓練データ	訓練データ	訓練データ	テストデータ

▶ホールドアウト検証とk-分割交差検証

4.5 評価指標

テストデータを使って評価する時に、どのような指標を使うのかを考えることも重要な要素である。ここではスパムメールの分類における評価を考えてみる。10,000件のメールをスパムメールとそうでないメールに２値分類する時、すべての組み合わせを４通りに分けることができる。この場合、実際の正解とモデルの予測値を混同行列（Confusion Matrix）という表を用いて整理できる。

▶混同行列

	分類結果 - 真	分類結果 - 偽
正解ラベル - 真	真陽性 (True Positive, TP)	偽陰性 (False Negative, FN)
正解ラベル - 偽	偽陽性 (False Positive, FP)	真陰性 (True Negative, TN)

実際に真（陽性）のものに対して、モデルが真（陽性）と判断した場合　→　真陽性
実際は偽（陰性）のものに対して、モデルが真（陽性）と判断した場合　→　偽陽性
実際は真（陽性）のものに対して、モデルが偽（陰性）と判断した場合　→　偽陰性
実際に偽（陰性）のものに対して、モデルが偽（陰性）と判断した場合　→　真陰性

それぞれの接尾辞に「率」を付ければ割合を表すことになる（例:偽陽性率）。また、実際の正解とモデルの予測値が異なることを示す偽陽性と偽陰性は、それぞれ第一種の過誤と第二種の過誤とも呼ばれる。

スパムメールの分類では次のように表現できる。

▶スパムメールにおける混同行列

	分類結果： スパムメールである - 真	分類結果： スパムメールでない - 偽
正解ラベル： スパムメールである - 真	真陽性 (True Positive, TP)	偽陰性 (False Negative, FN)
正解ラベル： スパムメールでない - 偽	偽陽性 (False Positive, FP)	真陰性 (True Negative, TN)

実際の正解とモデルの予測値が一致しているのは真陽性と真陰性になる。ここで用いられる代表的な評価指標に正解率（Accuracy）がある。例えば、10,000件のメー

ルのうち真陽性（予測がスパムメールで、正解もスパムメール）の件数が4,000件、真陰性（予測がスパムメールではなく、正解もスパムメールではない）の件数が5,000件だった場合、正解率は90%ということになる。

しかし、**正解率で評価することが適切でない場合もある**。例えば、500件のスパムメールを含む10,000件のメールに対して、すべてスパムメールではないとモデルが判断したとしても正解率は95%になる。実際にはスパムメールを見つけるという仕事をしていないため、実用的ではない。正解率を高めるというのは重要な活動ではあるが、正解率だけでは適切に評価できない場合もあるのは事実である。

そこで正解率を含めた以下の評価指標が用意されている。すべての指標を用いて評価するというより、目的に合わせて注視すべき指標を選定することが重要である。

正解率（Accuracy）

$$\text{Accuracy} = \frac{TP + TN}{TP + TN + FP + FN}$$

全データの中で予測が当たった割合。

適合率（Precision）

$$\text{Precision} = \frac{TP}{TP + FP}$$

真と予測した中で、正解した（実際に真であった）割合。
予測の**誤判定を避けたい場合**に利用する。

再現率（Recall）

$$\text{Recall} = \frac{TP}{TP + FN}$$

結果が真のデータの中で、正解した（真だと予測できた）割合。
予測の**見落としを避けたい場合**に利用する。

F値（F measure）

$$\text{F measure} = \frac{2 \times \text{Precision} \times \text{Recall}}{\text{Precision} + \text{Recall}}$$

適合率と再現率の調和平均。一般的に両者はトレードオフの関係であるため、適合率と再現率を入力とするF値を評価指標に用いることも多い。

▶**目的別評価指標**

問題演習

問題1 ✔□ □□ 機械学習の手法について適切な説明の組み合わせを選択肢から1つ選べ。

A. 教師あり学習　B. 教師なし学習　C. アンサンブル学習　D. 強化学習

v. エージェントが得られる報酬を最大化するためにどのように行動するべきかを学習する。
w. データセット内の未知の構造を既存のラベルなしにモデル化することを目的とする。
x. 正解ラベルが未知であるサンプルに対して正解ラベルを予測するモデルを生成する。
y. 複数の学習モデルが協調し、正解ラベルを予測するモデルを生成する。
z. 該当するものはない

1. A-v、B-w、C-z、D-y　2. A-x、B-w、C-y、D-v
3. A-w、B-y、C-v、D-x　4. A-w、B-v、C-y、D–z

《解答》2. A-x、B-w、C-y、D-v

解説

教師あり学習、教師なし学習、強化学習は選択肢の内容の通りです。アンサンブル学習は、複数のモデルで学習させ、それらの予測結果を統合して汎化能力を高める手法です。

問題2 ✔□ □□ 以下の文章を読み、□に最もよく当てはまる選択肢を1つ選べ。

機械学習において、入力値から出力値を予測するためのルールを□という。このルールは学習によって調整され、調整後は学習済み□と呼ばれる。

1. プロパティ　2. モデル　3. インスタンス　4. ロー

《解答》2. モデル

解説

モデルとは入力値から出力値を予測するためのルールのことです。機械学習における学習とは、モデルを調整することをいいます。

問題3 ☑☐☐☐ 「半教師あり学習」に関する説明として、最も適切でない選択肢を1つ選べ。

1. ラベル付きデータと、ラベルなしデータを用いて学習するモデルである。
2. ブートストラップ法とグラフベースアルゴリズムがある。
3. ラベル付きデータに偏りがある場合には学習できない場合がある。
4. 教師あり学習と常に同等の精度となる。

《解答》4. 教師あり学習と常に同等の精度となる。

解説

半教師あり学習は、教師あり学習と教師なし学習を組み合わせた手法で、ラベル付きデータとラベルなしデータの両方を含むデータセットを使用します。必要十分なラベル付きデータが用意できない場合でもより精度を高めることができますが、ラベルなしデータに基づいてモデルが行った予測の精度が確認できないため、教師あり学習より精度が低くなる可能性があります。

半教師あり学習は、ブートストラップ法とグラフベースアルゴリズムの大きく2つの手法に分かれます。ブートストラップ法は、学習したモデルを用いて正解ラベルなしデータの推論を行い、推論結果を元に正解ラベルなしデータに対して正解ラベルを付与しながら学習を進めていく手法です。グラフベースアルゴリズムは、データとデータの近さ（類似度）を元に、「近いものは同じラベルだろう」と考えて、正解ラベルありデータから正解ラベルなしデータに正解ラベルを伝播しながら学習を進めていく手法です。

問題4 ☑☐☐☐ 回帰について以下の文章を読み、（ア）～（ウ）に当てはまる組み合わせの選択肢を1つ選べ。

回帰は株価の予測や気温の予測といった問題に対して使われ、予測結果を（ア）で出力する。回帰分析をする際にはいくつかの手法がある。利用する説明変数が1つのみの場合は単回帰分析といい、複数の場合は（イ）という。また、変数の数だけでなく、変数の関係から回帰の種類を分類でき、特に説明変数と目的変数の関係を直線で表現できる回帰を（ウ）という。

1.（ア）離散値、（イ）複数回帰分析、（ウ）線形回帰
2.（ア）連続値、（イ）多変量解析、（ウ）直線回帰
3.（ア）連続値、（イ）重回帰分析、（ウ）線形回帰
4.（ア）離散値、（イ）重回帰分析、（ウ）線形回帰

《解答》3.（ア）連続値、（イ）重回帰分析、（ウ）線形回帰

解説

回帰では予測結果を連続値で出力します。対して分類では離散値で出力します。

回帰分析はデータ間の関係性を調べることであり、複数の説明変数を使って分析する手法を重回帰分析といいます。説明変数と目的変数の関係を直線で表現できる回帰を線形回帰といい、直線で表現できない回帰を非線形回帰といいます。

問題5 ✔□ □□ 機械学習の代表的なアルゴリズムに関する説明として、最も適切な選択肢を1つ選べ。

1. サポートベクトルマシンは、マージン最大化という考え方で構成されており、条件として線形分離ができなければならない。
2. ブースティングは、複数のモデルを作成しながら並列的に学習するアンサンブル学習の一種である。
3. ランダムフォレストは、すべてのデータをそれぞれの決定木に与えて学習する。
4. ニューラルネットワークは、隠れ層の数を変えて学習できるため、アンサンブル学習の一種と言える。
5. k-means法は、データをクラスター分けする際、同一クラスターのデータの距離が大きくなるように調整する。

《解答》1. サポートベクトルマシンは、マージン最大化という考え方で構成されており、条件として線形分離ができなければならない。

解説

サポートベクトルマシンは線形分離ができなければならないという条件があります。線形分離可能でないデータの場合、カーネル法によってデータを高次元空間に移すことで線形分離を可能にします。

選択肢2.のブースティングは、アンサンブル学習の一種ですが、並列的ではなく逐次的にモデルを改善しながら学習する手法です。

選択肢3.のランダムフォレストは、すべてのデータではなく、すべてのデータからランダムに取り出した一部のデータをそれぞれの決定木に与えて学習します。こうした手法は、アンサンブル学習の一種であるバギングといいます。

選択肢4.のニューラルネットワークは、隠れ層の数を変えて実験的に学習することはでき

ますが、それぞれ別の学習になるためアンサンブル学習ではありません。アンサンブル学習は、同一の学習の中で複数のモデルを試すものです。

選択肢5.のk-means法は、同一クラスターのデータの距離が小さく（近く）なるように調整することで、似た特徴ごとにクラスター分けします。

問題6 ☑☐☐☐ 「ロジスティック回帰」に関する説明のうち、最もよく当てはまる選択肢を１つ選べ。

1. 回帰問題に使用される。
2. クラスに属する確率を０から１の範囲で予測する。
3. アンサンブル学習をする。
4. 各クラスのサンプルから距離が最大となる境界を求める手法である。

《解答》2. クラスに属する確率を０から１の範囲で予測する。

解説

ロジスティック回帰は、出力にシグモイド関数を用いることで、確率を得ることができます。たとえば、出力の値が0.5以上であれば正例、0.5未満であれば負例と設定しておくことで、確率を元にデータを２種類に分類します。

ロジスティック回帰は同一学習の中で複数のモデルを作成することはないため、アンサンブル学習ではありません。よって選択肢3.は誤りです。

選択肢4.は、サポートベクトルマシン（SVM）の説明です。

問題7 ☑☐☐☐ 以下の文章を読み、（ア）～（イ）に当てはまる組み合わせの選択肢を１つ選べ。

教師あり学習における分類問題で、データを３種類以上のカテゴリに分ける場合を（ア）という。

一方、データを類似度によってグルーピングする（イ）と呼ばれる手法も、データを分けるという意味では共通している。しかし、（イ）は教師なし学習の一種であり、分けるべきカテゴリを明示的に指定することはない。

1. （ア）多クラス分類、（イ）クラスタリング
2. （ア）２値分類、（イ）クラスタリング
3. （ア）多クラス分類、（イ）次元削減
4. （ア）クラスタリング、（イ）多クラス分類

《解答》1. （ア）多クラス分類、（イ）クラスタリング

解説

教師あり学習で、データを2種類のカテゴリに分類する場合を2値分類、3種類以上のカテゴリに分類する場合を多クラス分類といいます。

教師なし学習で、データを類似度によってグルーピングする手法をクラスタリングといいます。

問題8 ✔□□□ 以下の文章を読み、(ア)～(ウ)に当てはまる組み合わせの選択肢を1つ選べ。

選択肢がツリー状に枝分かれしていくモデルを構築し、データを選択肢に当てはめていくことで出力を決定する機械学習の手法を(ア)という。

また、複数の(ア)による多数決で最終的な出力を決定する手法を(イ)という。(イ)におけるそれぞれの(ア)は、(ウ)によってランダムに抽出したデータによって構築される。

1. (ア)決定木、(イ)ランダムフォレスト、(ウ)サブサンプリング
2. (ア)決定木、(イ)ネットワークルート、(ウ)ブートストラップサンプリング
3. (ア)ニューラルネットワーク、(イ)ランダムフォレスト、(ウ)サブサンプリング
4. (ア)決定木、(イ)ランダムフォレスト、(ウ)ブートストラップサンプリング

《解答》4.(ア)決定木、(イ)ランダムフォレスト、(ウ)ブートストラップサンプリング

解説

出力を決定するために木構造のモデルを構築する機械学習の手法を決定木といいます。決定木は結果に至る過程を解釈しやすいという長所を持ちます。

複数の決定木による多数決(または平均)をとるアルゴリズムをランダムフォレストといいます。ランダムフォレストでは、ブートストラップサンプリングによりランダムに抽出したデータをそれぞれの決定木に与えます。

問題9 ✔□□□ 以下の文章を読み、(ア)～(ウ)に当てはまる組み合わせの選択肢を1つ選べ。

複数の学習器を組み合わせた手法はアンサンブル学習と呼ばれる。アンサンブル学習の主な手法に、(ア)と(イ)がある。どちらも抽出した一部のデータを用いて複数の学習機を構築するが、(ア)は並列的に学習することで比較的高速に学習し、(イ)は前の学習の結果を利用して逐次的に学習することで比較的高い精度を出す

傾向にある。（イ）を用いたアルゴリズムとして、（ウ）などが有名である。

1.（ア）ドロップアウト、（イ）ブースティング、（ウ）AdaDelta
2.（ア）バギング、（イ）ブースティング、（ウ）AdaBoost
3.（ア）ブースティング、（イ）バギング、（ウ）Adam
4.（ア）バギング、（イ）サポートベクトルマシン、（ウ）AdaBoost

《解答》2.（ア）バギング、（イ）ブースティング、（ウ）AdaBoost

解説

抽出したデータで並列的に学習するアンサンブル学習の手法はバギングです。ランダムフォレストもバギングの一種です。

抽出したデータで逐次的に学習するアンサンブル学習の手法はブースティングです。ブースティングを利用したアルゴリズムとして、AdaBoostや勾配ブースティングが有名です。

問題10 ☑☐ ☐☐ 以下の文章を読み、（ア）～（イ）に当てはまる組み合わせの選択肢を1つ選べ。

人間の脳の神経回路を再現したアルゴリズムのことを（ア）と呼ぶ。（ア）は、入力層、隠れ層、出力層から構成される。隠れ層を深くした（イ）の登場により、精度が飛躍的に向上し大きな注目を集めることになった。

1.（ア）カーネルネットワーク、（イ）ディープラーニング
2.（ア）ニューラルネットワーク、（イ）ディープラーニング
3.（ア）ニューラルネットワーク、（イ）ディープコンピューティング
4.（ア）カーネルネットワーク、（イ）ディープコンピューティング

《解答》2.（ア）ニューラルネットワーク、（イ）ディープラーニング

解説

人間の脳はニューロンという神経細胞が何十億個も存在し、ニューロンが互いに結びつくことで神経回路網という巨大なネットワークを構築しています。ニューラルネットワークは、この人間の脳の神経回路網の仕組みを模したアルゴリズムです。ディープラーニングは、ニューラルネットワークの隠れ層を深くしたものです。

問題11 ☑☐ ☐☐ 機械学習の目的は、手元にあるデータを学習し特徴を掴むことによって、未知のデータに対して正しく予測・識別できるようになることである。この未知のデータに対する予測能力のことを何というか、最も適切な選択肢を1つ選べ。

1. 汎化性能　　2. 汎用性　　3. 交差検証　　4. 特化性能

《解答》1. 汎化性能

解説

機械学習の目的は、手元にあるデータを学習することによりそのデータの特徴を掴み、新たな未知のデータが与えられた時にそのデータに対して正しく予測・識別できるようになることです。この未知のデータに対して正しく予測・識別できる能力のことを汎化性能と呼びます。

問題12 ✔□ □□　機械学習において、訓練データに対してのみ予測能力が優れており、テストデータに対しての予測能力が劣ってしまう現象として、最も適切な選択肢を1つ選べ。

1. スケールアウト　　2. 学習不足　　3. 過学習　　4. 交差検証

《解答》3. 過学習

解説

訓練データにのみ最適化されてしまい、汎化性能が低下することを過学習と呼びます。

問題13 ✔□ □□　以下の文章を読み、[　　　]に最もよく当てはまる選択肢を1つ選べ。

機械学習における検証の方法で、[　　　]はデータをk個のサブセットに分割する。k-1個のサブセットのデータで学習を行い、残り1個のサブセットのデータでテストを行う。学習・テストに使うサブセットを換えながらこれをk回繰り返す。

1. ホールドアウト検証　　2. k-平均交差検証
3. スキップ検証　　4. k-分割交差検証

《解答》4. k-分割交差検証

解説

データをk個に分割して、k回学習するのはk-分割交差検証です。k-分割交差検証は、少ないデータでも効率よく学習できるという利点があります。

問題14 ✔□ □□　2値分類で使われる混同行列の各セルの件数を用いて、評価指標を算出することができる。適合率を算出する式として、最も適切な選択肢を1つ選べ。

	分類結果： スパムメールである - 真	分類結果： スパムメールでない - 偽
正解ラベル： スパムメールである - 真	真陽性 （True Positive, TP）	偽陰性 （False Negative, FN）
正解ラベル： スパムメールでない - 偽	偽陽性 （False Positive, FP）	真陰性 （True Negative, TN）

1. TP / （TP + FP）　2. TN / （TN + FP）

3. TP / （TP + FN）　4. （TP + TN） / （TP + FP + TN + FN）

《解答》1. TP / （TP + FP）

解説

適合率は、真と予測した中で、正解した（実際に真であった）割合を算出する式となります。選択肢3. は再現率、選択肢4. は正解率の式です。

問題15 ☑☐☐☐ 分類の評価指標のうち、F値の算出式として、最も適切な選択肢を1つ選べ。

1. （適合率＋再現率）/2
2. 2×適合率×再現率/（適合率＋再現率）
3. $\sqrt{\text{適合率}\times\text{再現率}}$
4. （再現率－適合率）^{2}

《解答》2. 2×適合率×再現率/（適合率＋再現率）

解説

F値は適合率と再現率の調和平均です。一般的に適合率と再現率はトレードオフの関係にあるため、F値が用いられることも多くあります。

問題16 ☑☐☐☐ 評価指標について以下の文章を読み、（ア）～（ウ）に当てはまる組み合わせの選択肢を1つ選べ。

工場で出荷する製品が不良品かどうかを機械学習で識別するとします。10,000個の製品中に不良品が50個含まれているケースで、不良品を1個も見つけられなかった場合（ア）は99.5%となる。良品と不良品の割合に大きな差があるため（ア）だけでは適切に評価できない。こうした場合、他の評価指標を用いて精度を測ることができる。不良品を見落とすことを避けたい場合は（イ）が、良品を不良品と誤判定することを避けたい場合は（ウ）が指標として適する。

1.（ア）正解率、（イ）再現率、（ウ）適合率

2.（ア）適合率、（イ）再現率、（ウ）決定係数

3.（ア）正解率、（イ）F値、（ウ）適合率

4.（ア）適合率、（イ）決定係数、（ウ）再現率

《解答》1.（ア）正解率、（イ）再現率、（ウ）適合率

解説

10,000個の製品中に不良品が50個含まれている場合、不良品を１個も見つけられなかったとしても正解率は99.5%になります。この数値だけを見れば精度が高いように見えますが、実際は不良品を見つけるという目的を果たしていません。再現率や適合率といった指標も見るといいでしょう。

問題17 ☑☐☐☐ 第一種の過誤とも呼ばれる状態として、最も適切な選択肢を１つ選べ。

1. 真陽性　2. 真陰性　3. 偽陽性　4. 偽陰性

《解答》3. 偽陽性

解説

偽陽性は第一種の過誤とも呼ばれます。実際は偽（陰性）のものに対して、モデルが真（陽性）と判断してしまう誤りを指します。

問題18 ☑☐☐☐ 「主成分分析」に関する説明のうち、最も適切でない選択肢を１つ選べ。

1. 教師なし学習である
2. データの表す意味を解釈しやすくする
3. 計算量を少なくすることができる
4. データを似た特徴ごとにまとめる

《解答》4. データを似た特徴ごとにまとめる

解説

主成分分析は、データの中で相関を持つ多数の特徴量から、相関のない少数の特徴量へと次元削減する手法です。似た特徴が多く存在すると、データが区別しにくくなり精度が下がりやすくなります。主成分分析で次元を圧縮し、データを解釈しやすい状態にすることで、

精度の向上と計算量の削減が見込めます。
選択肢４はクラスタリングの説明です。

問題19 ☑☐☐☐ 階層型クラスタリングによりすべてのデータがグルーピングされることで完成する図として、最も適切な選択肢を１つ選べ。

1. 箱ひげ図　　　2. デンドログラム
3. 意味ネットワーク　　　4. ヒストグラム

《解答》2. デンドログラム

解説

階層型クラスタリングによりすべてのデータがグルーピングされると、デンドログラム（樹形図）が完成します。デンドログラムは、逐次的にデータがグループ化される様子を樹木のような形で表したものです。完成したデンドログラムによって、視覚的にデータの関係性を把握することができます。

問題20 ☑☐☐☐ 次元削減や高次元データの可視化を目的としたアルゴリズムとして、最も適切でない選択肢を１つ選べ。

1. t-SNE　　　2. 特異値分解
3. k-means法　　　4. 主成分分析

《解答》3. k-means法

解説

k-means法は、クラスタリングを目的としたアルゴリズムです。

問題21 ☑☐☐☐ 確率分布を基に、高次元空間におけるデータ同士の距離の近さを、低次元空間でも同じになるように圧縮するアルゴリズムとして、最も適切な選択肢を１つ選べ。

1. t-SNE　　　2. 特異値分解
3. k-means法　　　4. 主成分分析

《解答》1. t-SNE

解説

SNEおよびt-SNEは、確率分布を基にデータの圧縮をするアルゴリズムです。圧縮後のデータ同士の距離の近さを計算するのに、SNEでは正規分布を、t-SNEではt分布を使用しています。

問題22 ✔□ □□　単回帰分析の例として、最も適切な選択肢を１つ選べ。

1. ある地域の住宅価格を、築年数、部屋数、最寄り駅からの距離から予測する
2. 与えられた１枚の画像に写っている動物が犬か猫かを識別する
3. ユーザーの購買データから年代別に嗜好性をグループ分けする
4. 従業員の勤怠データに含まれる数多くの項目を２つの分析軸に集約して分析する

《解答》4. 従業員の勤怠データに含まれる数多くの項目を２つの分析軸に集約して分析する

解説

単回帰分析は、１つの説明変数が１つの目的変数に与える影響度合いを分析する手法です。勤怠データにある数多くの項目から２つの分析軸に絞ると、説明変数と目的変数がそれぞれ１つになるため、単回帰分析となります。

選択肢1. は複数の説明変数で予測するため、重回帰分析の例です。選択肢2. は２値分類、選択肢3. はクラスタリングの例です。

問題23 ✔□ □□　次の回帰のグラフのうち未学習の状態として、最も適切な選択肢を１つ選べ。

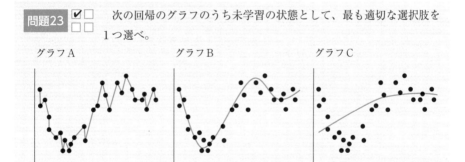

グラフA

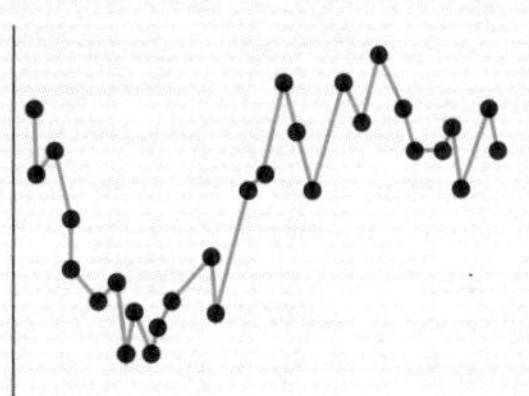

グラフB

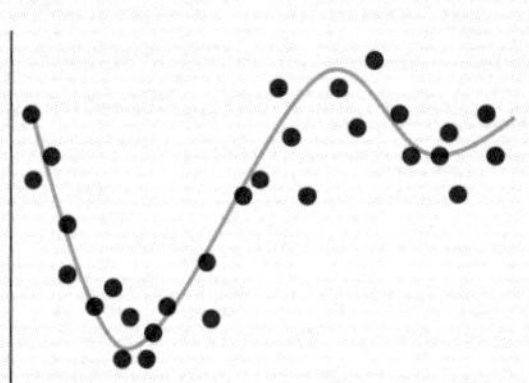

グラフC

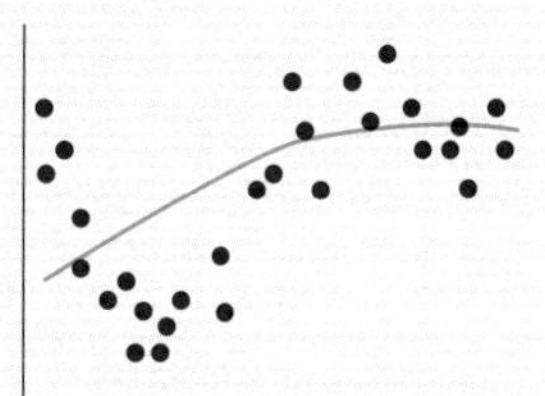

1. グラフA　　2. グラフB
3. グラフC　　4. いずれのグラフも未学習の状態ではない

《解答》3. グラフC

解説

　未学習は、モデルが訓練データにもテストデータにも適合していない状態を指します。グラフCはデータに最適化されておらず、表現力の低いモデルだと言えます。

　グラフAは表現力が高く、過学習の状態にあると言えます。過学習の詳細については6章で後述します。グラフBは適切な表現力を示しており、未学習の状態でも過学習の状態でもないと言えます。

ディープラーニングの概要

Super Summary

ディープラーニングの概要

この章では、ニューラルネットワークをどのようにしてディープラーニングで実現しているのかを説明します。
また、ディープラーニングを実現するために必要なハードウェアやデータについても説明していきます。

ここだけは押さえておこう！

セクション	最重要用語	説明
5.1 ディープラーニングとは	**ディープラーニング**	人間の学習過程をコンピュータで表現したディープニューラルネットワークを使用した学習
	ニューラルネットワーク	人間の脳の中の構造を表現したアルゴリズム。パーセプトロンから構成される
	パーセプトロン	人間の脳の中の神経回路を数式的に表現したアルゴリズム
	多層パーセプトロン	単純パーセプトロンに隠れ層を追加したもの。非線形分類を行うことが可能
	ディープニューラルネットワーク	ニューラルネットワークの仕組みを応用した、ディープラーニングの手法。ニューラルネットワークにさらに隠れ層を追加
5.2 ディープラーニングの手法	**オートエンコーダ**	ニューラルネットワークの一種で、情報を圧縮してパラメータ（特徴量）を獲得するための手法
	積層オートエンコーダ	オートエンコーダを積み重ねたもの。より効率的に特徴量を獲得することができる
	事前学習	積層オートエンコーダにおいて、初期パラメータを取得するための手法。勾配消失問題を回避することができる

	ファイン チューニング	学習済みのモデルの初期値を再度学習し微調整する手法。積層オートエンコーダにおいては、最終的な重みの調整を行い教師あり学習を実現させるために使用する
5.3 ディープラーニングの計算デバイスとデータ量	**CPU**	コンピュータ全体の計算を担う演算処理装置。膨大な種類の作業を順番に処理する能力に長けている
	GPU	3Dグラフィックや画像処理などの演算を行う演算処理装置。並列処理を行うことができる
	GPGPU	並列処理を行うことができるGPUを、画像処理以外の目的で使用する技術
	データリーケージ	学習データに「推論時に未確定の情報」を含んでしまい、正しく推論できないこと

5.1 ディープラーニングとは

1 ニューロン

人間の脳内にはニューロンという神経細胞が数多く存在し、それらのニューロンが互いに結びつくことで神経回路網という巨大なネットワークを構成している。人間が情報を受け取ると、このニューロンに電気信号が伝わる。以下がニューロンを形式的に表した図である。

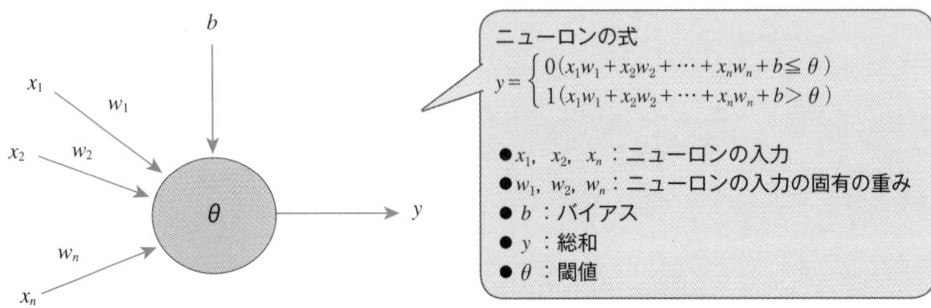

b
x1
w1
x2
w2
θ
y
wn
xn
ニューロンの式
$y=\begin{cases}0(x_1w_1+x_2w_2+\cdots+x_nw_n+b\leqq\theta)\\1(x_1w_1+x_2w_2+\cdots+x_nw_n+b>\theta)\end{cases}$
● x_1, x_2, x_n：ニューロンの入力
● w_1, w_2, w_n：ニューロンの入力の固有の重み
● b：バイアス
● y：総和
● θ：閾値

それぞれの入力と重みの乗算とバイアスの総和が閾値 θ を超えた場合、ニューロンは「1」を出力する。また、ニューロンが「1」を出力することを「ニューロンが発火する」とも言う。

▶形式ニューロン

上の図のニューロンには左から入力（x_1, x_2……）が入る。

その際、入力にはそれぞれに固有の**重み**（w_1, w_2……）が乗算される。

また、**バイアス**（b）が存在しそのままニューロンに加算される。

$$y=\begin{cases}0(x_1w_1+x_2w_2+\cdots+x_nw_n+b\leqq\theta)\\1(x_1w_1+x_2w_2+\cdots+x_nw_n+b>\theta)\end{cases}$$

重みとは、ニューロン同士の結びつきの強さを表すものである。重みにより、入力データを増幅させたり減衰させたりすることで、入力データの重要性を調整することができる。バイアスは、ニューロンの反応を偏らせるものであり、ニューロンが発火する傾向の高さを表す。バイアスが大きな値をとることでニューロンは発火しやすくなり、負の値をとることでニューロンを発火させることが困難になる。バイアスを用いることにより、発火しやすいニューロンか／発火しにくいニューロンかを調整することができる。

ニューラルネットワークでは、この重みやバイアスをパラメータと呼ぶ。

その総和を求める。

それぞれの入力と重みの乗算とバイアスの総和が閾値θを超えた場合、ニューロンは「1」を出力（y）する。

ニューロンの複数の入力信号（x_n）にはそれぞれ固有の重み（w_n）があり、その重みは各入力信号の重要性を示している。この重みが大きくなればなるほど、その入力信号の重要性が高い。

2 パーセプトロン

前項で紹介したように、人間の脳内にはニューロンという神経細胞が数多く存在し、それらのニューロンが互いに結びつくことで神経回路網を形成しています。

ニューラルネットワークは、この人間の脳の中の神経回路網を数式的に表現したアルゴリズムです。パーセプトロンはニューラルネットワークの起源となるアルゴリズムで、パーセプトロンの仕組みを理解することが、ニューラルネットワークやディープラーニングを理解する上で重要です。

パーセプトロンは1957年にアメリカの心理学者のフランク・ローゼンブラットにより考案されたニューラルネットワークである。パーセプトロンとは、認識（perception）機械という意味だ。

パーセプトロンは、複数の入力を受け取り、入力が一定の値を超えると一つの信号を出力する。人間の脳神経回路を真似した学習モデルで、ディープラーニングの起源となるアルゴリズムである。

パーセプトロンは入力層と出力層の２層で構成されており、単純パーセプトロンとも呼ばれている。

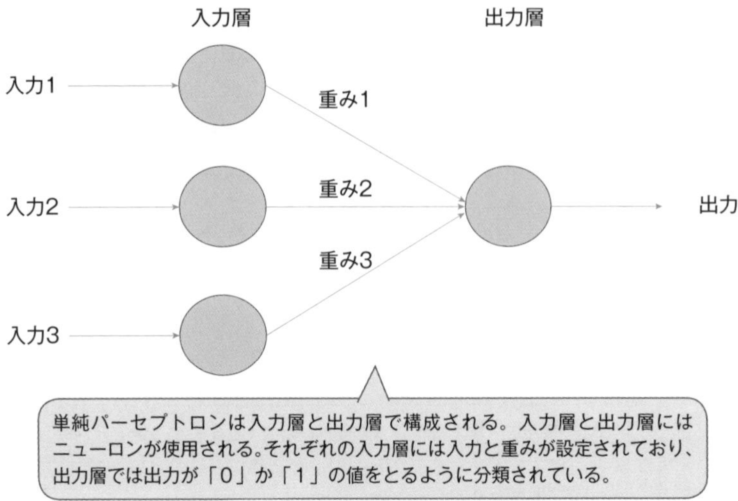
入力層
出力層
入力1
入力2
入力3
重み1
重み2
重み3
出力
単純パーセプトロンは入力層と出力層で構成される。入力層と出力層にはニューロンが使用される。それぞれの入力層には入力と重みが設定されており、出力層では出力が「0」か「1」の値をとるように分類されている。

▶**単純パーセプトロンの入力層と出力層**

入力層の各入力と出力層の出力はニューロンと呼ばれ、各ニューロン間の繋がりは重みで表現される。各入力の信号は、この重みによりどれだけ信号を伝えるかを調節され出力層に値が伝搬される。出力層では、出力が0か1の値をとるように分類される。

単純パーセプトロンは、線形分類しか行うことができないため、直線的な分類しか行うことができないという限界がある。

そこで、入力層と出力層の間に隠れ層を追加することにより、非線形な分類を行えるようにする手法が考案された。それが次の多層パーセプトロンである。

3 多層パーセプトロン

単純パーセプトロンの入力層と出力層の間に隠れ層を追加したパーセプトロンを多層パーセプトロンと言います。1986年に認知心理学者のデビット・ラメルハートによって考案されました。

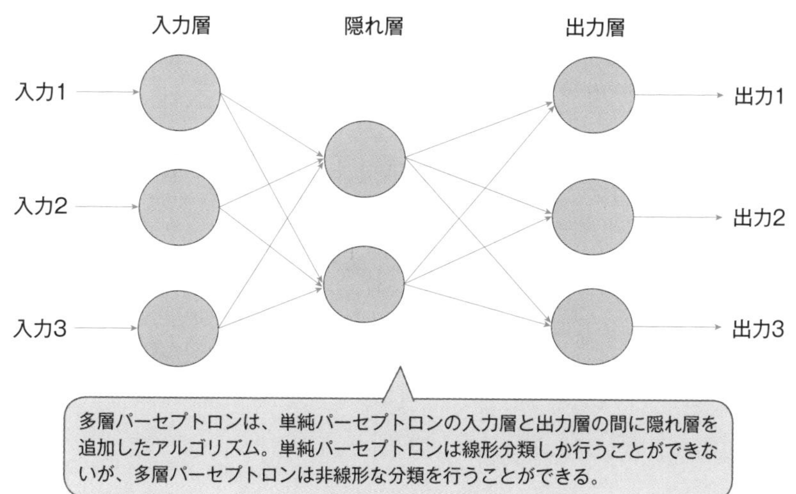
入力層
隠れ層
出力層
入力1
入力2
入力3
出力1
出力2
出力3
多層パーセプトロンは、単純パーセプトロンの入力層と出力層の間に隠れ層を追加したアルゴリズム。単純パーセプトロンは線形分類しか行うことができないが、多層パーセプトロンは非線形な分類を行うことができる。

▶多層パーセプトロン

多層パーセプトロンは複数の単純パーセプトロンを組み合わせて層を深くしたアルゴリズムである。そのため、入力層と隠れ層、隠れ層と出力層の構成だけを見ると単純パーセプトロンと同様に、信号を重みを元に順番に伝搬していく仕組みとなっている。

単純パーセプトロンは**線形分類しか行うことができず**、単純な問題しか解決することができなかった。しかし、この多層パーセプトロンの登場により**非線形分類ができるようになり**、より複雑な問題を解決できるようになった。

4 ディープラーニング

ディープラーニングは、人間の学習過程をコンピュータで表現した機械学習の手法の一つです。ディープラーニングは深層学習とも呼ばれ、隠れ層を大幅に増やしたニューラルネットワークを使用します。

1 ディープニューラルネットワーク

多層パーセプトロンの登場により、単純パーセプトロンに隠れ層を追加することで非線形分類ができるようになり、より複雑な問題を解決できるようになった。隠れ層をさらに追加することで、層の深いニューラルネットワークであるディープニューラルネットワークを構成することができる。ディープラーニングとは隠れ層を増やし層を深くしたニューラルネットワークのことを表し、そのモデルの１つにディープニューラルネットワークがある。

ディープラーニングとはこのように層を深くしたニューラルネットワークのことを表す。

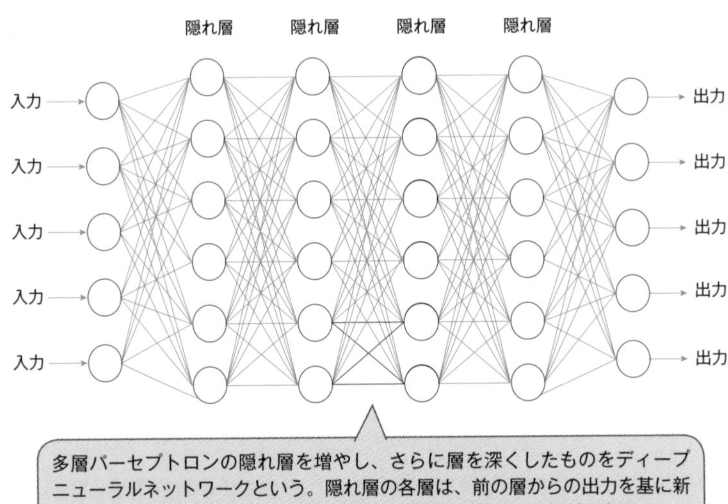
隠れ層
隠れ層
隠れ層
隠れ層
入力
入力
入力
入力
入力
出力
出力
出力
出力
出力
多層パーセプトロンの隠れ層を増やし、さらに層を深くしたものをディープニューラルネットワークという。隠れ層の各層は、前の層からの出力を基に新しい出力を計算するため、大規模で複雑な問題を処理することができる。

▶ディープニューラルネットワーク

複数の層からなるネットワークに入力と出力があり、各パラメータを最適化することでネットワーク自体が学習する。ニューラルネットワークは、出力と正解の誤差をネットワークに逆向きにフィードバックすることにより、ネットワークの重みを最適化する誤差逆伝播法（Backpropagation）で学習を行う。各パラメータが繰り返し最適化されることでネットワークは学習し、適切な値を出力するようになる。

ディープラーニングは、機械学習の他の手法と比較して圧倒的に高い精度を発揮する。単純なパターン認識に関しては人間の能力と同等もしくはそれ以上の能力を発揮し、人間の認識能力に迫る勢いである。また、ディープラーニングは人間の脳神経回路の構造を真似したモデルであるため、人間が行ってきた分野で部分的に人間に置きかわりつつある。

2 ディープラーニングの欠点

一方でディープラーニングにも欠点はある。この章の後半でも説明するが、ディープラーニングの学習には膨大な計算量が必要となる。そのため、計算に数日、数週間かかることもあり、**膨大な計算量に対応できるインフラの整備が必須となる。**

また、ニューラルネットワークの層の数や、層の中のパラメータの数を決定することが難しいという問題もある。

ディープラーニングの手法は日々研究開発されており、解きたい問題によって様々なモデルが考案されている（第６章で詳しく説明する）。

5 既存のニューラルネットワークの問題点

ニューラルネットワークにおいて、隠れ層の数を増やせば増やすほど、より複雑な問題を解決できることになるはずです。しかし、層の数が多くなるに伴いネットワークの学習は難しくなります。層が増えれば増えるほど、正しく誤差を伝播することができなくなり、計算量が増大します。

1 勾配消失問題

ニューラルネットワークは、出力と正解の誤差をネットワークに逆向きにフィードバックを行う誤差逆伝播法で学習を行う。ネットワークの層を深くし過ぎると、この逆伝播の際に誤差が最後まで正しく反映されなくなってしまう。この問題を**勾配消失問題**と言う。

ディープラーニングの研究の初期の頃は、この問題を事前学習（次頁で説明）により解決していた。現在では、事前学習は計算コストが高くなることから、活性化関数を工夫して解決する手法が主流となっている。

2 学習に時間がかかる

また、隠れ層を増やすことで重みやバイアスの数が数億に達することもあり、膨大な計算量が必要となる。そのため、学習するのに非常に長い時間がかかる問題がある。

この問題は、CPUやGPUの性能の向上やアルゴリズムの発展、計算インフラを共有できるクラウドの活用などにより次第に克服されつつある。必要以上にネットワークを複雑にしないことや、スペックの高いマシンを用意する必要がある。

学習と勾配消失問題

ニューラルネットワークから出力される値が正解ラベルと一致することが、ニューラルネットワークの学習の最終目標である。

そのためには出力値と正解ラベルの誤差を計算し、誤差が小さくなるように重みを調整するという手法をとる。では、どこの重みをどのように修正したら誤差が小さくなるだろうか。

そこで登場するのが微分である。微分とはyとxの関数において、xを１増加させた時にyがどれだけ変化するかを求める計算である。この変化量を傾きとよぶ。例えば、xを１増加させた時にyが－３変化するのであれば、微分の結果である傾きは－３となる。

ニューラルネットワークにおいて誤差逆伝搬法で学習を行う際に、この微分を適用することで重みの調整が可能となる。重みを１増加させた時に誤差がどれだけ変化するかを微分で求めることができるからである。傾きが正であれば重みを減らし、傾きが負であれば重みを増やすことで誤差を減らすことができる。複数の重みがあるなかで、一つの重みに関する微分を偏微分と呼ぶ。

これを全ての重みに対して行い得られた複数の傾きのことを勾配と呼ぶ。ニューラルネットワークではこの勾配を元に重みを調整することで学習を行っている。

従来ニューラルネットワークの隠れ層では活性化関数としてシグモイド関数が用いられてきた。シグモイド関数は、微分の値、つまり傾きが小さい関数である。この小さな傾きを層を遡るごとに何度も掛け合わせると、更にその結果は極めて0に近づいてしまう。これが勾配消失問題の原因となる。

層を増やすことで表現力を増すニューラルネットワークであったが、勾配消失問題によって思わぬ足止めをされることになってしまったのだった。

5.2 ディープラーニングの手法

1 事前学習

ディープラーニングに事前学習を用いる手法は、現在では見かけることはありません。しかし、ディープラーニングの手法を理解するうえで、その変遷を知っておくことは重要です。

1 オートエンコーダ

オートエンコーダあるいは自己符号化器は、2006年に認知心理学者のジェフリー・ヒントンにより考案された。これまでディープラーニングにおいて、層を深くすることで学習がうまくいかない問題があったが、その問題を解決する手法として提唱された。オートエンコーダ は入力された情報を次元圧縮することで、パラメータ（特徴量）を獲得するディープラーニングの主要な構成要素である。入力されたデータを一度圧縮し、同じ情報を出力することでパラメータを取得できる。

オートエンコーダは可視層（入力層と出力層）と隠れ層からなる２層（可視層を別々で捉えて３層と表現することもある）のネットワークである。

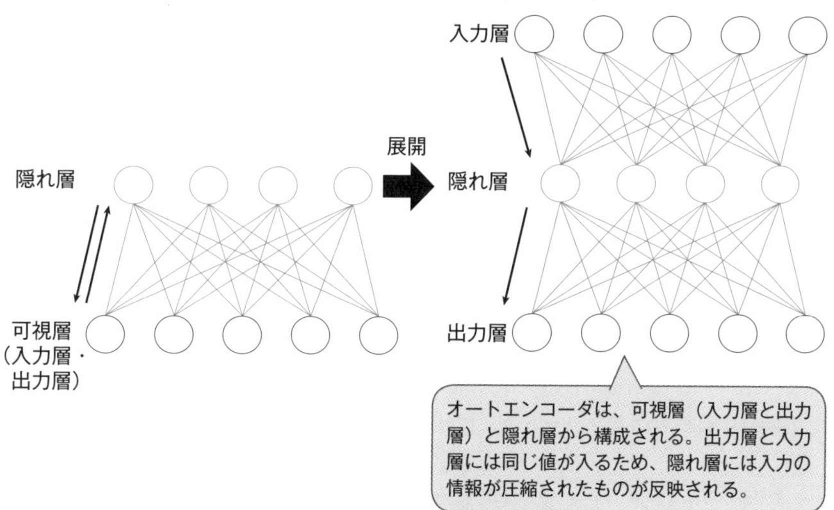

隠れ層
可視層
（入力層・
出力層）
展開
入力層
隠れ層
出力層
オートエンコーダは、可視層（入力層と出力層）と隠れ層から構成される。出力層と入力層には同じ値が入るため、隠れ層には入力の情報が圧縮されたものが反映される。

▶オートエンコーダの可視層と隠れ層

オートエンコーダの入力は、可視層（入力層）→隠れ層→可視層（出力層）の順に出力される。その際、入力した値がそのまま出力されることになる。つまり、隠れ層には入力の情報が圧縮されたものが反映されており、オートエンコーダは入力データの次元を圧縮することができる（次元とは、データの特徴を表す情報の数のこと。次元の圧縮は、そのデータの意味を保ったまま特徴を表す情報の数を減らすことである）。入力情報を圧縮するため、隠れ層の次元は入力層の次元よりも小さくする必要がある。

オートエンコーダにはもう一つ役割があり、オートエンコーダを複数積み重ねて多層化されたニューラルネットワークのパラメータを得ることができる。

多層化されたニューラルネットワークの学習では、学習サンプルをもとに乱数でパラメータを初期化し、パラメータを最適化する。しかし、層が深くなると勾配消失問題により誤差が最後まで伝播されず、パラメータの最適化ができなくなる可能性がある。そこで、オートエンコーダによりネットワークから１層ずつ切り出し、層の入力情報と出力情報がうまく圧縮されるように各層のパラメータを計算し、それを初期パラメータとして学習することでネットワーク全体のパラメータを最適化する。このオートエンコーダを多層に積み重ねたネットワークを積層オートエンコーダという（次項で詳しく説明する）。

オートエンコーダにおいて、入力層→隠れ層における処理をエンコード、隠れ層→出力層における処理をデコードと言う。

2 積層オートエンコーダ

オートエンコーダは可視層と隠れ層からなる２層のニューラルネットワークであるため、ディープニューラルネットワークではない。そのため、前項で紹介したオートエンコーダを複数積み重ねた積層オートエンコーダと呼ばれる手法を用い、ディープニューラルネットワークを構成する。

積層オートエンコーダは、オートエンコーダを順番に学習させ、それを積み重ねていく。その際、２層目以降の入力層は前層の隠れ層を用いる。１つ目のオートエンコーダの学習が終わるとエンコード側だけ残し、１つ目のオートエンコーダの隠れ層を２つ目のオートエンコーダの入力層として学習を行う。次の層も同様に、次のオートエンコーダは１つ前のオートエンコーダの中間層を入力層として学習を繰り返して行う。多層化することで、低次の特徴抽出から高次の特徴抽出までを階層的に行うことができるため、入力パターンをより効率的に次元圧縮することができる。

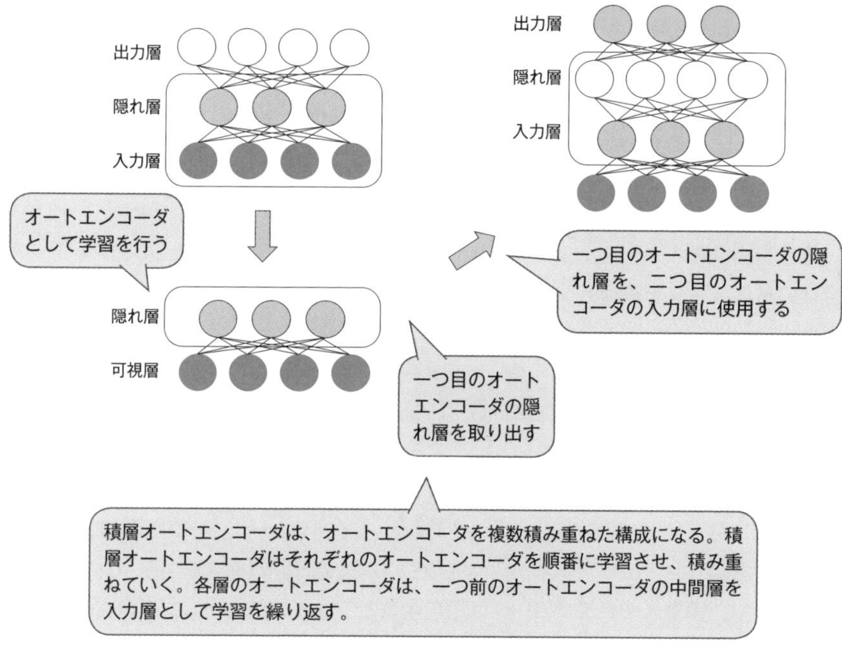

積層オートエンコーダにおいて、層がどれだけ増えても順番に学習する流れは変わらない。これにより、それぞれの隠れ層において重みが調整されるため、学習対象に適したパラメータが調整されたネットワークが出来上がる。このようにオートエンコーダを順番に学習していく手順を**事前学習**と言う。

3 事前学習とファインチューニング

積層オートエンコーダは、事前学習を用いることで、よいパラメータを取得することができる。

積層オートエンコーダの入力層と1つ目の隠れ層において、その2層をオートエンコーダとして、入力と出力の誤差を求め、その誤差が小さくなるようにパラメータを学習する。1つ目の隠れ層のパラメータは、入力層の圧縮したパラメータになる。入力層と1つ目の隠れ層のパラメータの学習後に、1つ目の隠れ層に伝播された値を入力とみなし、2つ目の隠れ層との間のパラメータを学習する。すなわち、1つ目の隠れ層の値と、2つ目の隠れ層との間のパラメータの学習を行う。これにより2つ目の隠れ層のパラメータは、入力層の情報を圧縮した１つ目の隠れ層をさらに圧縮したパラメータになる。この工程を全階層で行うことで、ネットワーク全体の初期パラメータを取得することができる。

ここまでは教師なし学習である。オートエンコーダの出力は入力そのものになるため、入力から特徴を抽出することしかできない。そのため、教師あり学習にはなれず、ラベルの出力を行うことができない。

そこで、積層オートエンコーダでは、教師あり学習を実現するためにネットワーク全体のパラメータを教師あり学習で更新する。この工程をファインチューニングと呼ぶ。

積層オートエンコーダでは、オートエンコーダを積み重ねた最後に、シグモイド関数やソフトマックス関数などを実行し、ロジスティック回帰層を追加することで教師あり学習を実現している。しかし、ロジスティック回帰層もパラメータの調整が必要となるため、事前学習を終えロジスティック回帰層を追加した後に、ネットワーク全体を学習しパラメータの調整を行う。これがファインチューニングの工程である。回帰問題においては、ロジスティック回帰層ではなく線形回帰層を追加する。

これより、**積層オートエンコーダは事前学習とファインチューニングの工程で構成される**ことがわかると思う。事前学習を行わない場合、ネットワークのパラメータは乱数で初期化されるため、学習がうまくいかないことがある。事前学習を行うことで、ネットワークに最適化されたパラメータを用意することができ学習がうまくいくようになるのである。

4 制限付きボルツマンマシン

2006年に積層オートエンコーダを提唱したジェフリー・ヒントンは、同年、深層信念ネットワークという手法も提唱している。深層信念ネットワークも教師なし学習の一つで、オートエンコーダの代わりに制限付きボルツマンマシンを何層にも積み重ねた構成になっている。

深層信念ネットワークは、はじめに入力層と隠れ層の間のパラメータを学習し、そのパラメータにより生成された値を次の入力層の値として次の隠れ層との間のパラメータの学習を行う。この工程を繰り返して多層化されたネットワークの学習を行う。

制限付きボルツマンマシンは、オートエンコーダと同様に可視層と隠れ層からなる２層のネットワークである。通常のボルツマンマシンは各層のユニット（１つひとつのニューロンを表現したもの）同士が結合しているが、制限付きボルツマンマシンは層間のユニットのみの結合に制限しているため「制限付き」ボルツマンマシンと呼ばれている。通常のボルツマンマシンは同じ層のユニットの結合があったため学習が困難であった。そのため、同じ層の結合を制限した制限付きボルツマンマシンが提唱されたのである。

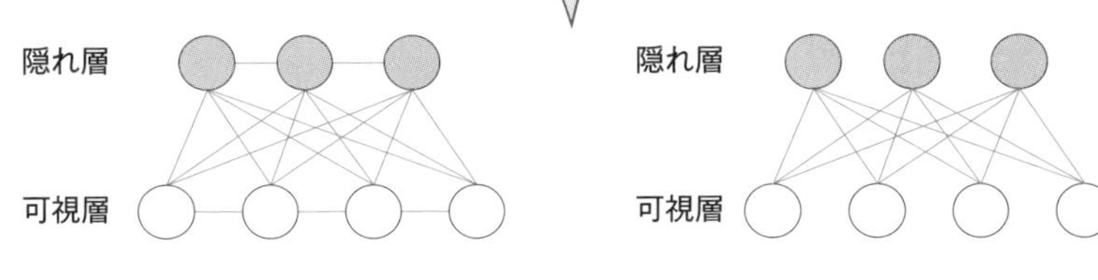
ボルツマンマシンはオートエンコーダと同様に、可視層と隠れ層からなる２層のネットワークである。通常のボルツマンマシンは各層のユニット同士が結合しているが、制限付きボルツマンマシンは層間のユニットの結合のみに制限されている。
隠れ層
可視層
隠れ層
可視層

▶通常のボルツマンマシン　▶制限付きボルツマンマシン

2 事前学習なし

事前学習を行うことで、ディープニューラルネットワークのパラメータを最適化することができるようになりました。しかし、現在では事前学習を用いた手法は見かけることはありません。

事前学習は有効的な手法ではあったが、多層化されたネットワークの各層を順に学習していくため、ネットワーク全体の学習の計算コストが高くなるという欠点がある。そこで事前学習を用いることなく、ネットワーク全体を一気に学習する手法が考案された。

事前学習は、多層化されたネットワークの各層のパラメータを最適化することが目的だった。しかし、ディープラーニングの研究が進むにつれ、ネットワーク全体を一気に学習することができる手法が考案され、事前学習を用いる必要がなくなったのだ。その手法は、勾配消失問題の原因であった活性化関数を工夫することで実現している。その手法の詳細は第６章で説明する。

5.3 ディープラーニングの計算デバイスとデータ量

事前学習やファインチューニングといったアイディアにより、第三次人工知能ブームは加速していきます。学習するための十分なデータを用意しやすくなり、様々な性能を向上させる手法が提案され、幅広い分野でディープラーニングが注目されるようになりました。その発展に貢献したのがGPUやメモリなどのハードウェアの進歩です。

1 CPUとGPU

インテルの創業者の１人であるゴードン・ムーアが1965年に自身の論文で、「半導体の集積率は18か月ごとに２倍になる」という経験則、**ムーアの法則**を唱えた。この経験則が示す通り、半導体の性能は急速に高まり、コンピュータの演算処理能力も飛躍的に伸びた。

コンピュータにはCPUとGPUの２つの演算処理装置があり、両者はそれぞれ異なった特徴を有している。

CPUはコンピュータの命令を順に読み込んで解釈し１つずつ順番に処理していく役割を担う。CPUは膨大な種類の作業を順番に処理していく能力に長けている。

(出典：https://images-na.ssl-images-amazon.com/images/I/417py4oLqfL._SX425_.jpgを引用)

▶CPU

一方の**GPU**はゲームやグラフィックソフトなどの画像処理に関する演算を行う役割を担う。このGPUの高性能化がディープラーニングの躍進を支えることになる。GPUには多数の演算回路が搭載されており、演算の並列処理を行うことができる。

この並列処理はCPUでも行うことができるが、あまり効率的ではない。

(出典：https://www.nvidia.co.jp/docs/IO/67561/GeForce_GTX_280M_preview.jpgを引用)

▶GPU

CPUとGPUの違いの一つにコア数の違いがある。コアは実際に演算処理を実行している部分で、コア数が多いと一度に実行できる処理作業が多くなる。CPUのコア数は一般的に2～8個であるのに対し、GPUのコア数は数千個にも及ぶ。このことから**GPUは、CPUよりもコア数が多く、一度にできる処理の数が多いので並列処理に優れている**ことがわかる。

ニューラルネットワークにおいて、ユニット間のパラメータをそれぞれ独立して計算する必要があるため、演算処理が増大し計算コストが高くなる問題が挙げられていた。また、ディープラーニングでは行列やベクトルによる計算が主になるため、同じような計算処理を大量に演算する必要がある。そのため、GPUの高性能化がディープラーニングの発展に不可欠なのだ。

2 GPGPU

GPGPUは「General-Purpose computing on GPU」の略で、訳すと「汎用目的でのGPU演算処理」という意味になる。簡単にいうと、画像処理の演算に最適なGPUを、画像処理以外の目的に応用する技術のことだ。GPUは行列演算に強いという特性があり、ディープラーニングでも多くの行列演算を行うことから、GPGPUの計算能力が生かされる。

このGPGPUの開発をリードしているのが**NVIDIA社**である。NVIDIAは**CUDA**という並列演算を行うプログラミング環境を提供している。CUDAはGPGPUのための統合開発環境で、このCUDAを利用したディープラーニング用のライブラリを提供しているのだ。広く利用されているC言語の拡張として実装されており、コンパイラやライブラリを追加することで、C言語で開発したプログラムを高速化することができる。ディープラーニングの処理時間がかかる問題を、CUDAは並列処理が可能であったため大幅な処理時間の削減を行うことができる。ディープラーニングの計算において、NVIDIA社製のGPUを利用することが不可欠となっているのだ。

(出典：https://i.dell.com/sites/imagecontent/business/large-business/merchandizing/en/PublishingImages/server-poweredge-gpu-campaign-page-2b.jpgを引用)

▶GPGPU

また、Google社もディープラーニングに最適化された演算処理装置として、テンソル計算処理（行列計算やベクトルの計算）に最適化されたTPUという演算処理装置を開発している。

（出典：https://storage.googleapis.com/gweb-uniblog-publish-prod/images/tpu-V2-hero.max-1000x1000.pngを引用）

▶TPU

3 計算プラットフォーム

ディープラーニングの学習において、膨大な計算処理を捌ける演算装置が必須になる。しかし、一部の大企業を除いてはそのような大規模な計算環境を整えることはコストの面から難しいため、クラウドなどの共有可能な計算インフラを整備する必要がある。

CPUやGPUなどのディープラーニング用の計算デバイスに関しても、増大し続ける性能に対応するために研究開発が必要となる。さらに、計算インフラだけでなくデータやモデルの共有など、計算周辺の役割も含めた環境整備が必要になる。

ディープラーニングの学習時には、大量のデータをメモリにロードし、何度も計算を繰り返し、精度を高める必要があるため、計算性能が必要となる。

一方、作成したモデルから推論を行う際は、入力データに対して比較的少ない計算回数で結果を得ることができるため、計算性能に対する要求は学習時と比べて高くはない。しかし、データの入出力や格納、転送において高い性能を要求される。

ディープラーニングの計算では、現状ではGPUを使用することが一般的だが、今後は学習時や推論時の要求機能・性能の違いや、クラウドなどの利用環境の違いに応じて多様な構成のデバイスが求められる。

Google社が開発を行うTPUはディープラーニングの推論時の専用チップとして開発され、すでに使用されている。学習時に使用するデータセットが膨大になるにつれて、推論と学習で要求される計算性能の差が大きくなる。今後はハードウェアの進化だけでなく、学習から推論さらにデータ処理の共有を行い、幅広いソフトウェアのエコシステムの提供を行う必要がある。

4 ディープラーニングのデータ量

ディープラーニングの学習における目的は、モデルのパラメータの最適化である。ディープラーニングでは、ネットワークの層が深くなればなるほど最適化するパラメータ数が増え、計算処理も同時に増加する。

しかし、ディープラーニングや機械学習において、モデルのパラメータを最適化するために必要なデータ数は決まっておらず、**必要なデータ量は解決する問題により変わる**と言われている。扱う問題が単純で、きれいにパターンに分類することができればデータ量は少なくてすむ。しかし、実際に解決したい問題が複雑であれば、その分必要なデータ量が増えることになる。この複雑さに絶対的な基準がないため、パラメータを最適化するために必要なデータ量も定めることができないのだ。

例えば、畳み込みニューラルネットワークの手法の1つであるNetwork-In-Networkのモデルでは、パラメータ数は750万個になる。さらに別の手法であるAlexNetのモデルでは、パラメータ数は6000万個にもなる。これだけのパラメータを最適化する必要があるため、膨大なデータ量が必要になることがわかるだろう。

しかし、データ量を決定する目安となる「バーニーおじさんのルール」という経験則がある。この経験則は、「モデルのパラメータ数の10倍のデータ量が必要である」というものだ。この経験則に従うと、Network-In-Networkのモデルでは約7500万個、AlexNetでは約6億個ということになる。この数は非現実的なため、別の手法でデータ数が少なくなるようなテクニックが適用されることになる。

また、データを集める際にはデータリーケージに注意しなくてはならない。データリーケージとは、学習する際に「推論時に未確定の情報」を含んで学習してしまうことである。例えば、株価を推論するモデルを作る時に学習データに売上が含まれていたとする。すると未来の株価を推論する際に、未来の売上のデータが必要になってしまい、うまく推論することができなくなってしまう。意外と見落としがちなので学習時には注意が必要である。

問題演習

問題1 ☑☐ ☐☐ ニューラルネットワークについて以下の文章を読み、(ア)〜(ウ)に最も当てはまる組み合わせの選択肢を1つ選べ。

入力層と出力層で構成される（ア）では線形分類しか行うことができないが、入力層と出力層の間に隠れ層を追加した（イ）を用いることで非線形分類を行うことができる。ただし、(イ）では、多くの隠れ層を追加することによって（ウ）が発生し、学習がうまくいかなくなることがある。

1. (ア）単純パーセプトロン、(イ）オートエンコーダ、(ウ）学習不足問題
2. (ア）単純パーセプトロン、(イ）多層パーセプトロン、(ウ）勾配消失問題
3. (ア）多層パーセプトロン、(イ）単純パーセプトロン、(ウ）学習不足問題
4. (ア）オートエンコーダ、(イ）多層パーセプトロン、(ウ）勾配消失問題

《解答》2.（ア）単純パーセプトロン、（イ）多層パーセプトロン、（ウ）勾配消失問題

解説

入力層と出力層のみの単純パーセプトロンは、直線の数式で表すことができ、入力値と出力値に対応した境界線を引くことができます。そのため線形分類しか行うことができません。

入力層と出力層の間に隠れ層を追加することで、非線形分類を行うことができます。入力層と出力層の間に隠れ層を追加したパーセプトロンを多層パーセプトロンと呼びます。

多層パーセプトロンにおいて、隠れ層を増やすとより複雑な問題を分類することができます。しかし、隠れ層を単純に増やすだけでは、誤差がどんどん小さくなっていく勾配消失問題が発生し、学習がうまくいかなくなることがあります。

問題2 ☑☐ ☐☐ 当初のニューラルネットワークにおける問題点として、最も適切な選択肢を2つ選べ。

1. 隠れ層を増やすことにより、伝搬される誤差が発散もしくは消失し最後まで正しく反映されなくなってしまい、学習が困難になった。
2. 現実の問題を解決するには、大規模なネットワークとパラメータが必要であり、それらを処理する性能を要したハードウェアが必要となった。
3. 知識のアップデート漏れや、過去の知識との整合性、例外的対応が必要な知識など、無数の可能性を考慮する必要があり、これ以上の発展が望めなくなった。
4. 非常に限定された状況で設定された問題しか解くことができず、より複雑な実現社会での問題を解くことが困難である。

《解答》1. 隠れ層を増やすことにより、伝搬される誤差が発散もしくは消失し最後まで正しく反映されなくなってしまい、学習が困難になった。
2. 現実の問題を解決するには、大規模なネットワークとパラメータが必要であり、それらを処理する性能を要したハードウェアが必要となった。

解説

ニューラルネットワークの隠れ層を増やすことによって、隠れ層を遡るごとに伝播していく誤差がどんどん小さくなり0に近づく勾配消失問題が発生します。また、隠れ層を増やすことにより計算コストが高くなるため、計算処理に優れた演算装置が必要となりました。

選択肢3.は、エキスパートシステムの抱える問題の説明です。選択肢4.は、トイプロブレムの説明です。

問題3 ☑□ □□ ニューラルネットワークの問題点について以下の文章を読み、（ア）～（イ）に最も当てはまる組み合わせの選択肢を1つ選べ。

ニューラルネットワークの隠れ層を増やすことで、より複雑な関数を表現することができる。しかし、層を増やすだけでは、（ア）で勾配が消失してしまう。そこで、ネットワーク全体で学習する前に、ネットワークを順番に学習する（イ）といった手法を用いることで、深層でも誤差が適切に逆伝搬されるようになった。

1.（ア）正規化、（イ）転移学習
2.（ア）正規化、（イ）事前学習
3.（ア）誤差逆伝播法、（イ）転移学習
4.（ア）誤差逆伝播法、（イ）事前学習

《解答》4.（ア）誤差逆伝播法、（イ）事前学習

解説

ニューラルネットワークにおいて、隠れ層を増やせば増やすだけ関数を組み合わせることになり、より複雑な関数を表現することができます。ニューラルネットワークでは、モデルの予測結果と実際の正解値との誤差をネットワークに逆向きにフィードバックさせる形でネットワークの重みを更新する誤差逆伝播法を用いますが、隠れ層を増やしすぎると誤差が最後まで正しく反映されなくなってしいます。この問題を解決するために、事前学習といった手法が取り入れられました。

問題4 ☑□ □□ ディープニューラルネットワーク（DNN）の特徴として、最も適切な選択肢を1つ選べ。

1. DNNは、人間や動物の脳神経回路をモデルとしたアルゴリズムを多層構造化

したもので、大規模で高次元なデータを処理することができる。

2. DNNは大規模なデータを処理するため、他の機械学習の手法よりも優先的に使用される。

3. DNNは層を深くすることで性能を高めることができるが、それに必要な計算量が増加し、それに耐えうるハードウェアを用意しなければならないのが唯一の問題である。

4. ニューラルネットワークの隠れ層を増やすことにより発生する問題は、事前学習を行うことでのみ解決することができる。

《解答》1. DNNは、人間や動物の脳神経回路をモデルとしたアルゴリズムを多層構造化したもので、大規模で高次元なデータを処理することができる。

解説

多層パーセプトロンを用いたニューラルネットワークにおいて、隠れ層が深いニューラルネットワークをディープニューラルネットワーク（DNN）と呼びます。DNNは人間や動物の脳神経回路をモデルとしたアルゴリズムを多層構造化したもので、大規模で高次元なデータを処理することができます。DNNはハードウェアの問題だけでなく、勾配消失などといった問題点を抱えています。

選択肢2.は全ての問題においてDNNが優先的に使用されるわけではないため適切ではありません。選択肢3.は計算量とハードウェアの問題以外にも勾配消失問題があるため適切ではありません。選択肢4.は事前学習を用いる以外に活性化関数を工夫する手法があるため適切ではありません。

問題5 ☑☐☐☐ 自己符号化器について以下の文章を読み、[　　　]に最も良く当てはまる選択肢を1つ選べ。

オートエンコーダを多層化すると、勾配消失問題が生じるため複雑な問題を解決することは困難であった。ジェフリー・ヒントンは、各層を単層のオートエンコーダに分割し、入力層から繰り返し学習する[　　　]を提唱し、汎用的なオートエンコーダの利用を可能にした。

1. 分散オートエンコーダ　　2. 積層オートエンコーダ
3. ファインチューニング　　4. 転移学習

《解答》2. 積層オートエンコーダ

解説

オートエンコーダを多層化したまま学習すると、勾配消失問題により学習がうまくできないことがあります。そこで、ジェフリー・ヒントンは事前学習という手法を用いた積層オートエンコーダを考案しました。積層オートエンコーダは、多層に積み重ねたオートエンコーダの全ての層を一気に学習するのではなく、事前学習により入力層に近い層から順番に1層ずつ逐次的に学習する手法をとります。これにより、各隠れ層の重みが調節され、全体的に見ても重みが調整されたネットワークを構築することができます。

問題6 ✔□ □□ オートエンコーダの説明として、最も適切な選択肢を1つ選べ。

1. 可視層と隠れ層の2層からなり、入力層と出力層に同じデータを用いる。隠れ層には入力の情報が圧縮された情報が反映される。
2. 畳み込み層とプーリング層を複数組み合わせて深いネットワークを形成し、最終的に入力層と出力層をつなぎ合わせる手法である。
3. 時間軸方向にネットワークを展開し、再帰構造により現在の出力データを次のネットワークの入力データに使用しながら学習する。
4. オートエンコーダで教師あり学習ができ、出力層から正解ラベルを得ることができる。

《解答》1. 可視層と隠れ層の2層からなり、入力層と出力層に同じデータを用いる。隠れ層には入力の情報が圧縮された情報が反映される。

解説

オートエンコーダは、入力層と出力層からなる可視層と、隠れ層の2層からなるニューラルネットワークです。入力層と出力層に同じデータを用いることで、隠れ層には入力の情報が圧縮された情報が反映されます。

選択肢2.はCNN、選択肢3.はRNNの説明です。選択肢4.は誤った説明です。オートエンコーダは出力が入力そのものになるため、入力から特徴を抽出することしかできません。

問題7 ✔□ □□ ニューラルネットワークについて以下の文章を読み、（ア）～（イ）に最も当てはまる組み合わせの選択肢を1つ選べ。

積層オートエンコーダに（ア）を追加すれば回帰を行うニューラルネットワークになり、（イ）を追加すれば分類を行うニューラルネットワークとなる。

1. （ア）線形回帰層、（イ）ロジスティック回帰層
2. （ア）線形回帰層、（イ）平滑化層
3. （ア）ロジスティック回帰層、（イ）線形回帰層
4. （ア）平滑化層、（イ）線形回帰層

《解答》1.（ア）線形回帰層、（イ）ロジスティック回帰層

解説

オートエンコーダを多層に積み重ねただけでは、教師あり学習を実現することができません。そこで積層オートエンコーダにオートエンコーダを積み重ねた最後に、線形回帰層やロジスティック回帰層を足すことで、教師あり学習を実現しています。

問題8 ✔□□□ 以下の文章を読み、[　　　]に最も良く当てはまる選択肢を１つ選べ。

オートエンコーダを積み重ねるだけでは特徴を抽出することができない教師なし学習であるため、ロジスティック回帰層または線形回帰層を足し、最後にネットワーク全体で学習を行い教師あり学習を実現する。この工程を[　　　]という。

1. 事前学習　　2. バックプロパゲーション
3. ファインチューニング　　4. 次元削減

《解答》3. ファインチューニング

解説

オートエンコーダを積み重ねた積層オートエンコーダを用いることで、各層の重みを調整することができる事前学習を実現できます。しかし、それだけではラベルを出力することができないので教師なし学習となり、教師あり学習を実現することはできません。そこで重みの調整を終えた最後にロジスティック回帰層または線形回帰層を追加して学習することで、教師あり学習を実現することができます。この手法をファインチューニングと呼び、積層オートエンコーダは事前学習とファインチューニングの工程で構築されます。

問題9 ✔□□□ 制限付きボルツマンマシンを積み重ねた手法として、最も適切な選択肢を１つ選べ。

1. 深層信念ネットワーク　　2. 共起ネットワーク
3. トランスフォーマー　　4. 敵対的生成ネットワーク

《解答》1. 深層信念ネットワーク

解説

深層信念ネットワークは、ジェフリー・ヒントンが積層オートエンコーダと同年に提唱した手法です。制限付きボルツマンマシンは、可視層と隠れ層の２層からなり、可視層と隠れ層にはそれぞれノードと呼ばれるユニットが存在します。ユニット同士は違う層のノードとのみ接続することができるという制限があります。層同士の関係を確率モデルとして表すことができ、入力データを再現することができます。

問題10 ☑☐☐☐ GPUについて以下の文章を読み、(ア)〜(ウ) に最も当てはまる組み合わせの選択肢を1つ選べ。

GPUは映像や3DCGなどの同一画面に同じ演算を一挙に行う、大規模な (ア) を行うことができる。画像処理以外にも、テンソルによる計算が主になるディープラーニングの計算に最適化されたGPUのことを (イ) と呼ぶ。ディープラーニング実装用のライブラリのほぼ全てが (ウ) 社製のGPU上での計算をサポートしている。

1. (ア) 直列演算処理、(イ) GPGPU、(ウ) NVIDIA
2. (ア) 直列演算処理、(イ) DLGPU、(ウ) Google
3. (ア) 並列演算処理、(イ) GPGPU、(ウ) NVIDIA
4. (ア) 並列演算処理、(イ) DLGPU、(ウ) Google

《解答》3. (ア) 並列演算処理、(イ) GPGPU、(ウ) NVIDIA

解説

GPUは画像処理に関する処理を行います。映像3DCGなどを処理する場合は、同一画像に同じ演算を一挙に行います。そのため大規模な平行演算処理が必要となります。そこで、大規模な平行演算処理に特化したGPUが生み出されました。ディープランニングでは、行列計算やベクトルの計算 (テンソル) が主になり、同じような計算処理が大規模に行われます。そのためGPUが最適ですが、元のGPUは画像処理に最適化されています。そこで画像処理以外の目的での使用に最適化されたGPUであるGPGPUが生み出されました。

そのGPGPUの開発をリードしているのはNVIDIA社で、ディープラーニング実装用のライブラリのほぼ全てがNVIDIA社製のGPU上での計算をサポートしています。

問題11 ☑☐☐☐ Google社が開発した演算処理装置として、最も適切な選択肢を1つ選べ。

1. VPU　2. CUDA　3. cuDNN　4. TPU

《解答》4. TPU

解説

TPUはTensor Processing Unitの略で、Google社が開発したテンソル計算処理に最適化された演算処理装置です。

選択肢1.は、Intel社が提供する視覚情報の取得および解析向けに設計された演算処理装置です。選択肢2.は、NVIDIA社が提供する並列演算を行う開発環境で、選択肢3.は、同社が提供するディープラーニング用のライブラリです。

問題12 ☑□ □□ GPUとCPUについて以下の文章を読み、(ア)〜(イ) に最も当てはまる組み合わせの選択肢を1つ選べ。

ディープラーニングを利用する上で、GPUは重要な計算資源である。GPUは、CPUと比較をした時、(ア) という点で優れており、ディープラーニングのように幾度とないループ処理を高速に行うことに優れている。一方のCPUは、(イ) という点で優れている。

1. (ア) 同じ演算を一挙に行う、(イ) 耐久性が高い
2. (ア) 同じ演算を一挙に行う、(イ) 様々な種類のタスクを順番に処理する
3. (ア) 様々な種類のタスクを順番に処理する、(イ) 同じ演算を一挙に行う
4. (ア) 可用性が高い、(イ) 様々な種類のタスクを順番に処理する

《解答》2. (ア) 同じ演算を一挙に行う、(イ) 様々な種類のタスクを順番に処理する

解説

コンピュータにはCPUとGPUの2つの演算処理装置があり、両者は異なる役割を担っています。GPUは画像処理などの演算を行う役割を担っています。大規模な並列演算処理を行う点で優れています。一方のCPUはコンピュータの作業を処理する役割を担っており、様々な種類のタスクを順番に処理する点で優れています。

問題13 ☑□ □□ GPUの説明として、<u>最も適切でない</u>選択肢を1つ選べ。

1. 2012年に、GPUで学習したディープニューラルネットワークであるAlexNetが、イメージネット画像認識コンテストで優勝した。
2. ディープラーニングでは大規模な行列の積和演算が行われるため、内積計算を並行して行うことができるGPUがディープラーニングの発展に大きく貢献している。
3. GPUは大規模なテンソル演算を行うことに特化しているのに対し、GPGPUは画像処理に関する計算を効率的に行うことに特化している。
4. 第3次AIブームとしてディープラーニングが急速な盛り上がりを見せたのは、GPUの演算処理の性能が向上したことが要因の1つとしてあげられる。

《解答》3. GPUは大規模なテンソル演算を行うことに特化しているのに対し、GPGPUは画像処理に関する計算を効率的に行うことに特化している。

解説

GPUは画像処理などの演算を行う役割を担っています。大規模な並列演算処理を行う点

で優れています。ディープランニングでは、行列計算やベクトルの計算（テンソル）が主になり、大規模な平行演算処理が必要となります。そこで画像処理以外に使用し、ディープラーニングの計算に特化したGPGPUが開発されました。第３次AIブームにおいて大規模な行列計算を並列で行うことができるGPGPUの演算処理の向上がディープラーニングの急速な盛り上がりを支えました。

問題14 ☑☐ ☐☐ ディープラーニングのデータ量の説明として、最も適切でない選択肢を１つ選べ。

1. モデルに対して必要なデータ量は明確には決まっておらず、モデルが複雑になればなるほど必要なデータ量は増えていく。
2. データ量の目安となる経験則が存在し、モデルのパラメータ数の100倍のデータ量が必要となるとされている。
3. データの次元が増えることにより、そのデータで表現できる組み合わせが多くなってしまい、学習に必要なサンプル数が急増してしまう。
4. 畳み込みニューラルネットワークの手法の１つであるAlexNetの学習に必要なサンプル数は約600,000,000個であり、膨大なデータ量が必要になることから少ないデータ数でいかに高い精度を出すかという工夫が多数考案されている。

《解答》2. データ量の目安となる経験則が存在し、モデルのパラメータ数の100倍のデータ量が必要となるとされている。

解説

ディープラーニングの学習の目的は、モデルが持つパラメータを最適化することです。そのため、ディープニューラルネットワークでは、ネットワークが深くなればなるほど、その最適化すべきパラメータ数も増えるので、必要な計算量も増加します。データ量の目安となる経験則が存在し、「バーニーおじさんのルール」という経験則によると、モデルのパラメータ数の10倍のデータ数が必要であるとされています。この経験則によると、AlexNetと呼ばれるモデルのパラメータ数は60,000,000個であるため、必要なデータ数は600,000,000個となります。

問題15 ☑☐ ☐☐ ディープラーニングの計算インフラの説明として、最も適切でない選択肢を１つ選べ。

1. 学習には豊富な計算資源が必要となるが、一部の大企業を除いては大規模な計算環境を整えることはコスト的に困難なため、共有可能な計算環境を整備することが必要である。

2. 学習時にはデータの入出力や格納や転送などの高い能力が求められるが、推論時には大量のデータを反復しながら計算する必要があるため計算性能が必要となる。
3. GPGPUはCPUと比較して複雑な分岐処理などの性能は劣るものの、大量データに対して同一の計算を並列に処理することに対しては高い性能を示す。

《解答》2. 学習時にはデータの入出力や格納や転送などの高い能力が求められるが、推論時には大量のデータを反復しながら計算する必要があるため計算性能が必要となる。

解説

ディープラーニングの学習には、一般的に豊富な計算資源が必要となりますが、一部の大企業を除いて、大規模な計算環境を整えるにはコストの面から困難であるため、共有可能な環境を整備することが必要となっています。学習時には、大量のデータをメモリにロードし、反復しながら精度を高めていく計算が必要であるため、計算性能が重要視されます。

一方の推論時には、個々の入力データに対して、比較的少数回の演算を行えば結果が得られることから、計算性能に対する要求は学習時よりも高くはありません。GPGPUはCPUと比べて、複雑な分岐処理などの性能は劣るものの、大量データに対する同一の演算を行う並列性の高い処理については、同世代のCPUよりも高い性能を示します。

問題16 ☑☐☐☐ ディープラーニングを実用する際の環境として、最も適切な選択肢を1つ選べ。

1. クラウドサービスを利用することで、必要なリソースを素早く用意することができる。
2. 環境を自社で整備することで、クラウドサービスに比べて環境整備の費用を低く抑えることができる。
3. データをクラウドに移行することはセキュリティの観点などからリスクが高く、クラウドへの移行は進んでいない。

《解答》1. クラウドサービスを利用することで、必要なリソースを素早く用意することができる。

解説

ディープラーニングの学習には、一般的に豊富な計算資源が必要となりますが、一部の大企業を除いて大規模な計算環境を整えるにはコストの面から困難であるため、共有可能なクラウドサービスなどの環境を整備する必要があります。クラウドサービスでは、必要な量に応じてリソースを素早く増減することができます。

問題17 ☑☐ ☐☐ 検証データに与えるデータリーケージの影響として、最も適切な選択肢を１つ選べ。

1. 推論時に検証時よりも大きく精度が落ちる
2. 学習が継続できなくなる
3. 学習に大幅に時間がかかるようになる
4. 過学習を引き起こす

《解答》1. 推論時に検証時よりも大きく精度が落ちる

解説

データリーケージは学習時、検証時に未確定の情報が含まれてしまうことを言います。推論時に未確定情報を使用することができないため、推論時のみ精度が落ちてしまいます。

ディープラーニングの手法

Super Summary

活性化関数

活性化関数はニューロンの出力値を決める重要な概念です。後の層へ効率的に情報を伝えるために様々な活性化関数が考案され、今も研究が進められています。

ここだけは押さえておこう！

最重要用語	説明
シグモイド関数	ニューラルネットワークの出力層と隠れ層に用いられる活性化関数。０～１の間で値をとる
ソフトマックス関数	ニューラルネットワークの出力層に用いられる活性化関数。多クラス分類に利用される
tanh関数	シグモイド関数の代わりに考案された活性化関数。微分の最大値が１となる
ReLU（ランプ）関数	現在最も利用されている活性化関数。入力が０を超える限り微分値が１となる
Leaky ReLU	ReLU関数の派生形の１つ。入力が０未満でもわずかな傾きを持つ
Parametric ReLU	ReLU関数の派生形の１つ。Leaky ReLUの入力が０以下のときの傾きを学習によって最適化する
Randomized ReLU	ReLU関数の派生形の１つ。Leaky ReLUの傾きを乱数によって決定する

6.1 活性化関数

入力信号を変換する活性化関数は、ニューラルネットワークにおいても重要な役割を担います。ここではニューラルネットワークで用いられる活性化関数として、シグモイド関数とソフトマックス関数の違いを見ていき、勾配消失の原因とされるシグモイド関数に代わる活性化関数の特徴を説明します。

1 活性化関数とは

ディープラーニングは、ニューラルネットワークの隠れ層を多層にしたアルゴリズムです。

ニューラルネットワークを多層にすることにより、データに含まれる特徴を、段階的により深く学習することができます。大量のデータを多層構造のニューラルネットワークに入力することで、学習モデルはデータに含まれる特徴を各層で自動的に学習していきます。

ニューラルネットワークの計算過程では活性化関数と呼ばれる関数を用いて値を変換する。

次図のu_1はニューラルネットワークの隠れ層のユニット（ニューラルネットワークを構成する１つひとつのニューロンを「ユニット」と呼ぶ）である。u_1が次の層へ出力する値は以下の式で表される。

$$\phi\,(w_1x_1 + w_2x_2 + \cdots + w_nx_n + b)$$

ここでは活性化関数をϕとしている。

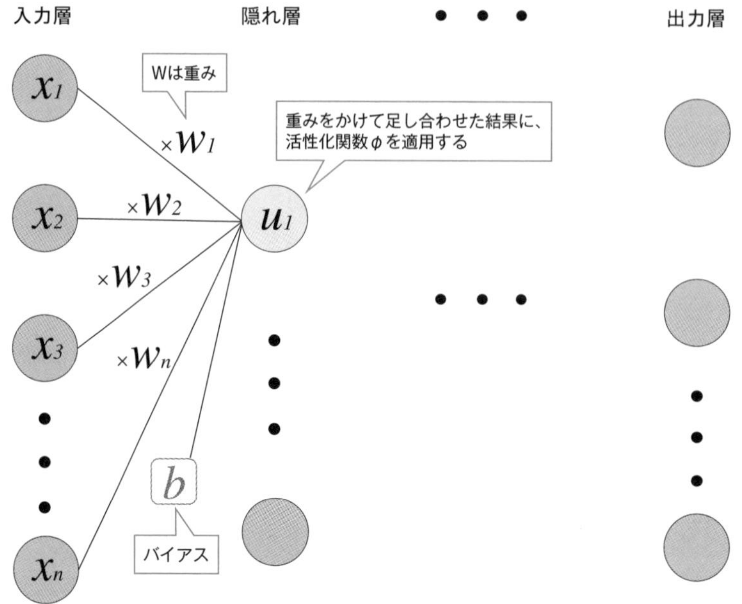

▶ニューラルネットワークの隠れ層の計算

まず、入力x_nに対して重みw_nをかけたもの、およびバイアスbを足し合わせる。この計算は線形結合である。

一方、活性化関数には非線形な関数を用いる。

線形結合の結果を活性化関数に渡す理由は、出力に変化を与え、より複雑な表現を可能にするためである。

複雑な表現が可能になると、より特徴の学習がしやすくなる。

第１章で説明しましたが、従来の機械学習ではデータのどの部分に注目して判断すべきかは人間が指定していました。ディープラーニングでは注目すべきポイントもデータから自動的に学習します。これを「特徴抽出」といいます。

活性化関数は隠れ層だけでなく出力層でも用いられる。出力層における活性化関数は、出力をタスクの目的に適したかたちに変換する。

以降で具体的な活性化関数を説明していくが、同じ関数でも隠れ層で用いる場合と出力層で用いる場合は分けて考えたほうがよい。

2 ニューラルネットワークの活性化関数

ニューラルネットワークで使われている活性化関数として、**シグモイド関数**（第4章を参照）や**ソフトマックス関数**（本章で後述）がある。シグモイド関数もソフトマックス関数もニューラルネットワークの出力層で用いられ、くわえてシグモイド関数は隠れ層でも用いられている。

ここでは出力層で、シグモイド関数とソフトマックス関数を用いる場合について考える。

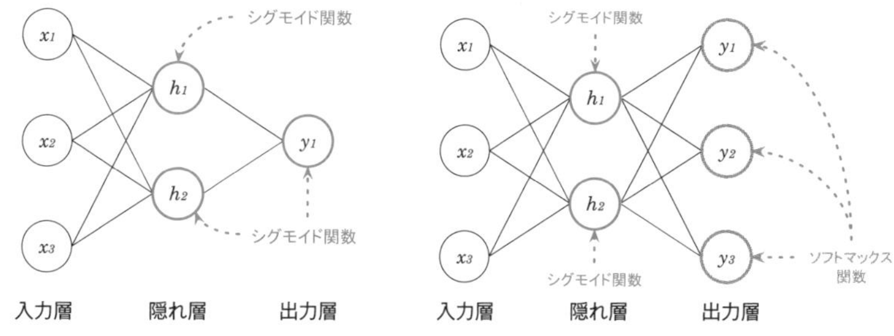

▶シグモイド関数とソフトマックス関数

シグモイド関数は、0～1の間の出力値を取り閾値（いき）（基本的には0.5）を境に正例か負例に分類する。したがって、2つの結果に分類する2値分類の場合にシグモイド関数が出力層で使用される。例えば、年齢、身長、体重から健康か不健康かを判定する場合、以下のようなイメージになる。

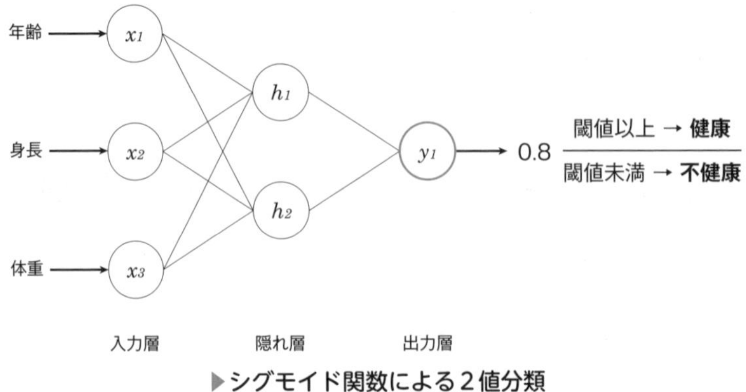

▶**シグモイド関数による2値分類**

ソフトマックス関数は、0～1の出力値を取り、出力の総和が1になるという特徴がある。これはソフトマックス関数の重要な性質で、この性質によりソフトマックス関数の出力を「**確率**」として扱うことができる。したがって、複数の結果に分類をする多クラス分類の場合にソフトマックス関数が出力層で使用される。例えば、年齢、身長、体重から健康、要注意、不健康のいずれかを判定する場合、以下のようなイメージになる。

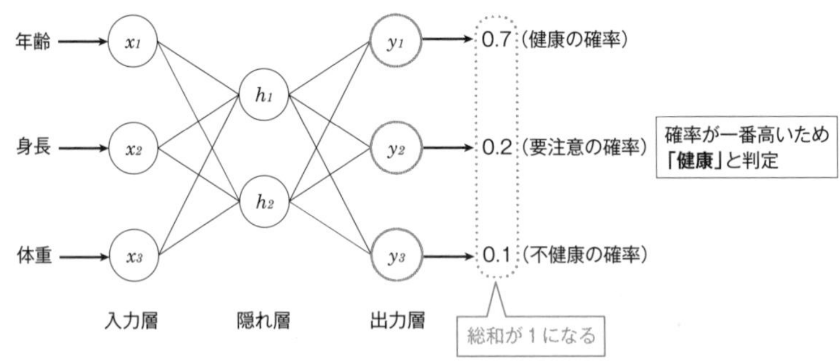

▶**ソフトマックス関数による多クラス分類**

また、回帰問題では出力を確率に変換する必要がない。そのため、回帰問題の出力層では**恒等関数**が用いられる。恒等関数は受け取った値をそのまま出力する（すなわち何もしない）。

3 tanh関数

従来ニューラルネットワークの隠れ層では、活性化関数としてシグモイド関数が用いられてきた。

しかし、隠れ層にシグモイド関数を使用していたことで、ニューラルネットワークの層を深くすればするほど、いわゆるディープニューラルネットワークにすると、誤差を逆伝播する際に勾配が消失しやすくなる問題があった。伝えるべき誤差が非常に小さくなってしまうため、学習が十分に進まなくなってしまうのである。

その最大の原因が、隠れ層に用いられていた活性化関数であるシグモイド関数にあった。シグモイド関数の微分の最大値が0.25であるため、隠れ層を遡るごとにフィードバックすべき誤差がなくなってしまうのである。

そこで、シグモイド関数に代わるいくつかの活性化関数が考案された。これにより、一つひとつ順番に学習をする事前学習をしなくても、ネットワーク全体を一気に学習することが実現できるようになる。

ここで注意すべきは、あくまで隠れ層の活性化関数を工夫するというアプローチであるということである。出力層では、たとえば多クラス分類ならソフトマックス関数を使用するというように、目的に応じた関数を選択する必要がある。一方で隠れ層では、出力に変化を与えるための、さまざまな非線形の関数を考えることができるため、隠れ層の活性化関数を工夫するのである。

シグモイド関数に代わる活性化関数として、まずよい結果を出したのが**tanh関数**（**ハイパボリックタンジェント関数**）である。シグモイド関数の出力値が０～１の範囲をとるのに対して、tanh関数は－１～１の間の範囲をとるのが特徴である。

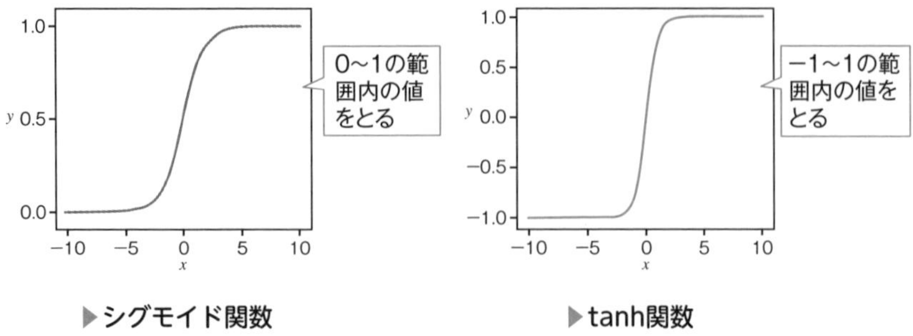

▶シグモイド関数　▶tanh関数

また、シグモイド関数の微分とtanh関数の微分を比較したものが右のグラフである。

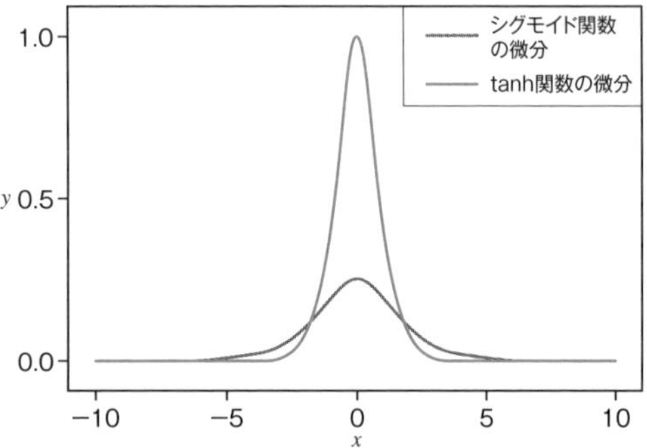

▶シグモイド関数の微分とtanh関数の微分の比較

シグモイド関数の微分の最大値が0.25であるのに対して、tanh関数の微分の最大値は１であることがわかる。この性質の違いから、一般的なディープニューラルネットワークの隠れ層の活性化関数にtanh関数を使用したほうが、フィードバックする誤差が消失しにくくなり、より効率的な学習ができることになる。

4　ReLU関数（ランプ関数）

隠れ層の活性化関数として現在最もよく使われているのが**ReLU**（Rectified Linear Unit，ランプ）**関数**である。tanh関数を用いることでシグモイド関数に比べて学習時の勾配消失が起きにくくなったが、入力値によっては勾配が消失する可能性があることに変わりはなかった。そこで新たに登場したのがReLU関数である。

ReLU関数は、入力が０以下の場合は０を出力し、入力が０を超える場合はそのまま出力するという特徴がある。

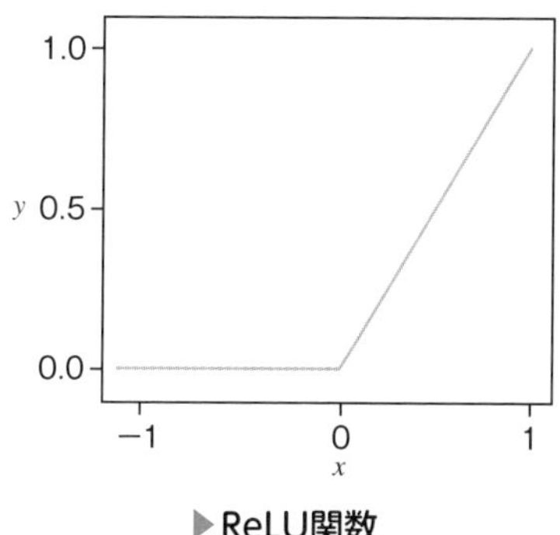

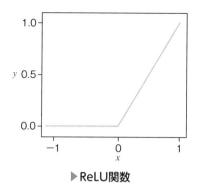

▶ReLU関数

また、ReLU関数を微分すると右のグラフのようになる。

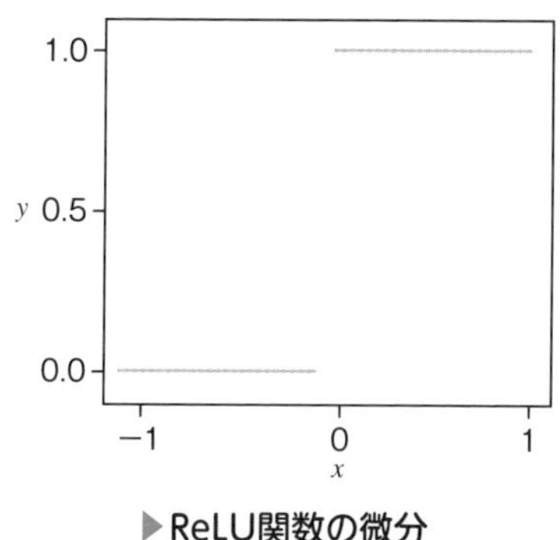

▶ReLU関数の微分

ReLU関数の場合、入力が0を超える限り、微分値は常に最大値である1が安定して得られるため、**誤差逆伝播の際に勾配が消失しにくくなる。**

こうした特徴から、隠れ層の活性化関数にReLU関数を用いることで、ディープニューラルネットワーク全体の学習がより効率的にできるようになった。ただし、ReLU関数も0以下の入力を取ると、微分値は0となるため、入力が0以下の場合は重みなどのパラメータが更新されず、学習がうまくいかなくなる可能性はある。

シグモイド関数やtanh関数などの活性化関数に比べて大きく精度向上に貢献したReLU関数は、さらに拡張されたものが考案された。その1つにLeaky ReLU関数がある。Leaky ReLU関数の特徴は、右のグラフのように入力が0以下の場合にわずかな傾きがあるという点である。

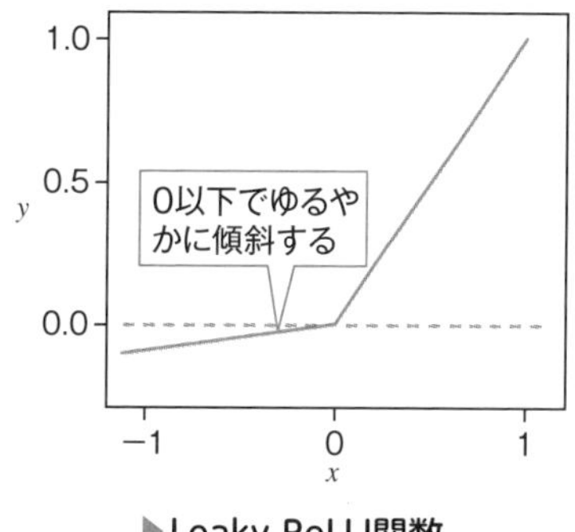

▶Leaky ReLU関数

この特徴により、ReLU関数のように微分値が0になることがなくなるため、

ReLU関数に比べて学習時の勾配消失が起こりにくくなり、より高い精度が出やすくなることが期待された。他にも、Leaky ReLU関数の入力が0以下のときの傾きを学習によって最適化しようというParametric ReLU（PReLU）や、Leaky ReLUの傾きを乱数によって決定するというRandomized ReLU（RReLU）などもある。

様々なReLU関数の派生形が考案されたが、実際にはReLU関数よりも高い精度が出る場合もあれば、精度が低くなる場合もあるため、かならずしもReLU関数より優れているとは言い切れない。

Super Summary

最適化手法

最適化とは、関数などについて最大値や最小値など適切な値に近づけることをいいます。ディープラーニングにおける学習は、モデルの出力値と正解の誤差を最小にすることを目指す最適化の問題です。複雑なディープラーニングのモデルにおいて、誤差が最小となる状態へどのように近づけていけばよいのでしょうか。

ここだけは押さえておこう！

項		最重要用語	説明
1	最適化の基本的な考え方	**誤差関数（損失関数）**	予測値と正解値との誤差を表現する関数
		学習率	学習時のパラメータの更新量を調整するハイパーパラメータ
		確率的勾配降下法（SGD）	ランダムに選んだデータに対する誤差の微分値にもとづきパラメータを調整する手法
2	勾配降下法の問題点	**局所最適解**	誤差関数について、ある限られた区間において最小となる点。一方、全体で最小となる点を大域最適解という
		プラトー	勾配のほとんどない地点で学習が停滞している状態のこと
		鞍点	鞍点とはある次元から見た場合は極小値であるが、別の次元から見た場合は極大値となる点
3	勾配降下法の発展形	**モーメンタム**	前回のパラメータの更新量を現在の更新にも反映することで慣性を持たせる手法
		AdaGrad	学習率を自動で調整することができるアルゴリズム

		RMSprop	より最近の更新を重視して学習率を調整するアルゴリズム
		Adam	AdaGradやRMSpropの長所を取り入れたアルゴリズム
		AdaBound	Adamの学習率に徐々に狭まる学習率の上限と下限を加えたもの
		AMSBound	AMSGradの学習率に徐々に狭まる学習率の上限と下限を加えたもの
4	学習データの渡し方と学習の回数	**バッチ学習**	データ全体を使って一括でパラメータを更新すること
		オンライン学習	1件ずつのデータでパラメータを更新すること
		ミニバッチ学習	一定の数ごとに分割したデータのかたまりを渡してパラメータを更新すること
		バッチサイズ	1度にモデルに渡すデータの件数。ミニバッチ学習ではバッチサイズごとに分割する
		イテレーション	1回のパラメータ更新で1イテレーション学習したことになる。訓練データ全体を学習に用いるために必要なイテレーション数はバッチサイズが決まれば自動的に決まる
		エポック	訓練データ全体を学習に用いた回数
5	ハイパーパラメータ	**ハイパーパラメータ**	機械学習において人間が調整するパラメータ
		ランダムサーチ	ハイパーパラメータの組み合わせをランダムに探索して試行する手法
		グリッドサーチ	ハイパーパラメータの組み合わせをすべて試す手法

6.2 最適化手法

1 最適化の基本的な考え方

ニューラルネットワークにおける学習は、予測値と正解値の誤差を最小にすることを目指して行われる。これは第４章で見たように、誤差逆伝播法によって実現される。ここでいう誤差は、誤差関数（損失関数）を通すことで得られる。通常、回帰では平均二乗誤差が、分類では交差エントロピー誤差が用いられる。

学習で調整するパラメータの代表として重みを例に考える。

学習では誤差があったときに重みを増やすか減らすかすればよい。重みを増やすか減らすか、それはどの程度の量かを決定するために偏微分を用いる。偏微分を求めることで、右図のようにその点における傾きがわかる。それぞれの重みについて誤差関数の偏微分を求め、傾きのマイナス方向に、傾きの大きさに応じて重みの値を変更すればよい。

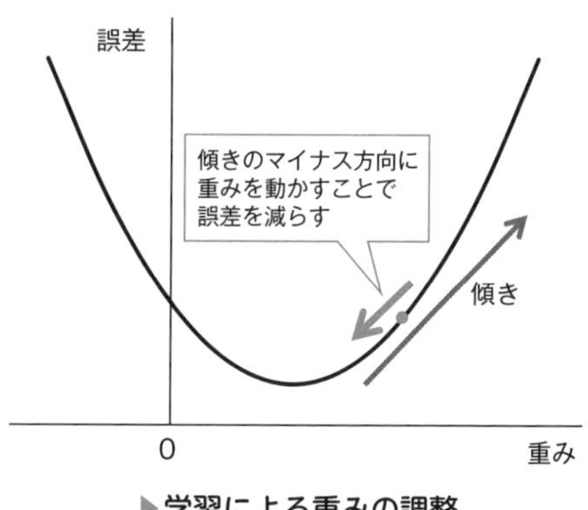

▶**学習による重みの調整**

これは以下の式で表される。学習率とは重みの更新量を調整する設定値である。

（調整後の重み）＝（重み）－（学習率）×（誤差関数の重みについての偏微分）

重みを例としたが、バイアスなど他のパラメータについても同様である。パラメータ全体で考えると、**学習とは勾配（誤差が最も大きく変化する方向）のマイナス方向にパラメータを動かすということ**になる。

データ全体の誤差の合計から求めた勾配を用いる場合は最急降下法、ランダムに選んだデータごとの誤差の勾配を用いる場合を確率的勾配降下法（SGD）という。

2 勾配降下法の問題点

たとえば単純な２次関数であれば最小値を見つけることは簡単だろう。しかし、ディープラーニングにおけるパラメータと誤差の関係は非常に複雑である。そのため勾配降下法を用いるうえで、いくつかの問題が考えられる。

まず、ある限られた区間において最小値となる局所最適解の存在があげられる。右図を見ると、局所最適解を抜け出せず、真の最小値となる大域最適解にたどりつけない場合があることがわかる。

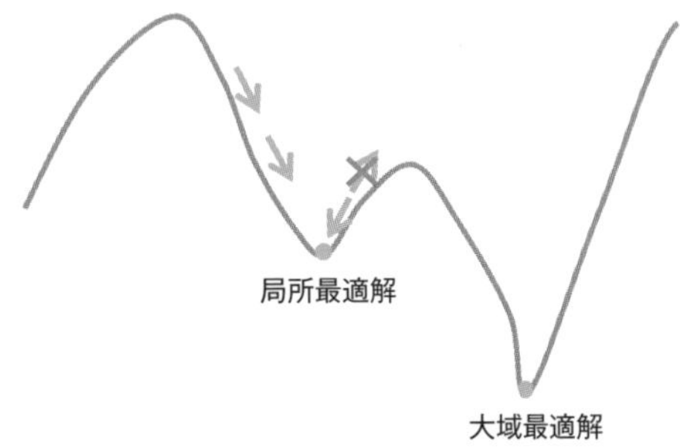

▶局所最適解と大域最適解

局所最適解への収束を防ぐには、学習率の設定を工夫する。はじめは学習率を高く設定することで、大きくパラメータを動かし局所最適解を通り抜け、最後のほうは学習率を小さくし大域最適解にたどりつくよう微調整する。この学習率の調整を勾配降下のアルゴリズムに組み込んだ手法については後述する。

また、ほとんど勾配のない地点では、学習が停滞して進まないプラトーに陥ることがある。

たとえば、鞍点の周辺でプラトーに陥る場合がある。鞍点とはある次元から見た場合は極小値であるが、別の次元から見た場合は極大値となる点のことである。ディープラーニングではパラメータの次元数が大きいため、鞍点が発生しやすい。鞍点の周囲はほとんど勾配のない場合が多く、プラトーに陥りやすい。

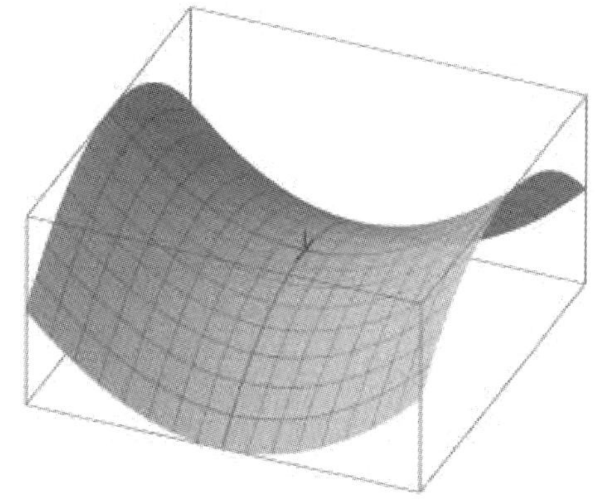

(出典：Wikipedia「鞍点」, https://ja.wikipedia.org/wiki/%E9%9E%8D%E7%82%B9より)

▶鞍点

3 勾配降下法の発展形

先に述べた学習の停滞を防ぎ、さらに効率よく学習を進めるために勾配降下法の発展形がいくつか考案されている。

モーメンタムは勾配降下法に慣性を加える手法である。モーメンタム付きの勾配降下法は、山の斜面から谷底に向かってボールを転がすようなものだと考えられる。斜面を下るときにボールには慣性で勢いがついていく。勢いがあれば平たんな場所でもボールは転がるし、谷間であっても横ぶれしにくい。モーメンタムは、前回のパラメータの更新量を現在の更新にも反映することで慣性を実現している。

AdaGradは学習率を自動で調整することができる勾配降下法のアルゴリズムである。AdaGradではパラメータごとに学習率を調整できる。これまで大きく更新されてきたパラメータほど更新量を減らしていく。これによりパラメータは微調整されながら最適解に近づいていくことが期待される。

RMSpropはAdaGradを改良したアルゴリズムである。AdaGradは過去のどの時点でパラメータ更新が行われていても同じように現在の更新量に影響を与えるが、

RMSpropではより最近のパラメータ更新の影響が大きくなる。また、同様の効果があるアルゴリズムにAdaDeltaがある。

Adamは、RMSPropにモーメンタムの考えを取り入れたものである。学習の前半の収束が速いことが強みでよく利用された。しかし、学習後半は安定して収束しないことがあり、最近ではAdamを更に改良された手法が考案された。

❏ AdaBound

Adamは学習速度が速い代わりに、SGDと比べて収束がしづらい欠点があった。AdaBoundでは､Adamの学習率の上限と加減を､学習回数に応じて徐々に狭める（クリッピングする）ことで学習の収束を促すことに成功した。

❏ AMSBound

Adamの学習率が不必要に大きくなることを抑制したAMSGradという手法があったが、今度は学習率が不必要に小さくなってしまう問題が発生した。AMSBoundはAdaBoundと同じようにAMSGradに対して学習率の幅を上限と下限を学習回数に応じて徐々に狭めることで、学習率の制限に成功した。

4 学習データの渡し方と学習の回数

最適化の手法を見てきましたが、ここで、学習時のデータの渡し方や学習の回数に関する事項についても、とりあげます。

最急降下法ではデータ全体の誤差の合計から勾配を求めると述べたが、データ全体をモデルに渡して一括でパラメータを更新する学習方法をバッチ学習という。

反対に、データを1件ずつ渡してその都度パラメータを更新する学習方法をオンライン学習と呼ぶ。

さらにバッチ学習とオンライン学習の中間の手法で、訓練データを一定の数（バッチサイズ）ごとに分割して、分割したデータのかたまりごとにパラメータを更新する学習方法をミニバッチ学習と呼ぶ。

たとえば、2000件のデータを100件ずつ、20個のミニバッチに分割したとする。訓練データ全体を使って学習するには20回学習する必要があり、このうち１回の学習（＝１回のパラメータ更新）が１イテレーションである。20イテレーションの学習を行い、訓練データ全体を１周分使い終わったとき、１エポック学習したという。

5 ハイパーパラメータ

これまで述べてきたように、重みやバイアスなどのパラメータは自動的な学習の仕組みによって調整される。

一方で、隠れ層のユニットの数や学習率、バッチサイズのように人間が調整しなければならないパラメータも存在する。このような人間が調整しなければならないパラメータをハイパーパラメータと呼ぶ。ハイパーパラメータは、基本的には分析を繰り返すなかで調整をしていく。なお、ハイパーパラメータを調整する際の指標を得るために、訓練データ・テストデータとは別に、バリデーションデータ（検証データ）を用意することがある。

ハイパーパラメータは人間が調整すると述べたが、実のところハイパーパラメータを自動で調整する手法もいくつか存在する。たとえば、ハイパーパラメータをランダムに探索するランダムサーチや、ハイパーパラメータの考えられる組み合わせをすべて試行するグリッドサーチなどがある。

Super Summary

さらなるテクニック/学習済みモデルの利用

ディープラーニングではより精度を高めるために、さらにいくつかのテクニックが利用されています。より学習を安定させたり、未知のデータに対する精度（＝汎化性能）を高めるために、さまざまな手法が考案されているのです。

ここだけは押さえておこう！

6.3　さらなるテクニック

項		最重要用語	説明
1	重みの初期値	**Xavierの初期値**	活性化関数としてシグモイド関数やtanh関数を用いる場合に効果的な重みの初期値
		Heの初期値	活性化関数としてReLU関数を用いる場合に効果的な重みの初期値
2	正規化・標準化	**正規化**	入力データの範囲を揃える処理
		標準化	入力データの分布の平均が0、分散が1になるように変換すること
3	無相関化・白色化	**白色化**	データを無相関化し、標準化すること
4	ドロップアウト	**ドロップアウト**	学習ごとに一定の確率でランダムにユニットを無効化する手法。アンサンブル学習を行っているとみなすこともできる
5	early stopping	**early stopping（早期終了）**	過学習に陥る前に学習を終了する手法
6	正則化	**L1正則化**	不要な入力に対する重みを0にする。
		L2正則化	重みが大きくなりすぎることを防ぎ、過学習を抑制する。
		L0正則化	モデル中の0でない重みの数で正則化する
		LASSO回帰	L1正則化を線形回帰に適用したもの

		Ridge回帰	L2正則化を線形回帰に適用したもの
		Elastic Net	LASSO回帰とRidge回帰を組み合わせた手法
7	バッチ正規化	**バッチ正規化**	ミニバッチ単位で層ごとに正規化を行う
8	モデル圧縮	**Pruning（剪定）**	重要度の低い重みを消去することで計算量を減らす手法
		Quantize（量子化）	小数点以下の精度を落とすことで計算量を減らす手法
		Distillation（蒸留）	学習済みモデルで作成した正解ラベルをより小さいモデルの学習データとする手法

ここだけは押さえておこう！

6.4 学習済みモデルの利用

項		最重要用語	説明
1	転移学習	**転移学習**	学習済みモデルを別のタスクに適応する手法

6.3 さらなるテクニック

1 重みの初期値

ニューラルネットワークの重みは学習によって更新されるパラメータである。その初期値をどのように設定するかによって学習の収束の仕方が変わってくる。

では、どのように初期値を決めればよいだろう。

たとえば0や1といった固定値ですべての重みを初期化するとどうなるだろう。

ニューラルネットワークでは、隠れ層の多数のユニットが多様な値を出力することで、複雑な予測を可能とする表現力を持つことができる。しかし、**重みの初期値がすべて同じだと、いくら学習してもすべての重みが同じように更新されてしまう**。すると複数のユニットを配置する意味がなくなってしまう。同じ値でなかったとしても、特定の値の付近に重みの初期値が集中すると、やはり十分な表現力を持てない。したがって重みの初期値には一定のばらつきが必要であると考えられる。

とはいえ、**値のばらつきが大きすぎても、勾配消失問題が発生する可能性がある。**

たとえば活性化関数としてシグモイド関数を使用しているとする。重みの初期値のばらつきが大きいと、シグモイド関数への入力が大きすぎたり小さすぎたりして、結果として勾配がほとんどなくなる0や1付近の値ばかり出力してしまう。最初から勾配がほとんどなければ学習は進まない。したがって**重みの初期値は適度なばらつきを持たなければならない。**

さらに、ニューラルネットワークでは前の層のユニット数が多いと、渡されてくる値が大きくなる傾向がある。そのため、前の層のユニット数を考慮して重みの初期値を決めることが望ましい。ユニット数を考慮した初期値として、**Xavierの初期値**と**Heの初期値**がしばしば用いられる。活性化関数としてシグモイド関数やtanh関数を用いる場合はXavierの初期値を、活性化関数としてReLU関数を用いる場合はHeの初期値を用いるとよい。

▶Xavierの初期値とHeの初期値

Xavierの初期値	活性化関数としてReLU関数以外を用いる場合に有効
Heの初期値	活性化関数としてReLU関数を用いる場合に有効

2 正規化・標準化

1 正規化

機械学習においては、さまざまなデータが入力データとなりうる。たとえば、家庭の情報を入力とする場合、家族の人数や世帯年収が入力データとなるかもしれない。一般的に家族の人数は1桁～2桁の数値であるのに対し、世帯年収は7桁以上の数値データとなる場合が多いだろう。

このようなさまざまな大きさの入力データが混在すると、最適なパラメータまで学習が収束しにくい。そのようなとき、入力値の範囲を揃えることで学習がうまく進む場合がある。この値の範囲を揃える処理を**正規化**と呼ぶ。

代表的な正規化の処理は、値を0から1の範囲に収まるように変換するものである。機械学習で単に正規化といった場合はこの意味で使うことも多い。

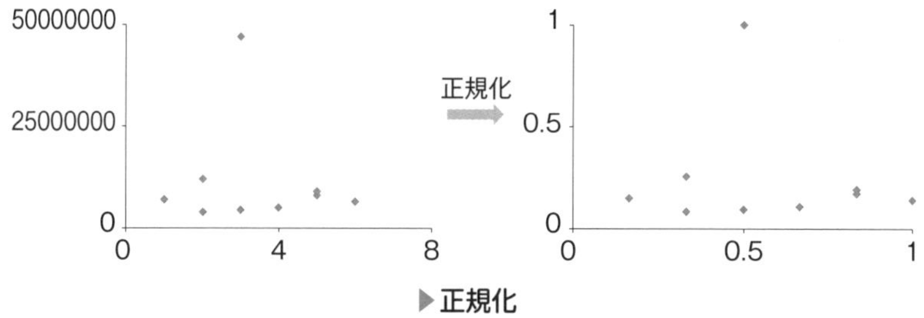

▶正規化

2 標準化

また、入力データの分布について平均が0、分散が1になるように変換する場合は特に**標準化**と呼ばれる。平均が0、分散が1の分布にするということは、すなわち入力データが標準正規分布に従うようにすることを意図している。

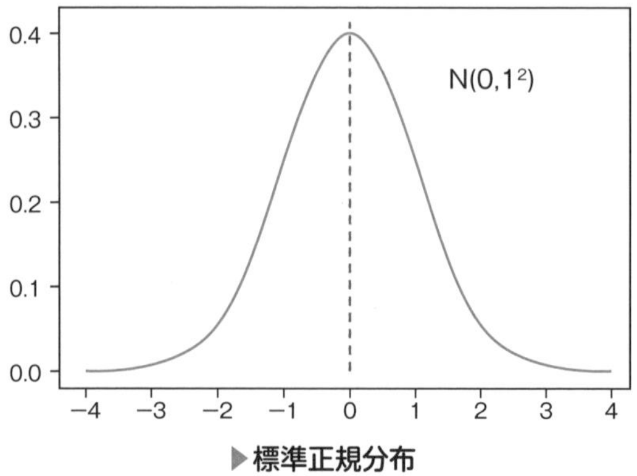

▶標準正規分布

3 無相関化と白色化

1 無相関化

データ収集において、相関の強いデータの扱いには注意が必要である。「相関が強い」とは、片方のデータが上がれば、もう片方のデータも増加、もしくは減少するような関係性にあることをいう。例えば、学校のテストで、数学の点数が高い生徒は物理の点数も高い傾向があれば、二つのデータには相関があると言える。

このように相関が強いデータがあると、結果に対してどちらの影響が強いのか判定するのに無駄な労力が必要になる。そのため、データの相関を弱める無相関化という作業を行う。

無相関化はデータの相関の薄い成分に着目して抽出する手法である。次の左側の図はあやめのオープンデータセットから花弁の縦幅（縦軸）と横幅（横軸）のデータを図に表したものである。右側の図は同じデータを無相関化したものである。

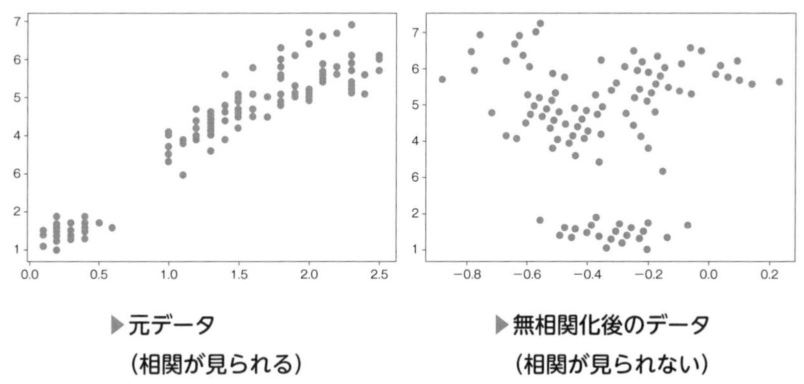

▶元データ
（相関が見られる）

▶無相関化後のデータ
（相関が見られない）

相関が薄まっていることがわかるだろう。

2 白色化

さらに、無相関化したデータを標準化することを白色化と呼ぶ。次の図はあやめの花弁データを白色化したものである。

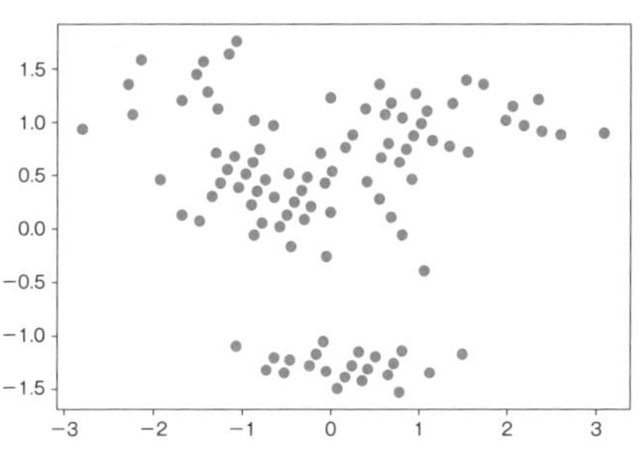

▶白色化後のデータ
（標準正規分布に従っている）

4 ドロップアウト

ディープラーニングにおけるモデルは豊かな表現力を持つ。豊かな表現力を持つということは、訓練データ固有の偏りまで表現してしまうことも多い。すなわち過学習に非常に陥りやすい。そのため過学習に対処するためにいくつかの手法が利用されている。なかでも**ドロップアウト**は代表的な手法である。

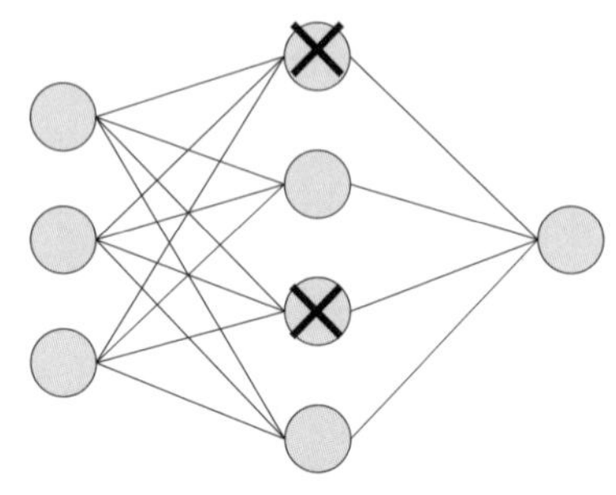

▶ドロップアウト

ドロップアウトは、ニューラルネットワークを構成するユニットを一定の確率でランダムに無効にしながら学習を進める。無効にする確率はハイパーパラメータとして分析者が設定する（一般的に20％〜50％程度とすることが多い）。無効になったユニットへの経路は通ることができない。すると毎回違ったネットワークの経路で学習することになり、データの偏りに基づくパターンをかき消すことができる。

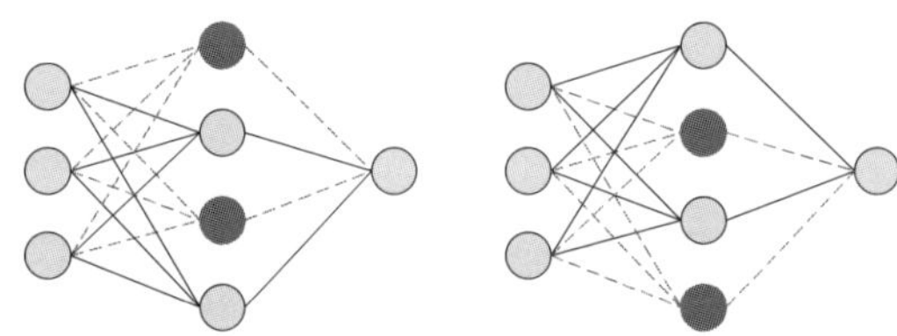

▶ドロップアウトはアンサンブル学習を行っているとみなすことができる

毎回違ったネットワークの経路で学習するということは、毎回異なった構成の学習器で学習しているともいえる。したがってドロップアウトを取り入れた学習は、複数の学習器で多数決をとる**アンサンブル学習を行っているとみなすこともできる**。

ドロップアウトは一部のユニットを無効にして学習するが、学習済みモデルで予測をする際は、すべてのユニットを有効にして予測する。

5 early stopping（早期終了）

訓練データを用いて訓練を進めると、最初は訓練誤差（訓練データに対する誤差）と汎化誤差（テストデータに対する誤差）はともに減少するが、あるタイミングで訓練誤差は減少し続けるものの汎化誤差が増加するようになる。

これがすなわち過学習であるが、この汎化誤差が増加し始める直前で学習を終了すると、最良の汎化性能を得られることになる。

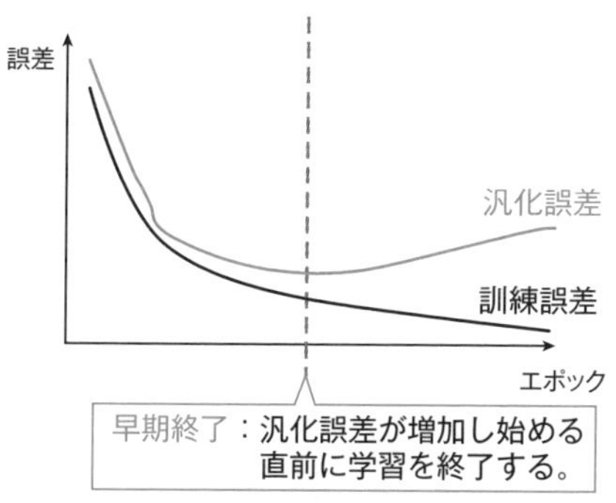

▶early stopping

このように過学習を起こす前に学習を終了するというシンプルな手法を、early stopping（早期終了）と呼ぶ。

過学習を起こすタイミングは事前にわからないため、実際には誤差の減少（精度の向上）が事前に指定した回数だけ見られなければ終了させる。

6 正則化

正則化もまた過学習を防ぐ手法である。

過学習している状態とは、複雑になりすぎたモデルが訓練データの偏りのパターンまで表現している状態といえる。この複雑さを低減する手法が正則化である。

具体的には、モデルが本質を表現するために必要ない重みに対しペナルティを与えることでモデルの複雑さを低減する。一般的にはL1正則化または、L2正則化あるいはその２つを組み合わせて用いる。

特に、L1正則化を適用した線形回帰をLASSO回帰、L2正則化を適用した線形回帰をRidge回帰といい、LASSO回帰とRidge回帰を組み合わせた手法をElastic Netという。

L1正則化は不要な入力に対する重みが0になるようにはたらく。これは必要な入力を選びとる動作とみることもできる。結果としてスパース（疎）なモデルができあがる。とくに不要な入力が多く混じっているときに有効にはたらくだろう。

一方、L2正則化は重みが大きくなりすぎないようにはたらく。重みが極端な値をとることが抑えられ、過学習を起こしにくくなる。

正則化をどの程度強く効かせるかはハイパーパラメータとして設定する。正則化を強くしすぎても性能が低下するため注意が必要である。

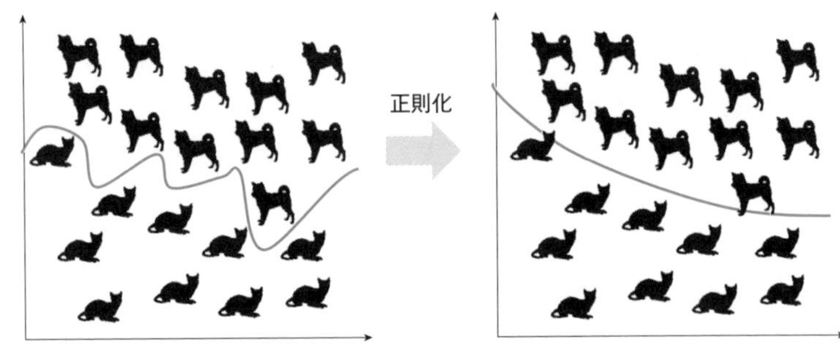

▶**正則化によりシンプルなモデルになる**

L1正則化、L2正則化のほかに**L0正則化**がある。L0正則化では、モデル中の0でない重みの数で正則化する。0でない重みの数が増えるほど正則化が強くはたらく仕組みだが、計算量が非常に多くなるという問題がある。

7 バッチ正規化

バッチ正規化もまた**過学習の抑止**に効果的な手法である。
さらに、バッチ正規化には学習を安定させ学習速度を速める効果もある。

バッチ正規化は、ミニバッチ単位で隠れ層ごとに、伝播する値に対し正規化を行う。より詳細には次の①②を行う。

①平均が0、分散が1になるように標準化する。

②さらにデータの分布に変化を与える。どのように変化を与えるかは、学習に

よって調整される。

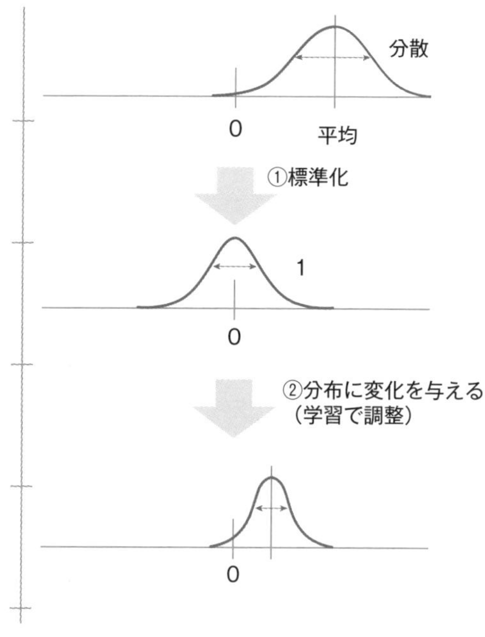

▶バッチ正規化のイメージ

バッチ正規化の効果は非常に強力で、先に述べた重みの初期値への依存性やドロップアウトの必要性が低減される。

8 モデル圧縮（モデルの軽量化）

ディープラーニングは精度の上昇とともに、軽量化についても研究が進められている。モバイル端末での利用や現場の機械に搭載されることが期待されているAIは少ない計算量で結果を出す必要がある。

1 Pruning (剪定)

Pruning (プルーニング) はドロップアウトとよく似ている。ニューラルネットワーク上の影響の少ない重みを消去することによって計算量を減らす手法である。一般的には絶対値の小さい重みを消去するようにする。ドロップアウトと違うのは永久的に重みを消去することである。それほど精度を落とすことなく計算量だけ減らすことが可能となった。

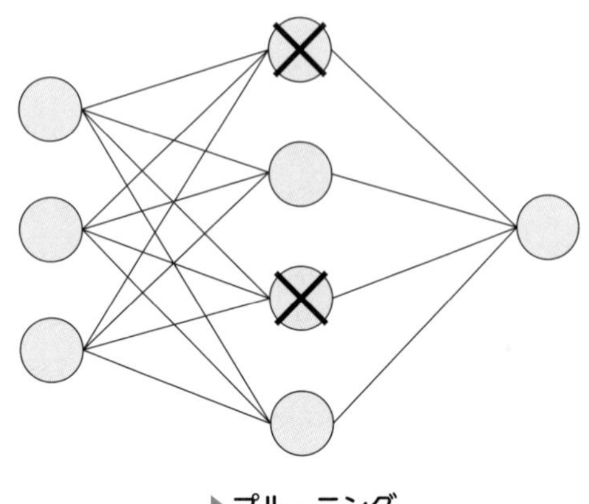

▶プルーニング

2 Quantize（量子化）

ニューラルネットワークの多くはPythonで構築されている。Pythonの実数を扱うfloat型は32ビット精度と呼ばれる。コンピュータは小数の計算を正確に行えないため、小数第何桁まで精度を保証するかという指定であるが、これを8ビット精度まで落とすことで計算量を減らすことができる。この、小数点以下の精度を落とすことによって計算量を減らす手法をQuantize（量子化）という。

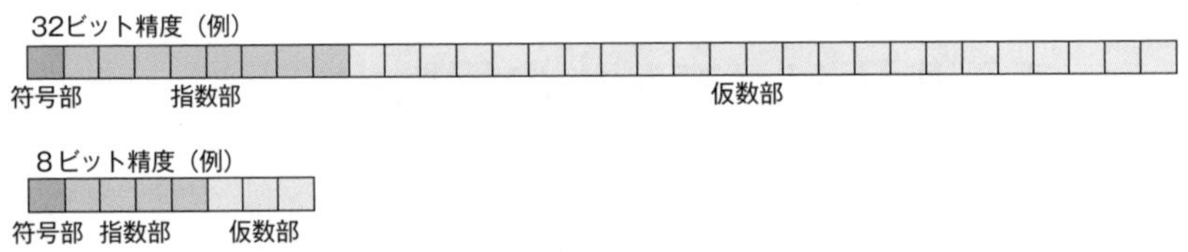

▶量子化

3 Distillation（蒸留）

Distillation（蒸留）とは、学習済みのモデルを使用して未知のデータの正解ラベルを作成し、別のモデルの学習データに使用することをいう。蒸留を利用してモデルを小さくすることができる。

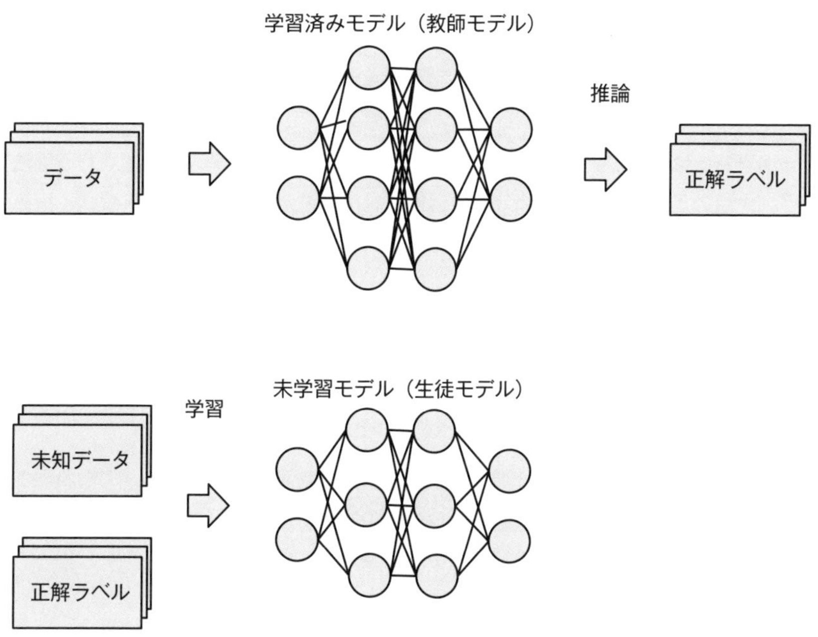

▶蒸留

6.4 学習済みモデルの利用

1 転移学習

転移学習とはあるタスクのために学習したモデルを、他のタスクに適用する手法である。大量のデータを用いて十分に最適化された学習済みモデルの隠れ層は、良質の特徴抽出器として機能する。

転移学習では既存の学習済みモデルに、新たなタスクを行う層を追加する。このモデルで新たなタスクのための学習を行うが、このとき学習済みモデルについては重みを更新しない（重みを更新する場合はファインチューニングとなる）。

ある特定の業務向けの画像分類を行う場合、業務を表現するいくつかの隠れ層および出力層が必要だろう。しかしより低レベルの層における、画像の一般的な特徴を抽出するという機能は、他の画像認識モデルと共通している。

画像認識分野では、コンペティションで優秀な成績を収めたモデルとその重みが公開されている。そのような学習済みモデルをロードできる機械学習フレームワークも多い。実績のあるモデルをロードし、その隠れ層と特定業務向けの新たな層を結合し、学習済みの重みは固定して学習する（モデルの結合や重みの固定も多くのフレームワークでサポートされている）。すると、学習時間を削減できるとともに、データが少なくても良い結果を出せることがある。

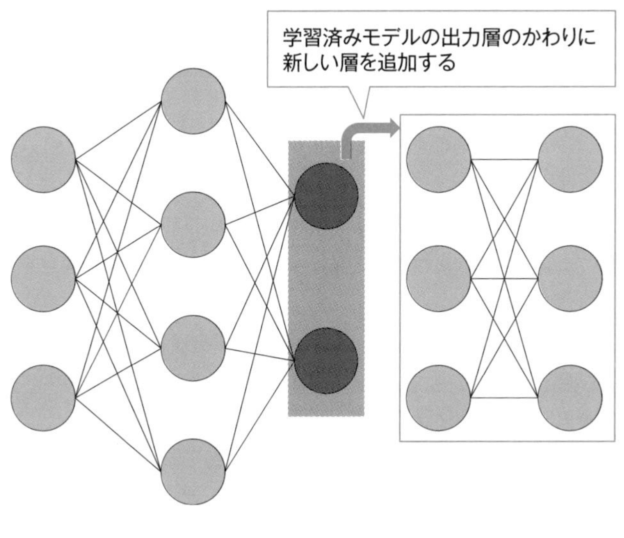
学習済みモデルの出力層のかわりに
新しい層を追加する

学習済みの重みは固定　新たなタスクのために学習

▶転移学習

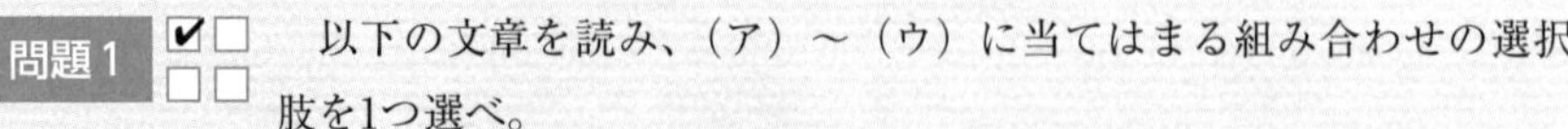

問題演習

問題1 ✔□□□ 以下の文章を読み、（ア）～（ウ）に当てはまる組み合わせの選択肢を1つ選べ。

ニューラルネットワークの隠れ層のユニットでは、以下の流れで計算を行う。

① 前の層から渡される複数の入力に、ニューロン間の結合の強さを表す（ア）を乗じて足し合わせる。

② ①にニューロンの反応性の偏りを表す（イ）を加算する。

③ ②の結果に対し、(ウ)によって次の層にどのように値を伝播させるか調整する。

1.（ア）重み、（イ）バイアス、（ウ）活性化関数
2.（ア）重み、（イ）バイアス、（ウ）最適化関数
3.（ア）入力データの平均値、（イ）閾値、（ウ）活性化関数
4.（ア）入力データの平均値、（イ）閾値、（ウ）最適化関数

《解答》1.（ア）重み、（イ）バイアス、（ウ）活性化関数

解説

各入力に乗じるパラメータは重みで、入力と重みの積和に加算するパラメータはバイアスです。これらは学習により調整されます。ニューラルネットワークの各ユニットでは、活性化関数を通した値を次の層へ渡します。隠れ層においては、活性化関数として非線形な関数を用いる必要があります。

問題2 ✔□□□ 出力が次のグラフとなる関数を選択肢から1つ選べ。

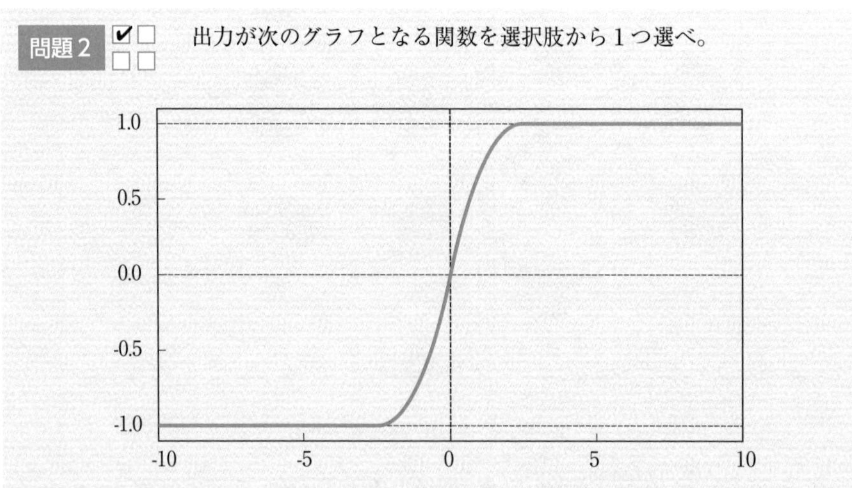

1. tanh関数　2. ステップ関数
3. ReLU関数　4. Leaky ReLU関数

《解答》1. tanh関数

解説

tanh関数のグラフはシグモイド関数のグラフに似たS字の形状になります。

シグモイド関数の出力値が0.0～1. 0の範囲に収まるのに対し、tanh関数の出力値は-1. 0～1. 0の範囲に収まります。

問題3 ✔□□□ 出力が次のグラフとなる関数を選択肢から１つ選べ。

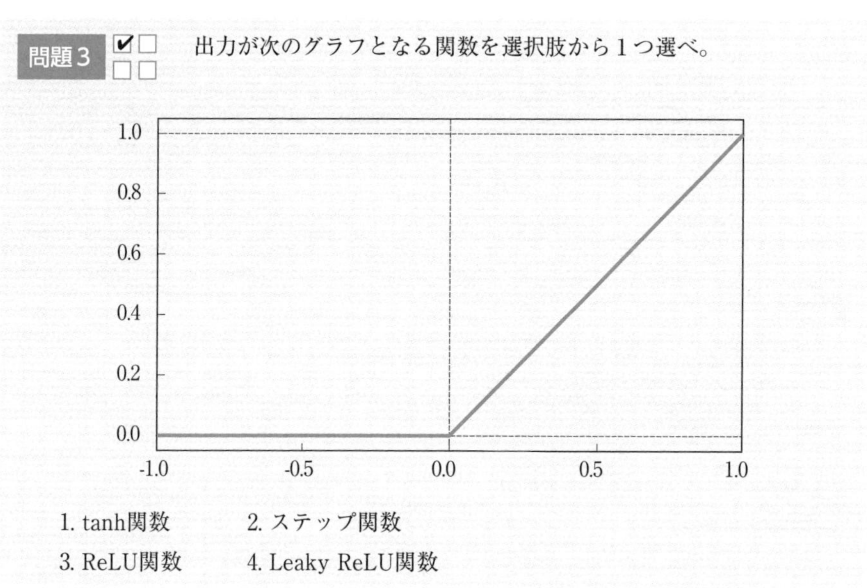

1. tanh関数　2. ステップ関数
3. ReLU関数　4. Leaky ReLU関数

《解答》3. ReLU関数

解説

ReLU関数は、入力が０以下の場合は０を出力し、０を超える場合はそのまま出力します。

問題4 ☑□ □□ 出力が次のグラフとなる関数を選択肢から1つ選べ。

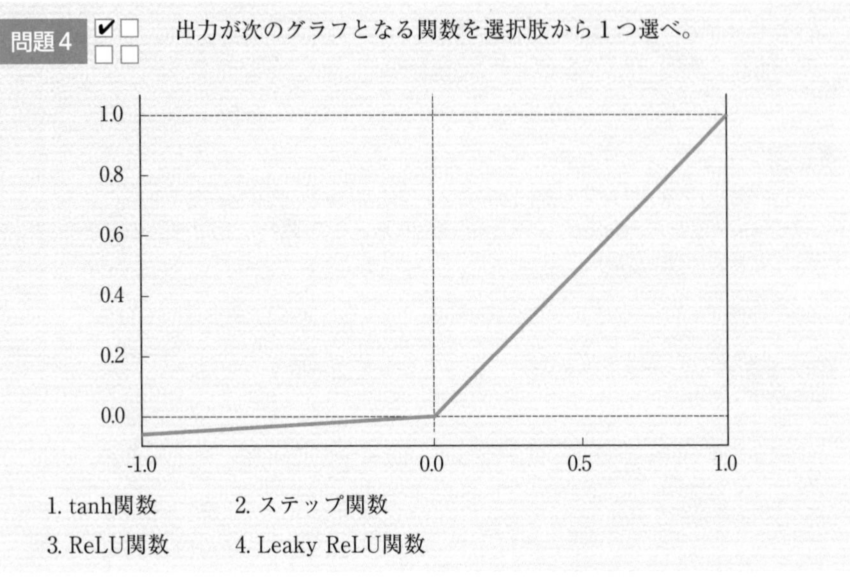

1. tanh関数　　2. ステップ関数
3. ReLU関数　　4. Leaky ReLU関数

《解答》4. Leaky ReLU関数

解説

ReLU関数のグラフは0以下の領域において水平ですが、Leaky ReLU関数のグラフは0以下の領域では緩やかな傾斜になります。

問題5 ☑□ □□ 以下の文章を読み、［　　］に最もよく当てはまる選択肢を1つ選べ。

全結合ニューラルネットワークにおける隠れ層の活性化関数として、ReLU関数が主流となっている。ReLU関数はシグモイド関数と比べて［　　］が起きにくい。

1. 勾配消失問題　　2. ブラックボックス問題
3. ノイズ　　4. 転移学習

《解答》1. 勾配消失問題

解説

シグモイド関数は微分の最大値が小さいため、誤差逆伝播法で何層も遡る過程で誤差がほとんど失われてしまうことがあります。これを勾配消失問題といいます。Relu関数は入力値が正の値であれば微分値は常に1であるため、勾配消失問題が比較的起きにくいです。

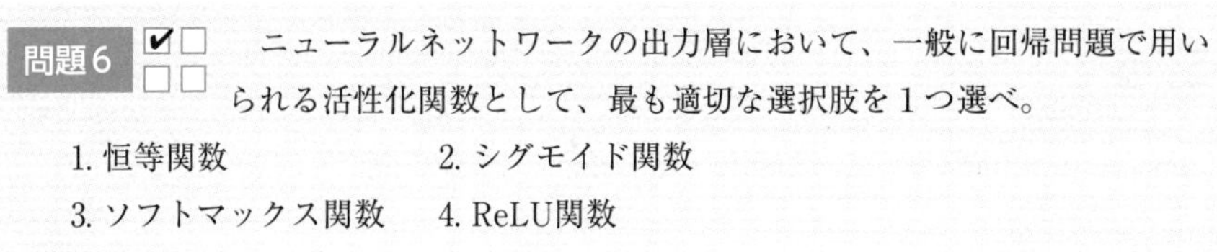

問題6 ☑☐☐☐ ニューラルネットワークの出力層において、一般に回帰問題で用いられる活性化関数として、最も適切な選択肢を1つ選べ。

1. 恒等関数　　2. シグモイド関数
3. ソフトマックス関数　　4. ReLU関数

《解答》1. 恒等関数

解説

回帰問題の出力層では、受け取った値を変換せずにそのまま出力すればよいため、恒等関数が用いられます。

問題7 ☑☐☐☐ ニューラルネットワークの出力層において、一般に2値分類問題で用いられる活性化関数として、最も適切な選択肢を1つ選べ。

1. 恒等関数　　2. シグモイド関数
3. ソフトマックス関数　　4. ReLU関数

《解答》2. シグモイド関数

解説

シグモイド関数で出力の値を0～1の範囲に押し込め、0.5以上か0.5未満か判定することで2値分類を行うことができます。

問題8 ☑☐☐☐ ニューラルネットワークの出力層において、一般に多クラス分類問題で用いられる活性化関数として、最も適切な選択肢を1つ選べ。

1. 恒等関数　　2. シグモイド関数
3. ソフトマックス関数　　4. ReLU関数

《解答》3. ソフトマックス関数

解説

ソフトマックス関数を用いて、出力層の各ユニットの出力値の合計が1になるように調整することで、各クラスの確率を表現することができます。

問題9 ☑☐☐☐ ディープラーニングにおけるハイパーパラメータとして、<u>最も適切でない</u>選択肢を1つ選べ。

1. 学習率　　2. 重み
3. バッチサイズ　　4. 隠れ層のユニット数

《解答》2. 重み

解説

人間が調整しなければならないパラメータをハイパーパラメータといいます。重みやバイアスは、大量のデータによる学習によって自動で調整されるため、ハイパーパラメータには該当しません。

問題10 ☑□ □□ ハイパーパラメータのすべての組み合わせを試す手法として、最も適切な選択肢を１つ選べ。

1. ランダムサーチ　　2. ミニバッチ学習
3. ベイズ最適化　　4. グリッドサーチ

《解答》4. グリッドサーチ

解説

グリッドサーチとは格子状の空間でパラメータを探索する手法であり、パラメータのすべての組み合わせを試行しているとみなすことができます。

問題11 ☑□ □□ 以下の文章を読み、（ア）～（イ）に当てはまる組み合わせの選択肢を1つ選べ。

ニューラルネットワークにおける最適化では、いくつかの問題が考えられる。たとえば、ある限られた区間において誤差が最小となる（ア）に捕らわれ、真の解である（イ）にたどりつけない場合が考えられる。

1.（ア）局所最適解、（イ）大域最適解
2.（ア）一時解、（イ）局所最適解
3.（ア）局所最適解、（イ）決定解
4.（ア）大域最適解、（イ）局所最適解

《解答》1.（ア）局所最適解、（イ）大域最適解

解説

限られた区間における最小値は局所最適解であり、真の解とは大域最適解です。

問題12 ☑□ □□ ニューラルネットワークの最適化について以下の文章を読み、［　　　］に最もよく当てはまる選択肢を１つ選べ。

パラメータ空間においてある次元から見た場合は極小値であるが、別の次元から見

た場合は極大値となる［　　］という問題がある。［　　］の周辺では勾配がほとんどなくなり、学習が停滞するプラトーと呼ばれる状態に陥りやすい。

1. モーメンタム　2. 盆点
3. 一時解　4. 鞍点

《解答》4. 鞍点

解説

ある次元から見た場合は極小値であるが、別の次元から見た場合は極大値となる点を鞍点と呼びます。

問題13 ☑□ □□ 以下の文章を読み［　　］に最もよく当てはまる選択肢を１つ選べ。

ディープラーニングでは勾配降下法を用いて最適化する。
勾配降下法は､誤差関数の［　　］にもとづいてパラメータを調整する手法である。
まず基本的な方法として、［　　］の値に学習率を掛けた値を用いてパラメータを更新する。

1. 二乗　2. 偏微分　3. 積分　4. 平方根

《解答》2. 偏微分

解説

勾配降下法では目的関数（誤差関数）の偏微分によって、パラメータの値をどの程度増減するか決定します。

問題14 ☑□ □□ 勾配降下法の中でもランダムに選択したデータを用いてパラメータを更新する手法として、最も適切な選択肢を１つ選べ。

1. AdaGrad　2. RMSprop
3. SGD　4. モーメンタム

《解答》3. SGD

解説

ランダムに選んだデータから求めた勾配でパラメータを更新する手法を確率的勾配降下法(SGD) といいます。一方、全てのデータの誤差の合計から求めた勾配で更新する場合は、最急降下法といいます。

問題15 ☑□ □□ 勾配降下法の中でも前回の更新量を慣性として利用する手法として、最も適切な選択肢を1つ選べ。

1. AdaGrad　2. RMSprop
3. SGD　4. モーメンタム

《解答》4. モーメンタム

解説

モーメンタムは前回の更新量を慣性として利用します。パラメータ空間において、谷間での振動を抑制し、平坦な地点でも学習の収束を早める効果があります。

問題16 ☑□ □□ AdaGradの改良版で、より最近のパラメータ更新を重視して学習率を調整する勾配降下法のアルゴリズムとして、最も適切な選択肢を1つ選べ。

1. Adam　2. RMSprop　3. SGD　4. AdaBound

《解答》2. RMSprop

解説

AdaGradはこれまで大きく更新されたパラメータほど学習率が低くなるように設定するアルゴリズムですが、RMSpropではより最近のパラメータに対して更新の影響が大きくなります。

問題17 ☑□ □□ 学習率の上限と加減を学習回数に応じて徐々に狭めることで、より速い学習の収束を実現したアルゴリズムとして、最も適切な選択肢を1つ選べ。

1. Adam　2. 勾配クリッピング
3. AdaDelta　4. AdaBound

《解答》4. AdaBound

解説

RMSpropとモーメンタムの考えと取り入れたAdamは、学習後半の収束のしづらさが課題でした。そのAdamを更に改良した手法としてAdaBoundが考案されました。AdaBoundは、学習率の上限と加減を学習回数に応じて徐々に狭めることでより速い学習の収束を実現しました。同様の考えで学習の収束をさせるアルゴリズムとしてAMSBoundもあります。

問題18 ✔□□□ 活性化関数にReLU関数を用いているニューラルネットワークに有効とされる重みの初期値として、最も適切な選択肢を1つ選べ。

1. Xavierの初期値　2. Hintonの初期値
3. Heの初期値　4. Goodfellowの初期値

《解答》3. Heの初期値

解説

活性化関数としてReLU関数を用いる場合は、重みにHeの初期値を設定するのが効果的です。対して、活性化関数としてシグモイド関数やtanh関数を用いる場合は、重みにXavierの初期値を設定すると効果的です。

問題19 ✔□□□ 以下の文章を読み、（ア）～（ウ）に当てはまる組み合わせの選択肢を1つ選べ。

機械学習では入力データの値の範囲を揃える（ア）を行うことで学習がうまく進む場合がある。なかでも、データの分布の（イ）が0、（ウ）が1になるように変換する標準化がよく使用される。

1. （ア）正規化、（イ）最小値、（ウ）最大値
2. （ア）正規化、（イ）平均、（ウ）分散
3. （ア）汎化、（イ）平均、（ウ）分散
4. （ア）汎化、（イ）分散、（ウ）平均

《解答》2. （ア）正規化、（イ）平均、（ウ）分散

解説

入力データの範囲を揃える処理を正規化といいます。標準化は入力データを標準正規分布に則って平均は0、分散は1に変換します。なお、標準化の他に入力データが0から1の範囲に収まるように変換することも多いです。

問題20 ✔□□□ 以下の文章を読み、（ア）～（イ）に当てはまる組み合わせの選択肢を1つ選べ。

過学習とは学習を進めた結果、（ア）は小さくなったが（イ）が大きくなってしまった状態を指す。

1. （ア）勾配、（イ）汎化誤差
2. （ア）汎化誤差、（イ）訓練誤差

3.（ア）訓練誤差、（イ）学習率
4.（ア）訓練誤差、（イ）汎化誤差

《解答》4.（ア）訓練誤差、（イ）汎化誤差

解説

訓練データに対する誤差を訓練誤差と呼びます。過学習が起きている状態では、訓練誤差は十分に小さくなっているといえます。一方で、母集団に対する誤差のことを汎化誤差と呼びます（実際的にはテストデータに対する誤差を用います）。過学習とは訓練データに過剰に適合してしまい、母集団に対する適合度が低くなってしまっている状態を指します。

問題21 ☑☐☐☐ ニューラルネットワークの過学習対策として、最も適切でない選択肢を1つ選べ。

1. ドロップアウト　2. 正則化
3. バッチ正規化　4. 学習率を下げる

《解答》4. 学習率を下げる

解説

ドロップアウトはニューラルネットワークの一部のノードを無視しながら学習を行う手法で、過学習を抑える効果があります。

正則化は、極端なパラメータにペナルティを与える手法で、過学習を抑える効果があります。

バッチ正規化は、ミニバッチ単位で隠れ層ごとに正規化を行う手法で、過学習を抑える効果があります。

問題22 ☑☐☐☐ 以下の文章を読み、[　　　]に最もよく当てはまる選択肢を1つ選べ。

ドロップアウトは毎回ネットワークの経路が異なるので、[　　　]を行っているとみなすことができる。

1. アンサンブル学習　2. 蒸留
3. Encoder-Decoder　4. 転移学習

《解答》1. アンサンブル学習

解説

ドロップアウトは、ニューラルネットワークを構成するユニットを一定の確率でランダムに無効にしながら学習を進める手法です。毎回ネットワークの経路が異なるということは、

複数の学習器で多数決をとるアンサンブル学習を行っているとみなすことができます。

問題23 ✔□ □□ ドロップアウトを用いる際に設定するドロップアウト率として、最も適切な選択肢を1つ選べ。

1. ハイパーパラメータとして設定する
2. 学習で調整されるパラメータである
3. どのように設定しても結果はほとんど変わらない
4. 一般的に1％以下のきわめて小さな値を設定する

《解答》1. ハイパーパラメータとして設定する

解説

ドロップアウト率（無効にするユニットの確率）は、ハイパーパラメータとして分析者が設定します。一般的に50%程度とされることが多いです。

問題24 ✔□ □□ 過学習の状態として、最も適切な選択肢を1つ選べ。

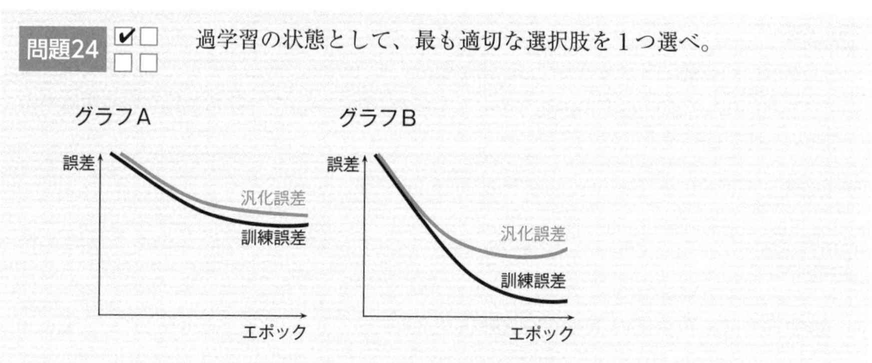

1. グラフAは、学習における訓練誤差、汎化誤差がともに高いままとなっているため過学習の状態と言える
2. グラフBは、学習の途中から汎化誤差のみ高いままとなっているため過学習の状態と言える
3. グラフAとグラフBは、どちらも過学習の状態と言える
4. グラフAとグラフBは、どちらも過学習の状態とは言えない

《解答》2. グラフBは、学習の途中から汎化誤差のみ高いままとなっているため過学習の状態と言える

解説

グラフBは、訓練データに対してのみ最適化されているため、過学習をしている状態と言えます。過学習になると、訓練誤差（訓練データに対する誤差）は下がるものの、汎化誤差（テストデータに対する誤差）は高いままとなってしまいます。

グラフAは、訓練誤差と汎化誤差の両方とも高いままですが、訓練データに対してのみ最適化されているとは言えないため、過学習をしている状態とは言えません。

問題25 ☑☐☐☐ 過学習に陥る前に学習を打ち切る手法として、最も適切な選択肢を1つ選べ。

1. early stopping（早期終了）
2. Intermediate learning（中間学習）
3. pre training（事前学習）
4. checkpoint（チェックポイント）

《解答》1. early stopping（早期終了）

解説

過学習に陥る前に学習を打ち切る手法はearly stopping（早期終了）です。チェックポイントを利用してearly stoppingを実装することがありますが、学習を打ち切る手法そのものの名前ではありません。

問題26 ☑☐☐☐ 以下の文章を読み、（ア）～（ウ）に当てはまる組み合わせの選択肢を1つ選べ。

過学習を抑える手法のひとつに正則化がある。
（ア）は不要な入力に対する重みが0になるようにはたらく。
（イ）は重みが大きくなりすぎないようにすることで滑らかなモデルをつくる。
また、（ア）と（イ）を組み合わせて特に線形回帰に適用した場合に（ウ）という。

1. （ア）L0正則化、（イ）L1正則化、（ウ）Ridge Net
2. （ア）L1正則化、（イ）L2正則化、（ウ）Ridge Net
3. （ア）L1正則化、（イ）L2正則化、（ウ）Elastic Net
4. （ア）L2正則化、（イ）L1正則化、（ウ）Elastic Net

《解答》3. （ア）L1正則化、（イ）L2正則化、（ウ）Elastic Net

解説

L1正則化は重みができるだけ0になるようにしてスパース（疎）なモデルをつくります。

L2正則化は重みが大きくなりすぎないようにすることで、モデルの複雑さが低減され過学習が抑えられます。

L1正則化を適用した線形回帰をLASSO回帰、L2正則化を適用した線形回帰をRidge回帰といい、LASSO回帰とRidge回帰を組み合わせた手法をElastic Netといいます。

問題27 ✔□ □□ 勾配消失問題が起こりやすいニューラルネットワークの特徴として、最も適切な選択肢を1つ選べ。

1. 一つの隠れ層あたりのユニット数が多い
2. 層が深い
3. 活性化関数としてReLU関数を用いている
4. 入力データの次元が小さい

《解答》2. 層が深い

解説

ニューラルネットワークでは、入力層に近づくほど誤差が小さくなる傾向があるため、層が深いネットワークでは勾配消失問題が起きやすくなります。活性化関数としてReLU関数を用いることで、勾配消失を低減することができます。 その他の選択肢は、勾配消失問題と直接の関係はありません。

問題28 ✔□ □□ 学習時のデータの渡し方の中で、データを1件ずつ渡してその都度パラメータを更新する学習方法として、最も適切な選択肢を1つ選べ。

1. ファインチューニング
2. オンライン学習
3. ミニバッチ学習
4. バッチ学習

《解答》2. オンライン学習

解説

データを1件ずつ渡してその都度パラメータを更新する学習方法はオンライン学習です。

バッチ学習はデータ全体をモデルに渡して一括でパラメータを更新する学習方法、ミニバッチ学習は分割したデータのかたまりごとにパラメータを更新する学習方法です。

ファインチューニングは、積層オートエンコーダにおいてネットワーク全体のパラメータを教師あり学習で更新する工程のことです。

問題29 ✔□ □□ 以下の文章を読み、（ア）～（イ）に当てはまる組み合わせの選択肢を1つ選べ。

ミニバッチ学習では、訓練データを（ア）ごとに分割して学習する。（ア）が決まると、訓練データ全体を学習に使うのに必要な（イ）数が決まる。（イ）を1周して学習したとき、訓練データ全体を使った1回の学習を終えたことになる。

1.（ア）バッチサイズ、（イ）イテレーション
2.（ア）バッチサイズ、（イ）エポック
3.（ア）イテレーション、（イ）バッチサイズ
4.（ア）エポック、（イ）イテレーション

《解答》1.（ア）バッチサイズ、（イ）イテレーション

解説

ミニバッチ学習では訓練データ全体から、一部のデータを決まった数だけ取り出して学習しパラメータを更新します。このとき、取り出すデータの数をバッチサイズといいます。バッチサイズが決定すると、訓練データ全体を学習に使うのに必要なイテレーション数が決定します。

なお、訓練データ全体を1周分使って学習すると、1エポック学習したということになります。

問題30 ☑☐☐☐ あるタスクのために訓練された学習済みモデルを別のタスクに適用する手法をなんというか？

1. 転移学習　　2. 回帰結合型ニューラルネットワーク
3. 教師なし学習　　4. オートエンコーダー

《解答》1. 転移学習

解説

あるタスクのために訓練した学習済みモデルを、別のタスクに適用する手法を転移学習といいます。

問題31 ☑☐☐☐ 以下の文章を読み、［　　］に最も当てはまる選択肢を1つ選べ。

学習済みモデル（教師モデル）に入力したデータと、それにより出力されたデータを訓練データとして、新しいモデル（生徒モデル）を訓練する手法を［　　］という。

1. 凝結　　2. 重複学習
3. 蒸留　　4. ファインチューニング

《解答》3. 蒸留

解説

蒸留は学習済みモデルの入力と出力を使って新たなモデルを学習する手法です。蒸留では学習済みモデルを教師モデル、新しいモデルを生徒モデルと呼びます。生徒モデルの構造をシンプルにすることで、計算リソースを削減することができます。

問題32 ✔□ □□ 学習済みモデルを基に新たなモデルを訓練する蒸留を用いることで､予測精度を保ったままよりシンプルで軽量なモデルを作成できる。シンプルなモデルでも精度を保つことができる理由として、最も適切な選択肢を１つ選べ。

1. 新たなモデルがクラス間の類似度も学習するから
2. 新たなモデルが性能のよいアルゴリズムを持つから
3. 新たなモデルが最適化された重みの初期値を持つから
4. 新たなモデルが長い時間訓練されるから

《解答》1. 新たなモデルがクラス間の類似度も学習するから

解説

学習済みモデル（教師モデル）から生成したラベルには、それぞれのクラスである確率が出力されているため、新たなモデル（生徒モデル）はクラス間の類似度も学習することができるといわれています。

問題33 ✔□ □□ データを無相関化したのちに標準化することをなんというか選択肢から選べ。

1. ノーマライゼーション
2. 正規化
3. ドロップアウト
4. 白色化

《解答》4. 白色化

解説

白色化はデータを無相関化してから標準化することを言います。白色化を行うことによってより効率的な学習が期待できます。

問題34 ✔□ □□ モデル圧縮の手法として最も適切でない選択肢を１つ選べ。

1. 蒸留　　2. プルーニング
3. early stopping　　4. 量子化

《解答》3. early stopping

解説

early stoppingは過学習する前に学習を終了する手法です。モデル圧縮は基本的に学習後のモデルの軽量化が目的ですので、適切ではありません。

画像認識、物体検出

Super Summary

CNN

ここまでは全結合ニューラルネットワークと呼ばれる基本的なニューラルネットワークを取り上げてきました。

しかし、画像認識の分野で実際に用いられ高い精度を発揮しているのは CNN と呼ばれる手法です。ここでは CNN の特徴やその利点を見ていきましょう。

ここだけは押さえておこう！

項		最重要用語	説明
1	CNNとは	**CNN（畳み込みニューラルネットワーク）**	畳み込み層・プーリング層を持つニューラルネットワーク。画像認識で高い精度を発揮することができる
		畳み込み層	入力データの位置関係を考慮して特徴を抽出する層
		移動不変性	入力データ上で、特徴を抽出すべき対象の位置がずれても同様に特徴を抽出できること
		プーリング層	入力データを縮小（ダウンサンプリング）する層。移動不変性を得ることができる。学習によるパラメータの更新は行わない
2	畳み込み層	**フィルタ（カーネル）**	画像の形状を保ったまま特徴を抽出するしくみ
		ストライド	入力データ全体にフィルタを適用していく際、フィルタをずらしていく間隔
		パディング	畳み込みを行う前に、入力データの周囲を0などで埋めること。畳み込みによる画像の縮小を防いだり、画像の端の特徴を抽出しやすくする
3	プーリング層	**maxプーリング（最大プーリング）**	入力データに対し、一定の領域ごとに最大値を選択していくことで画像の縮小を行う

		averageプーリング（平均プーリング）	入力データに対し、一定の領域ごとに平均値を算出していくことで画像の縮小を行う
4	全結合層	**特徴マップ**	畳み込み層とプーリング層を経て生成される特徴量の2次元データ。CNNでは学習によって特徴マップを作成する
		全結合層	分類や回帰を行うために、特徴マップを1次元データに変換するための層
5	代表的なCNNベースのモデル	**VGG**	ILSVRC 2014において2位を収めたモデル。畳み込み層とプーリング層を何層も重ね、最後に全結合層を重ねたもの 中間層が計16層のものをVGG-16、計19層のものをVGG-19と呼ぶ
		GoogLeNet	Inceptionモジュール やAuxiliary Loss、全結合層のかわりのGlobal Average Pooling（GAP）を特徴とするモデル
		ResNet	shortcut connectionを用いた残差ブロックを導入することで、飛躍的に層の数を増やすことに成功したモデル
		WideResNet	ResNetでの層の深さの代わりに幅に注目したモデル
		DenseNet	全ての層を結合することで重みの消失を改善したモデル
		SENet	ResNetなどのフィルタにも重みづけを施したもの
6	CNNの前身	**ネオコグニトロン**	CNNの前身。人間の視覚を司るS細胞とC細胞を元にモデルが作成された
		LeNet	CNNの前身。畳み込み層とサブサンプリング（プーリング）層があり、CNNの原型のモデル
7	データ拡張	**Cutout**	データ拡張の一つ。画像データの一部をランダムに正方形でマスクする。マスクは基本的に黒

		Random Erasing	データ拡張の一つ。画像データの一部をランダムに長方形でマスクする。マスクの濃度もランダム
		Mixup	データ拡張の一つ。2つの画像データを合成したものを学習に使用する
		CutMix	データ拡張の一つ。Cutoutのマスクの代わりに別の画像データを使用する
8	CNNを発展させたモデル	**MobileNet**	モバイル端末向けに計算量を減らしたモデル。pointwise convolutionとdepthwise convolutionを交互に行う
		Neural Architecture Search（NAS）	モデルのパラメータや構造を自動的に最適化する。GoogleのAutoMLなどで使用される。CNNに特化したNasNetや、モバイル端末向けのMnasNetなどがある
		EfficientNet	ネットワークの幅、深さ、画像の解像度を定数倍することで効率的にスケールできることを示したモデル

7.1 CNN

1 CNNとは

画像認識における入力は画像データであるが、画像データはそれぞれのピクセルが明るさの値を持った、縦横2次元のデータである。それぞれのピクセルの値が単独で意味を持つわけではなく、ピクセルどうしの位置関係によっても意味が見いだされる（局所結合構造）。

ところが、これまで取り上げてきた全結合ニューラルネットワークと呼ばれる通常のニューラルネットワークでは、入力データどうしの位置関係の意味をうまく表現できない。そこで、画像認識分野では、位置関係にもとづく特徴を表現することができるCNN（Convolutional Neural Network;畳み込みニューラルネットワーク）という手法を用いる。

CNNとは、畳み込み層やプーリング層で構成されるニューラルネットワークである。

畳み込み層とプーリング層を重ねた後に、通常のニューラルネットワークである全結合層を重ねることも多い。

CNNは1次元のデータや3次元以上のデータにも適用することができる。

ただ、代表的な用途が画像認識であり、かつ説明を単純にするため、以降は2次元の白黒の画像データに対する処理を念頭に説明する。

畳み込み層は画像を構成するピクセルデータの2次元の位置関係を考慮して、画像の特徴を抽出することができる。複数の畳み込み層でCNNを構成した場合、最初のほうの層では輪郭のような低レベルな特徴が抽出され、より後ろの層では高レベルな物体（人・物・動物など）としての特徴が抽出される。

一方、プーリング層は画像中の物体の位置のずれを吸収するとともに、特徴を強調するはたらきがある。

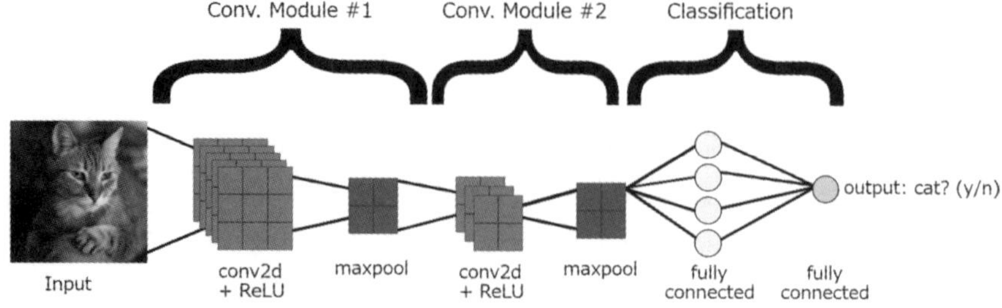

(出典：https://developers.google.com/machine-learning/practica/image-classification/convolutional-neural-networksより引用)

▶CNNは畳み込み層とプーリング層を持つ

なお、位置のずれに強いことを移動不変性と呼ぶが、プーリング層だけではなく畳み込み層の処理も移動不変性に貢献している。

畳み込み層、プーリング層については、次項から詳しく説明する。

2 畳み込み層

前述の通り、畳み込み層は画像の特徴を抽出することができる。画像の特徴を抽出するためには、画像処理におけるフィルタ（カーネルとも呼ばれる）を用いる。

入力データが縦横２次元の画像の場合、フィルタも縦横２次元のかたちに重みを並べたものである。このフィルタを画像に重ねて、重なるピクセルどうしの値を掛け、それらを足し合わせる処理を行っていく。フィルタを一定の幅（ストライド）ずつずらしながら、画像全体に対しこの積和計算を適用していくことで新たな２次元データが生成される。これが畳み込み演算である。畳み込みにより生成された２次元データを特徴マップと呼ぶ。

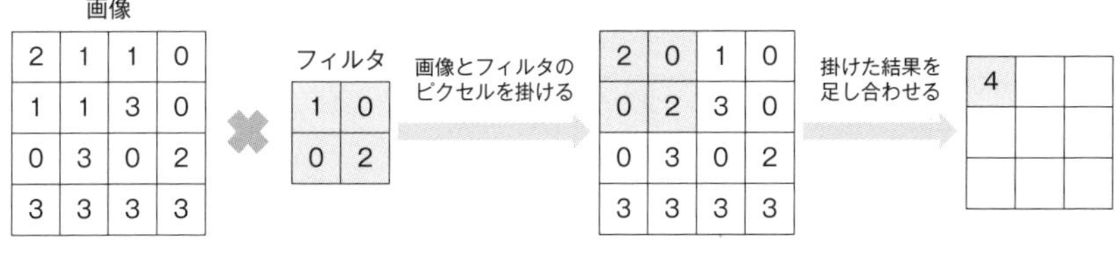

2	1	0	0
1	0	6	0
0	3	0	2
3	3	3	3

フィルタをずらして
同様の計算をする

4	7	

一連の処理を
画像全体に適用していく

特徴マップ

4	7	1
7	1	7
6	9	6

▶**畳み込み演算**

単純に畳み込み演算を行うと、出力される特徴マップは元の画像よりも小さくなる。もし、画像を縮小させたくない、もしくは縮小を緩和させたい場合はあらかじめ元画像の周囲を0で埋めるパディングを行う。下の図はそれぞれの方向に1ピクセル分だけパディングを行った様子である。

2	1	1	0
1	1	3	0
0	3	0	2
3	3	3	3

パディング

0	0	0	0	0	0
0	2	1	1	0	0
0	1	1	3	0	0
0	0	3	0	2	0
0	3	3	3	3	0
0	0	0	0	0	0

▶**パディング**

パディングは畳み込み後の特徴マップのサイズを調整できるほか、画像の端の特徴を抽出しやすいというメリットもある。

フィルタの各ピクセルの数値は学習によって更新されるパラメータ（重み）である。一方、フィルタの大きさ、フィルタの枚数、ストライド、パディング幅はハイパーパラメータとして分析者が設定する。

3 プーリング層

ひと言で述べると、プーリング層は画像を縮小（ダウンサンプリング）する処理を行う。

プーリング処理にはmaxプーリング（最大プーリング）やavarageプーリング（平均プーリング）があるが、ここではよく使われるmaxプーリングを例に説明する。

maxプーリングでは画像（特徴マップ）を、たとえば2ピクセル×2ピクセルのような一定のサイズごとに区切る。そして区切られた対象の領域ごとに、最大値を選択して2次元に並べていく。すると縮小された画像が出来上がる。

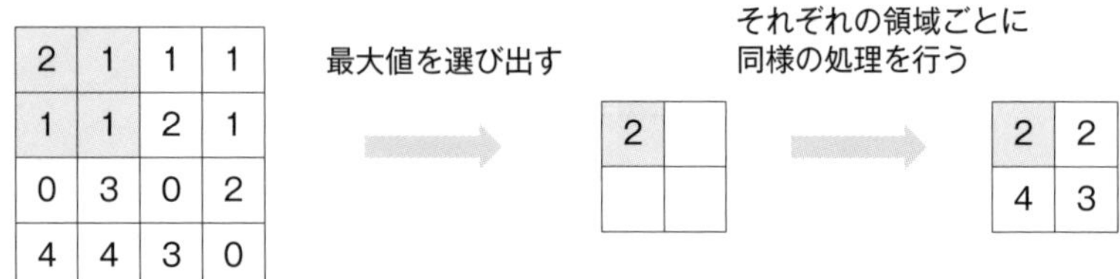

▶maxプーリング

特徴を最もよく表す値が領域中のどこにあっても関係がないため、移動不変性に貢献しているといえる。

また、対象の領域から最大値を選択することは、特徴をより強調していると見ることができる。

なお、avarageプーリングでは領域中の最大値を選択する代わりに、領域の値を平均する。

このように、プーリング層は代表値を得て画像を縮小するシンプルな処理を行う層であり、学習によって更新されるパラメータは存在しない。

4 全結合層

畳み込み層とプーリング層を経て生成される特徴量の2次元データを特徴マップと呼ぶ。畳み込みの目的はこの特徴マップを作ることにある。しかし、特徴マップのままでは分類がしづらい。そこで、従来のニューラルネットワークの形戻すために、2次元データを1次元に変換する処理を行う。これを全結合層と呼ぶ。

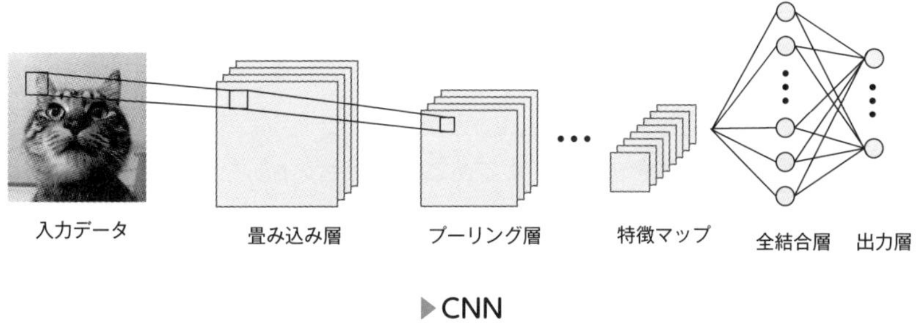

▶CNN

5 代表的なCNNベースのモデル

畳み込み層やプーリング層を組み合わせることで、さまざまな構成のモデルを作ることができる。なかでも画像認識のコンペティションであるILSVRCで高い成績を収め、実際に利用されることも多い著名なモデルをいくつか紹介する（ILSVRCについては第8章で説明する）。

1 VGG

ILSVRC 2014において2位を収めたモデルである。このとき使われたモデルは、小さなフィルタによる13層の畳み込み層と3層の全結合層により構成される。中間層が計16層であるためVGG-16と呼ばれる。2～3層の畳み込み層ごとにプーリングも行う。

畳み込み層とプーリング層を単純に何層も重ねただけであるにもかかわらず、高い予測精度を持つため、利用されることが多い。

また、16層の畳み込み層と3層の全結合層で構成されるモデルをVGG-19と呼び、こちらも利用されることが多い。

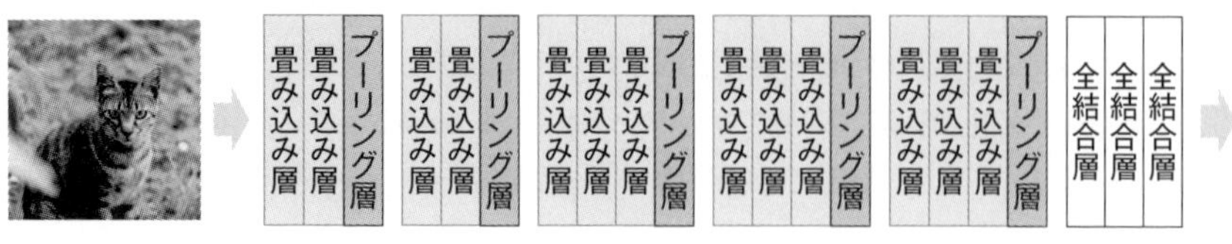

▶VGG-16

2 GoogLeNet

2014年のILSVRCで優勝したモデルであるGoogLeNetの最大の特徴はInceptionモジュールである。

Inceptionモジュールとは、異なるサイズの畳み込み層を並列に繋いだものである。Inceptionモジュールには表現力を落とさずパラメータ数を削減する効果がある。

GoogLeNetはInceptionモジュールを組み合わせることでネットワーク全体を構築する。

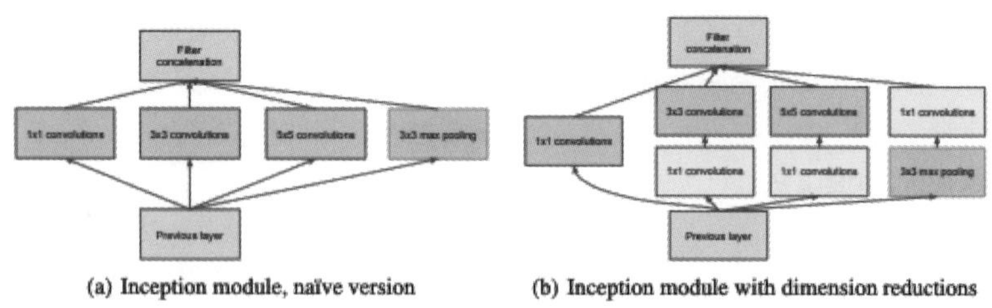

(出典：https://arxiv.org/pdf/1409.4842.pdfより引用)

▶Inceptionモジュール

また、ネットワークを中間で分岐させ分類を行い、そこからも損失のフィードバックを得るAuxiliary Lossも特筆すべき点である。Auxiliary Lossは効率よく誤差を伝えるとともに正則化としても機能する。

さらに注目すべき点として、畳み込み処理の後に全結合層を重ねるかわりに、Global Average Pooling（GAP）を導入していることも挙げられる。GAPの導入によりパラメータ数の削減し、過学習を抑制することに成功している。

GoogLeNetはさらに改良版も提案されており、Inception-v2、Inception-v3、Inception-v4、Inception-ResNetなどが存在する。

3 ResNet

前述のGoogLeNetは22層で構成されており、2014年のILSVRCの時点では非常に層が深いとされていた。しかし、2015年のILSVRC優勝モデルであるResNetの層の数は152層にものぼる。

ニューラルネットワークにおいて、層を深くすることは表現力を高めることにつながる。しかし同時に、層が深いと誤差逆伝播法で何層も遡るにつれ勾配が消失してしまう。

ResNetはshortcut connectionを用いた残差ブロックを導入することで、重みを消失させることなく、後の層へ伝えることに成功した。

右図のようにshortcut connectionは畳み込み層を重ねたものをまたぐように、入力値をそのまま伝える。畳み込み層の経路とshortcut connectionを合わせたものを残差ブロックと呼ぶ。残差ブロックによってネットワークは残差（Residual）を学習し、勾配を減衰させず手前の層に伝えることができる。

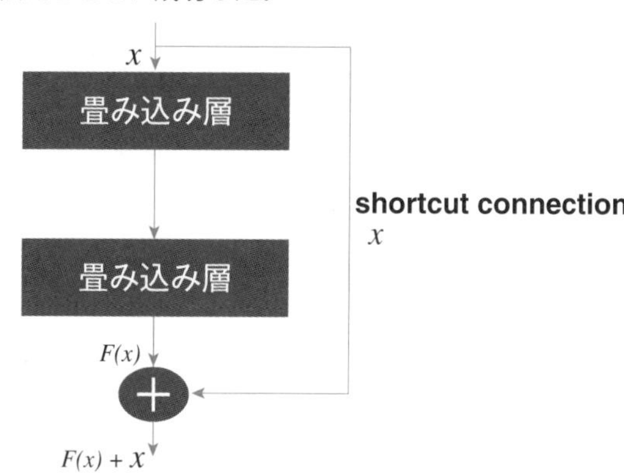

▶残差ブロック

ResNetはその後も、WideResNetやDenseNet、SENetなど広く応用された。

❑ WideResNet

層を深くする代わりに幅を広くとった（フィルタ数を増やした）もの。学習効率を

第7章 画像認識、物体検出

上げつつ精度を向上させた。

❏ DenseNet

ショートカットコネクションを一部ではなく、全ての層に対して行ったモデル。層同士が直接結合されることにより勾配消失問題を改善、よりシンプルなモデルで同レベルの精度を実現した。

❏ SENet（Squeeze and Excitation Networks）

ResNetなどのフィルタ自体に重みづけをすることで効率的に精度を上げることができた。

6 CNNの前身

CNNについて理解を深めるために、CNNが発明される前に前身となったモデルをみてみよう。CNNの前身となったモデルはネオコグニトロンだと言われている。ネオコグニトロンは人間の視覚を司る２つの神経細胞に注目している。

S細胞：画像の特徴を抽出する
C細胞：物体の位置ずれを認識する

次の図はネオコグニトロンのモデル図である。S細胞の層とC細胞の層が交互に現れており、CNNと近い形をしているのがわかる。

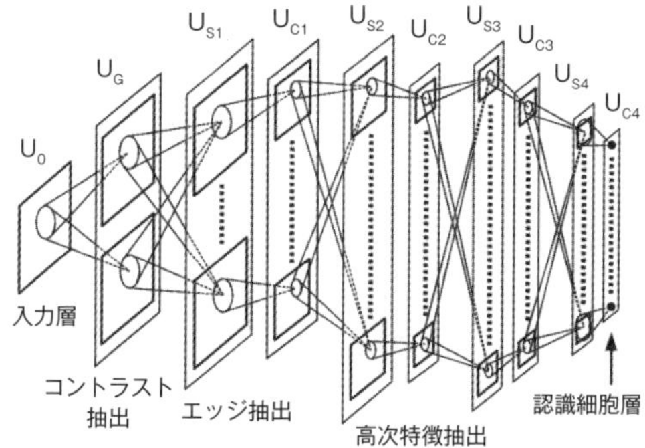

（出典：https://dbnst.nii.ac.jp/pro/detail/498　より引用）

▶ネオコグニトロンのモデル図

その後、CNNを発明したヤン・ルカンによってCNNの原型となる**LeNet**というモデルが発表された。

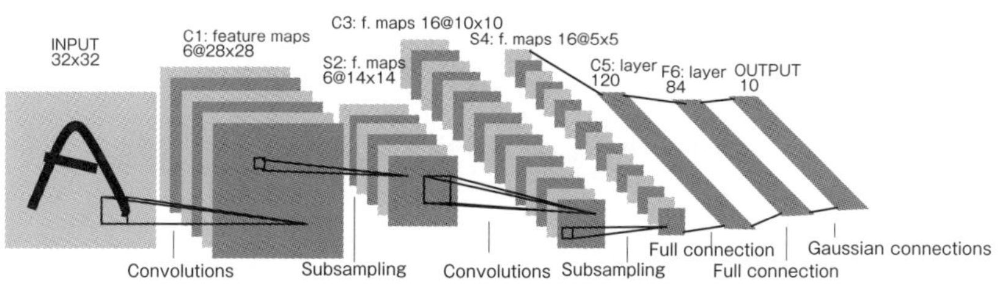

（出典：http://yann.lecun.com/exdb/publis/pdf/lecun-01a.pdfより引用）

▶LeNet

LeNetはConvolutions（畳み込み層）とSubsamping（プーリング層）を交互に組み合わせており、ネオコグニトロンからCNNへ進化する途中である様子がうかがえる。

第7章　画像認識、物体検出

7 データ拡張

CNNの理解が深まったところで、次にCNNでの学習を成功に導くデータ拡張の手法を紹介する。「データ拡張」とは学習データを加工することによって、学習データを水増しすることである。これにより、モデルの汎化性能が上がることが期待できる。「汎化性能」とは、モデルが学習データだけでなく、より多様なデータに対応できる度合いをいう。つまり、データ拡張は過学習対策になるということだ。CNNに限らず、ディープラーニングでの学習は、いかにして過学習をしないように学習するかがポイントとなる。データ拡張には基本となる画像の回転、拡大（縮小）、移動、明暗の変化などの他に、以下のような手法がある。

❏ Cutout

Cutoutは学習に用いる画像中のランダムな位置をマスクすることで、データにノイズを加える手法である。マスクは正方形、色は固定値を使用する（マスクは画像からはみ出すこともある）。

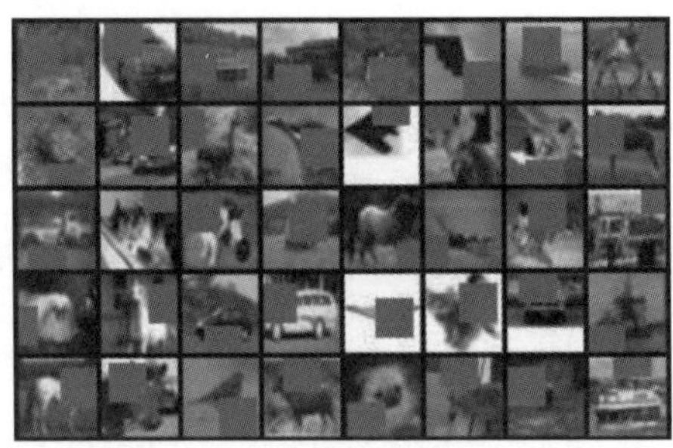

(出典：https://arxiv.org/pdf/1708.04552.pdfより引用)

▶Cutout

マスクを加えることによって、物体が遮蔽物によって隠れていたり、見切れていたりする場合にも、正確に推論することができるようになる。これにより、画像を隠してしまうようなノイズに対して**ロバスト（頑健）**になる。

❏ Random Erasing

Random ErasingはCutoutとよく似た手法で、画像のランダムな位置をマスクする。Cutoutと異なるのは、マスクのサイズと色がランダムであることである。

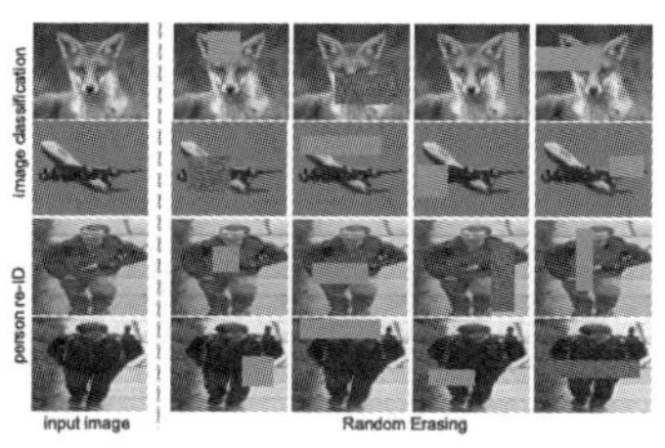

（出典：https://arxiv.org/pdf/1708.04896.pdfより引用）

▶Random Erasing

狙いはCutoutと同様でノイズに対してロバストになることを目的としている。

❏ Mixup

Mixupは二つの画像を重ね合わせて新しい画像を作り出す手法である。画像を合成することでどのようなことが起こるだろうか。下図はMixupを使用しなかった場合と使用した場合の分類の結果を示している。

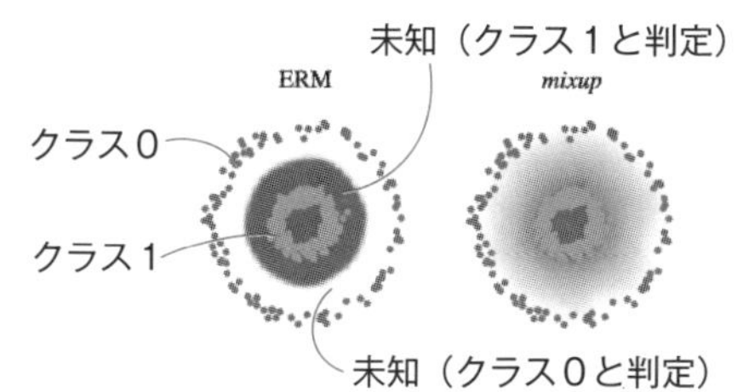

（出典：https://arxiv.org/pdf/1710.09412.pdfより引用）

▶Mixup

上図左のグラフはMixupを使用しなかった場合のグラフである。外側を輪のように囲んでいるデータがクラス０、内側のドーナツ型のデータがクラス１として、２種類のデータを分類した結果を表しているグラフである。クラス１のドーナツの内側と外側の色のついた部分は未知のデータで、色が濃いほどクラス１である確率が高いと判定している。上図右のグラフは同じモデルでMixupを使用した結果である。左のグラフでは未知のデータをはっきりとどちらかに分類していたのに対して、Mixupでは明確な分類はせず、曖昧に判定している。どちらともいえないデータは「どちらともいえない」という判定ができるようになったということである。

❏ CutMix

CutMixは名前の通り、Cutoutの考え方とMixupの考え方を合わせた手法だ。次の図の一番右側の画像のように、異なる画像をノイズとしてマスクする。

	ResNet-50	Mixup[48]	Cutout[3]	CutMix
Image				
Label	Dog 1.0	Dog 0.5 Cat 0.5	Dog 1.0	Dog 0.6 Cat 0.4
ImageNet Cls (%)	76.3 (+0.0)	77.4 (+1.1)	77.1 (+0.8)	78.6 (+2.3)
ImageNet Loc (%)	46.3 (+0.0)	45.8 (-0.5)	46.7 (+0.4)	47.3 (+1.0)
Pascal VOC Det (mAP)	75.6 (+0.0)	73.9 (-1.7)	75.1 (-0.5)	76.7 (+1.1)

(出典：https://arxiv.org/pdf/1905.04899.pdfより引用)

▶CutMix

これにより、より高いロバスト性を獲得することが可能となった。

これまで紹介してきたようにデータ拡張はシンプルながら、高い効果が期待できることが多く、一つでも多く知っておくと学習の役に立つだろう。

8 CNNを発展させたモデル

近年CNNの発展は目覚ましい進歩を続けており、新しいモデルが発表されたと思ったら、1年後にはより精度の高いモデルが発表されているなんてことがよくある。ここではその中でも特に注目を集めたいくつかのモデルを紹介する。

❏ MobileNet

MobileNetはCNNをスマートフォンなどの計算能力の低いモバイル端末でも学習が行えるように計算量を減らす工夫を施されたものである。空間方向の畳み込みであるPointwise Convolutionとチャンネル（フィルター）方向の畳み込みであるDepthwise Convolutionを分けて行うDepthwise Separable Convolutionという手法を取る。

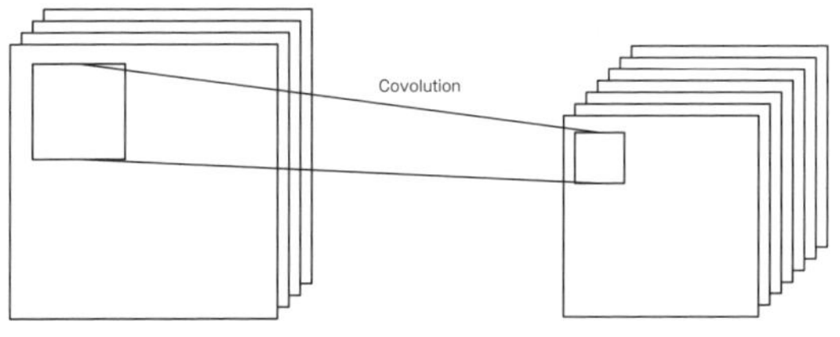

▶従来のCNN

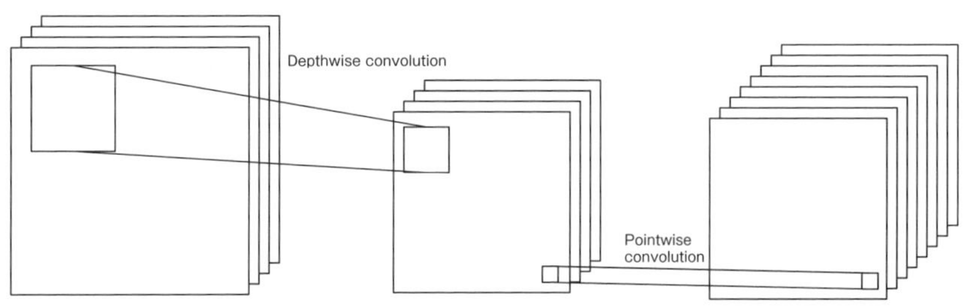

▶Depthwise Separable Convolution

❏ Neural Architecture Search

Neural Architecture Search (NAS) はニューラルネットワークの構成やパラメータを自動で最適化する仕組みである。CNN以外でも利用される。次の図はNASの概略図である。

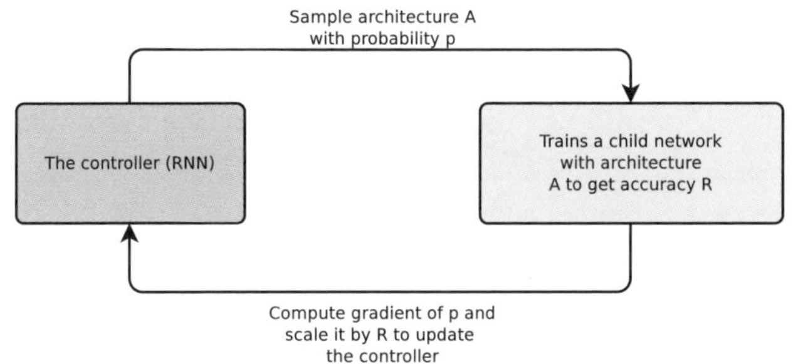

(出典：https://arxiv.org/pdf/1611.01578.pdfより引用)

▶Neural Architecture Search

前図右側の四角が調整したいモデルを表しており、前図左側の四角が調整を行うモデルである。Controller RNN（左）がChild Network（右）のハイパーパラメータを設定し、ChlidNetworkが学習する。その後、ChildNetworkの正答率を元にController RNNがパラメータを更新すると言う手法を取る。NASはGoogleが提供するクラウドAIサービス、AutoMLにも利用されている。

他にもよりCNNに適応したNasNetや、モバイル端末にも対応したMnasNetなどがある。

❏ EfficientNet

EfficientNetはモデルのスケールをする際に、モデルの幅（1層のニューロンの数）、深さ（層の数）、画像の解像度を定数倍することで効率よくスケールできることを示したモデルである。倍率は元のモデルをグリッドサーチすることで算出できる。次の図はEfficientNetの正答率の遷移を表している。

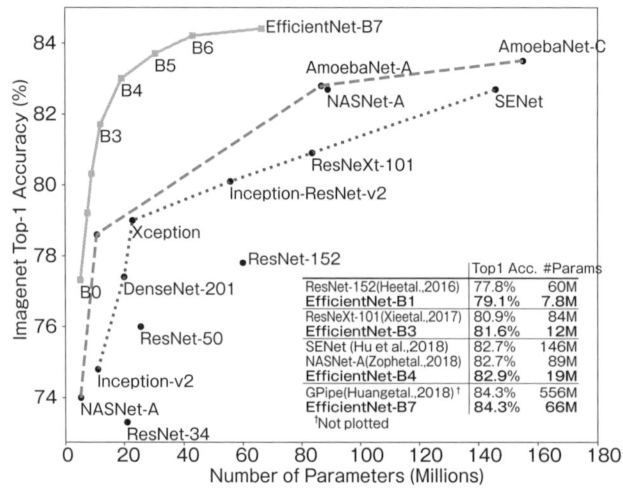

（出典：https://arxiv.org/pdf/1905.11946.pdfより引用）

▶**EfficientNetの正答率**

上図の左上の実線のグラフがEfficientNetを表している。縦軸に正答率、横軸にパラメータ数を取っており、パラメータが増えても（スケールしても）効率的に正答率が上がっていることがわかる。

Super Summary

一般物体検出

ここでは、ディープラーニングを使った画像認識について学んでいきましょう。

画像認識からスタートしたディープラーニングですが、今もその研究は活発に行われています。発展を続ける画像認識技術やモデルを知ることは、もはや必要不可欠といってよいでしょう。

ここだけは押さえておこう！

セクション	最重要用語	説明
7.2 一般物体検出	ILSVRC	国際的な画像認識コンテスト
	AlexNet	ILSVRCで初めてディープラーニングを用いて優勝したモデル
	ImageNet	一般画像認識用に用いられる共有データセット
	R-CNN	四角形の領域を切り出して物体認識をするネットワーク
	バウンディングボックス	物体を特定する際に用いられる短形領域のこと
	セマンティックセグメンテーション	ピクセル単位で物体領域を特定する手法
	インスタンスセグメンテーション	物体ごとにラベルを付与する
	パノプティックセグメンテーション	物体とピクセルごとにラベルを付与する
	FCN（Fully Convolutional Network）	セマンティックセグメンテーションを作成するためのモデル。全結合層を使用せずに画像データを出力する
	YOLO	CNNから発展したモデルの一つで、グリッド分割とバウンディングボックスにより、高速に物体認識をする

7.2 一般物体検出

1 ILSVRC

2012年、画像認識の精度を競い合う国際的コンテスト「ILSVRC（Imagenet Large Scale Visual Recognition Challenge)」で、従来手法のサポートベクトルマシン（SVM）に代わってディープラーニングによって生成されたモデルが初めて優勝した。それがトロント大学が生成したAlexNet（アレックスネット）というモデルである。

ILSVRCでは、コンピュータが大量の画像データを用いて学習し、その学習成果をテストデータを使って測定する。テストで与えられた画像が何なのかをコンピュータが推論し、認識精度の高さを競い合う。ここで用いる評価指標は、正解率の高さではなくエラー率（誤認識率）の低さであり、AlexNetは過去に優勝したモデルのエラー率を10%近く下回るという圧倒的な記録を出した。これを皮切りにディープラーニングという技術が注目されるようになった。

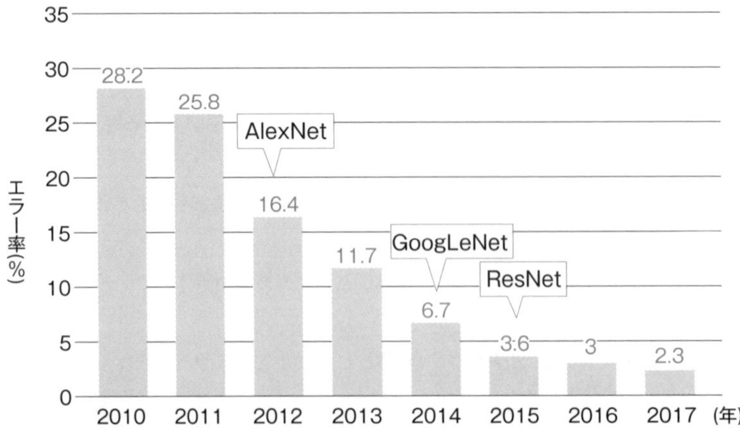

▶画像認識コンテスト（ILSVRC）における各年度優勝チームのエラー率の変遷

ここでILSVRCで使用された画像とAlexNetの出力結果の一部を見てみる。

まずは、AlexNetの予測が正解した例を確認してみよう。

AlexNetの予測と実際の正解が一致していることから正確に認識できていることがわかる。

画像の正解
・ヒョウ（leopard）

AlexNetは5つの候補値のうち、ヒョウ（leopard）が正解である可能性が一番高いという結果を出している。

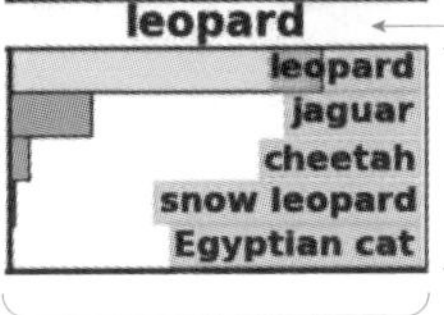

AlexNetが出した予測の候補値
・ヒョウ（leopard）
・ジャガー（jaguar）
・チーター（cheetah）
・雪ヒョウ（snow leopard）
・エジプトネコ（Egyptian cat）

各予測値に対する可能性（横棒グラフ）

▶AlexNetによるヒョウの画像に対する予測結果（正解例）

続いて次の図を確認してみよう。

AlexNetの予測と実際の正解が一致していないことから正確に認識できていない！

画像の正解
・サクランボ（cherry）

AlexNetは5つの候補値のうち、ダルメシアン（dalmatian）が正解である可能性が一番高いという結果を出している。

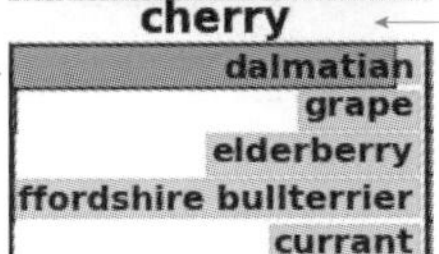

①AlexNetが出した予測の候補値
・ダルメシアン（dalmatian）
・ブドウ（grape）
・エルダーチェリー（elderberry）
・ブルテリア（ffordshire bullterrier）
・干しブドウ（currant）

▶AlexNetによるヒョウの画像に対する予測結果（正解例）

実際に画像を見てみると、画像の上半分にはダルメシアンが写っており、画像の下半分にはチェリーが写っている。

AlexNetのようにダルメシアンと答えたとしても間違いではないように思えるが、ILSVRCでは評価の一貫性と公平性を確保するために、各画像に対して正解が付与されており、その正解に一致する答でなければ誤判定だというルールで評価をしている。

このことからILSVRCは単なる画像分類の精度を測るものではなく、一般物体認識（画像の中に含まれる物体を一般的な名称で認識すること）の精度を測るものであるといえる。

AlexNetの事例から画像認識の研究は一般物体認識の研究へと発展し、次項で紹介するR-CNNというネットワークに繋がっていく。

2 一般物体認識

一般物体認識では、大きく２つのタスクがある。

1．画像の中のある領域（範囲）が背景なのか物体なのか（物体検出タスク）
2．もし物体であるならば何の物体なのか（物体認識タスク）

1 R-CNN

物体検出タスクにおいて、ある物体の領域を特定する方法としてバウンディングボックス（Bounding Box）を用いた手法と、セマンティックセグメンテーション（Semantic Segmentation）を用いた手法がある。

バウンディングボックスは、矩形単位に領域を切り出して物体を特定する。

（出典：YOLO論文より）

注釈：関心領域の切り出しに使用する矩形領域（長方形）は、４点の座標によって表現することになる。すなわち４つの座標を予測する回帰問題とみなすことができる。矩形の座標を回帰することで領域のズレを補正することができる。

▶バウンディングボックスによる物体検出

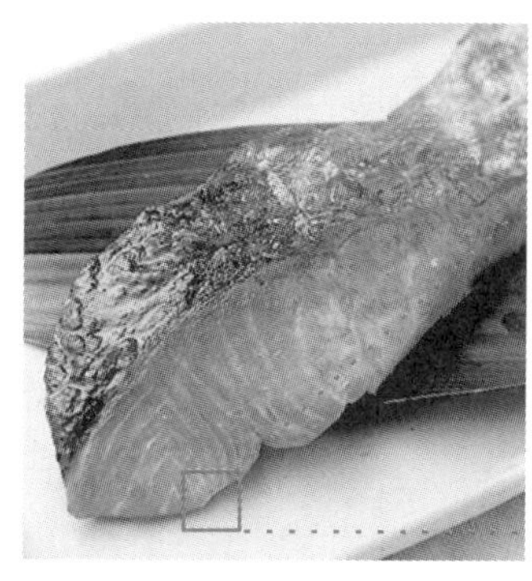

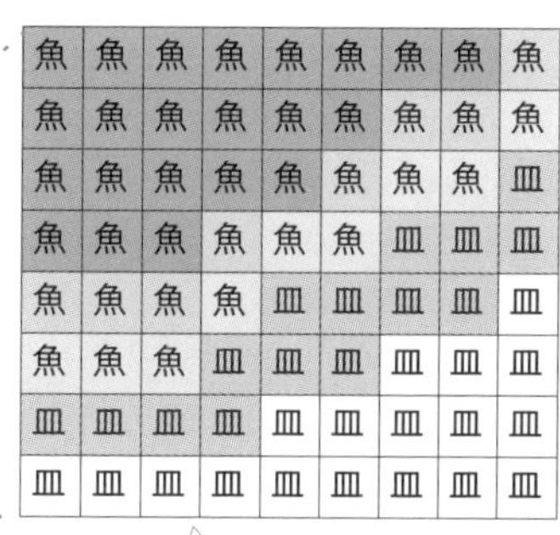

セマンティックセグメンテーションは、**ピクセル単位**で物体の領域を特定する。

▶**セマンティックセグメンテーションによる物体検出**

また、セマンティックセグメンテーションの他に、インスタンスセグメンテーション、パノプティックセグメンテーションなどの手法も考案された。次の図はそれぞれの違いを表した図である。

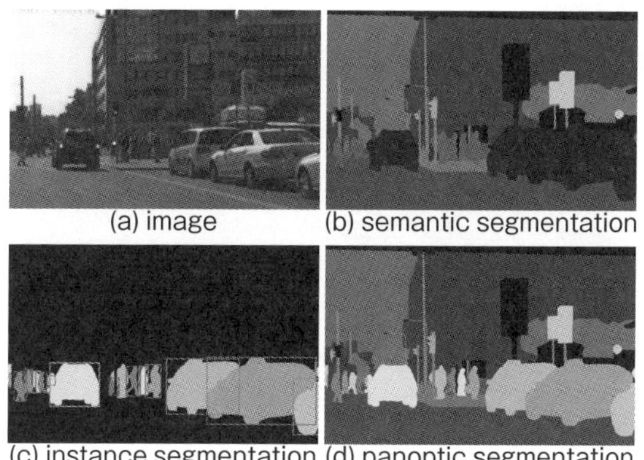

(出典：https://arxiv.org/pdf/1801.00868.pdfより引用)

▶**セグメンテーション手法の違い**

(b) がセマンティックセグメンテーションを表しており、ピクセル単位でクラスラベルを付与している。(c) はインスタンスセグメンテーションを表しており、物体ごとにクラスラベルを割り振っており（b）と比較すると重なっていても分類するようになっていることがわかる。物体として検出できないものは黒く塗りつぶされている。（d）のパノプティックセグメンテーションはセマンティックセグメンテーションとインスタンスセグメンテーションを組み合わせたもので、ピクセル単位でクラスを分類しつつ、オブジェクトにもクラスラベルを付与する。

セマンティックセグメンテーションを作成するために初めて使用されたモデルがFCN（Fully Convolutional Network）である。従来のCNNでは畳み込み層やプーリング層を経た後、全結合層を通して１次元のデータに変換される。FCNでは全結合層は使用せずに、元の画像サイズまで戻すことでピクセル単位のクラス分類を学習する。

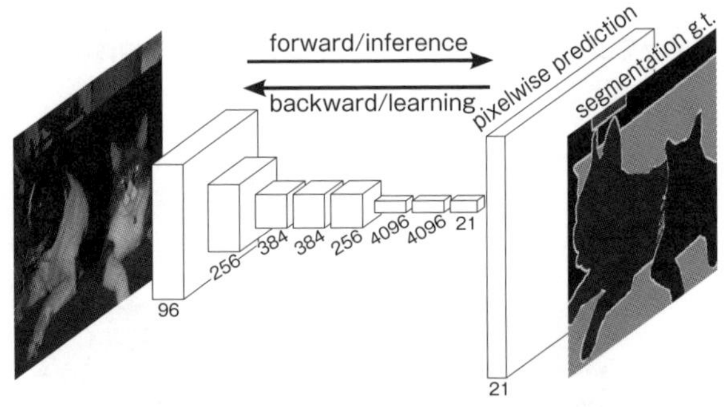

（出典：https://arxiv.org/pdf/1411.4038.pdfより引用）

▶Fully Convolutional Network

その後、より精度の高いセマンティックセグメンテーションを求めて様々な派生モデルが考案された。SegNetはFCNにEncoder-Decoderの構造を取り入れてより高い精度でセマンティックセグメンテーションを作成している。

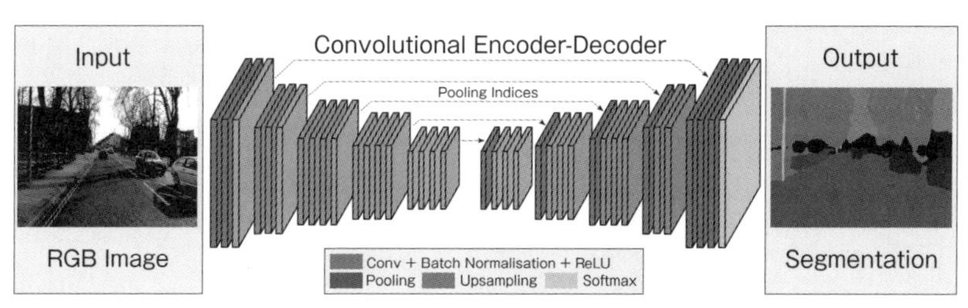

（出典：https://arxiv.org/pdf/1511.00561.pdfより引用）

▶SegNet

上図からわかるように、画像の特徴を抜き出す作業（抽象化：Encode）と特徴から画像を復元する作業（Decode）を、どちらも畳み込み（＋逆畳み込み）によって行っている。また、Encodeする際にプーリング層が多すぎると画像が小さくなり情報が失われ、Decodeできない問題が生じた。そのため、SegNetではDilated（Atrous）Convolutionと呼ばれる畳み込みを採用した。Dilated Convolutionは、隙間の空いたフィルターで畳み込みをすることで、プーリング層を挟まずに広範囲の情報を抽象化することを可能にしたものである。

2	0	1
8	3	5
1	2	0

Dilation late = 1

→

2		0		1
8		3		5
1		2		0

Dilation late = 2

▶Dilated（Atrous）Convolution

また、U-NetもFCNからの派生でセマンティックセグメンテーションを作成するためのモデルである。U-Netでは、Encoder-Decoderに加え、Encode前の情報をDecode時に参照する仕組みになっている。

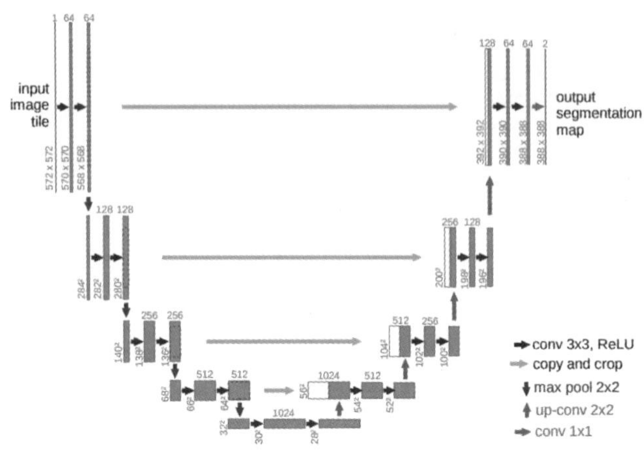

(出典：https://arxiv.org/pdf/1505.04597.pdfより引用)

▶U-Net

PSPNet（Pyramid Scene Parsing Network）も同様にセマンティックセグメンテーションを作成するモデルである。プーリングの際、複数サイズのプーリングを並列に行う（Pyramid Pooling）ことで、より広範囲の情報も含めて抽象化できるようにしたモデルである。

Googleが開発したセマンティックセグメンテーションのモデルであるDeepLabはこれらの技術を応用して作られている。

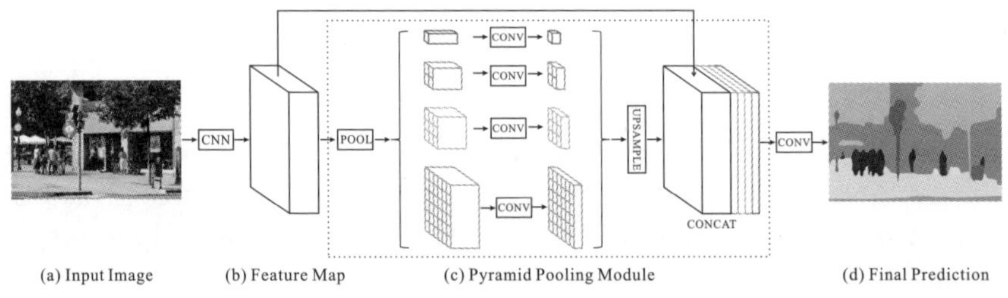

(出典：https://arxiv.org/pdf/1612.01105.pdfより引用)

▶PSPNet

例えば、小さなモーターボートと車は１方向から見ると見分けがつきにくいこともあるが、仮に海上にあれば、車と見間違える人は少ないだろう。このように周りの情報も判断材料にすべく、プーリングの範囲を広げて抽象化を行うのがPSPNetである。

物体検出タスクと物体認識タスクをこなして一般物体認識をするアルゴリズムの原形とも言えるものにR-CNN（Regional CNN）というネットワークがある。

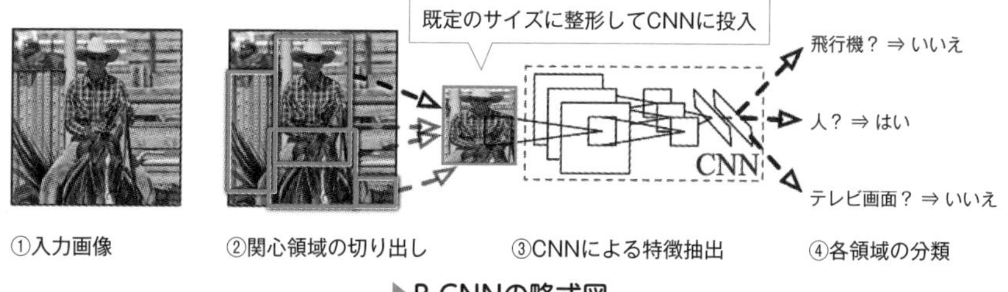

▶R-CNNの略式図

R-CNNは、まず画像の中の「どこ」、すなわち関心領域（Region of Interest：ROI）の切り出しをする。関心領域の切り出しにはCNNを用いた手法もあるが、R-CNNではCNNを用いずに物体の存在する範囲を予測しながら関心領域を探し出し、バウンディングボックスとして切り出している。すなわち、矩形領域ごとに画像の中を探索するのである。

こうして関心領域の切り出しをした後は、領域ごとに個別にCNNを呼び出して画像認識をすることで何の物体なのかを特定する。

2 一般物体認識手法の発展

R-CNNは、関心領域の切り出しとCNNによる物体認識の２段階のモデルであり、関心領域の個数だけCNNによる計算をしていたため処理に時間がかかっていた。

R-CNNを高速化する研究が進められ、改良されたモデルが高速RCNN（fast RCNN）である。

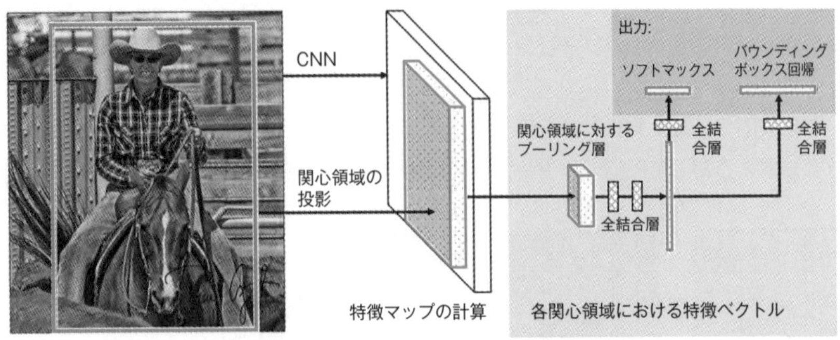

(出典：R.Girshick. Fast R-CNN. arXiv:1504.08083, 2015, https://arxiv.org/abs/1504.08083より)

▶高速R-CNNの略式図

高速RCNNでは、画像全体に対して一度だけCNNを適用し、その後で各関心領域の特徴を取り出すことで物体認識をする構造となっている。これによりCNNの計算量を大幅に削減することができ、従来のR-CNNより大幅な高速化を実現することができるようになった。

高速RCNNは、その後さらに改良されてfaster RCNNも提案された。これらのモデルによって関心領域の切り出しとCNNによる物体認識がほぼ同時にできるようになっていった。

また、物体検出後にセマンティックセグメンテーションを実施するMask RCNNというモデルも考案された。バウンディングボックスの内側のみセマンティックセグメンテーションを適用するので効率良くセグメンテーションを行うことができた。

(出典：https://arxiv.org/pdf/1703. 06870.pdfより)

▶Mask RCNN

faster RCNNも万能ではなかった。検出したい物体が小さいと精度が低くなってしまうのだ。この課題を解決したものにFPN（Feature Pyramid Network）などがある。次の図はFPNのモデル図である。

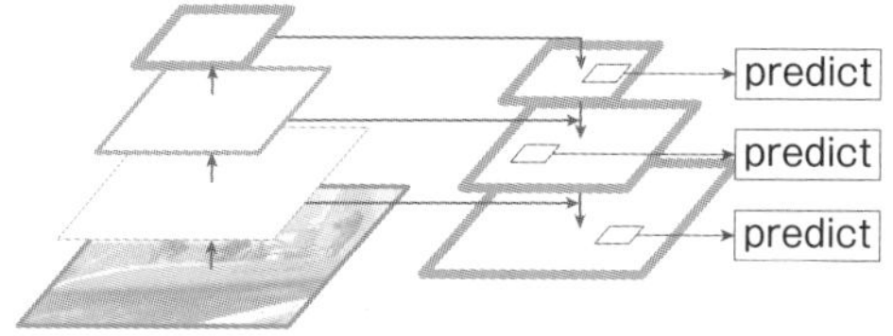

（出典：https://arxiv.org/pdf/1612.03144.pdfより引用）

▶Feature Pyramid Network

画像から畳み込みによって得られる特徴マップをスケールアップし、それぞれに対して推論を行うことで、小さい物体であっても検出精度を高めることに成功した。

また、更なる発展形としてYOLO（You Only Look Once）やSSD（Single Shot Detector）といったモデルが提唱された。いずれも領域の切り出しと物体認識を同時に行うCNNである。

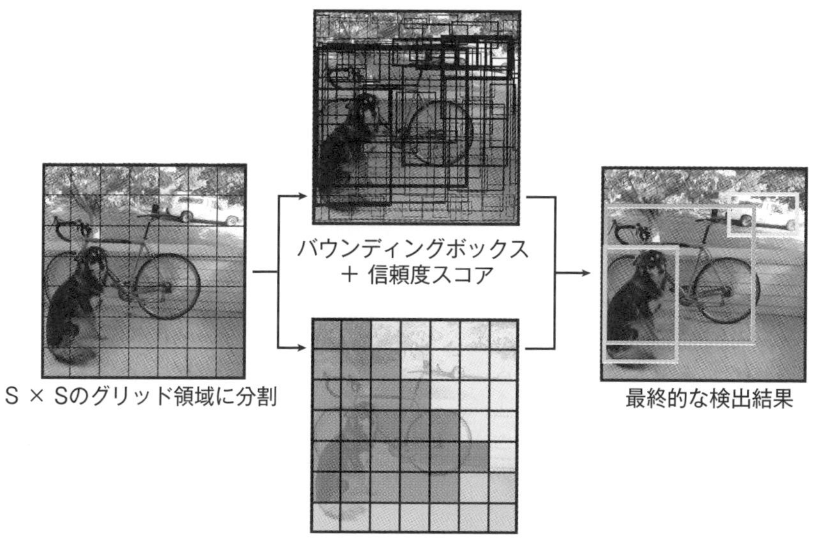

（出典：YOLO, CVPRレポート, https://www.cv-foundation.org/openaccess/content_cvpr_2016/papers/Redmon_You_Only_Look_CVPR_2016_paper.pdfより）

▶YOLOによる物体検出の仕組み

YOLOの特徴は、**画像全体をグリッド領域に分割し、それぞれのセルに数個のバウンディングボックスが保持されている**ことにある。バウンディングボックスの保持と同時に、「物体か、背景か」の確率を表す信頼度スコアの算出やカテゴリー分けがされ、これらの情報を組み合わせて物体認識をする仕組みとなっている。これにより一般物体認識の精度と処理速度が飛躍的に向上した。

SSDの特徴は、マルチスケールの特徴マップを対象に検出することである。次の図はSSD（上図）とYOLO（下図）のモデルの比較であるが、SSDの方は複数の特徴マップから分類をしていることがわかる。

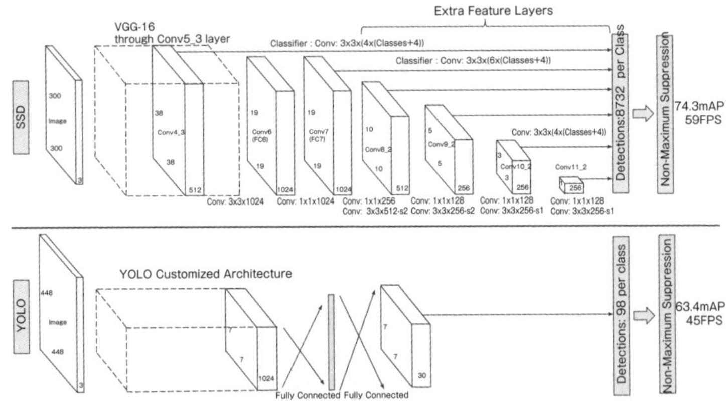

（出典：https://arxiv.org/pdf/1512.02325.pdfより引用）

▶**SSDとYOLOの比較**

特徴マップはそれぞれサイズが違うため、比較的小さい物体も検出することが可能だ。またそのことから、入力画像を小さくできるため、高速に検出できることもSSDの強みである。

物体検出を応用したモデルとして、OpenPoseなどがある。OpenPoseは動画の中からリアルタイムに人を検出し、人の軸を抜き出すことができる。

（出典：https://arxiv.org/pdf/1812.08008.pdfより引用）

▶OpenPose

3 XAI (Explainable AI)

XAIとは、Expalinable（説明可能な、解釈可能な）AIのことをいう。ディープラーニングは判断の根拠がブラックボックスであるが故に「何故その答になるのか」という問に答えられなかった。XAIは、AIの判断基準を可視化することを目的としたものである。代表的な手法にCAM（Class Activation Map）がある。

CAMはニューラルネットワークの重みからクラス分類に寄与した入力をハイライトする。

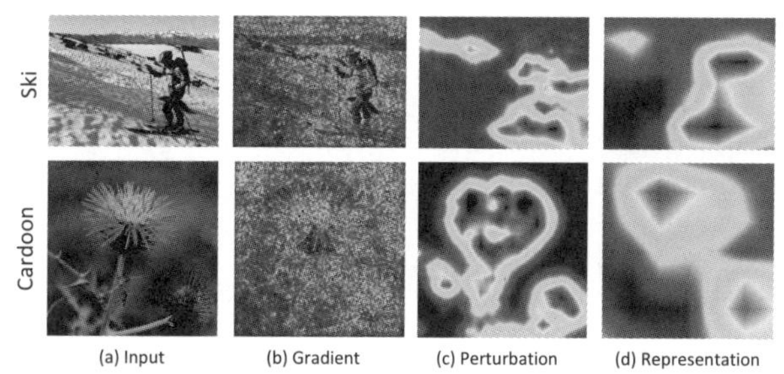

（出典：https://arxiv.org/pdf/1808.00033.pdfより引用）

▶CAM

CAMは畳み込みによって得られる最終的な特徴マップと全結合層の重みから画像のどのあたりがクラス分類をするために重要なのかという情報を抜き出している。

また、CAMを応用してバックプロパゲーションで得られた勾配から重要エリアをハイライトするGrad-CAMという手法が開発された。これにより、より多くのモデルで判断根拠を説明できるようになった。

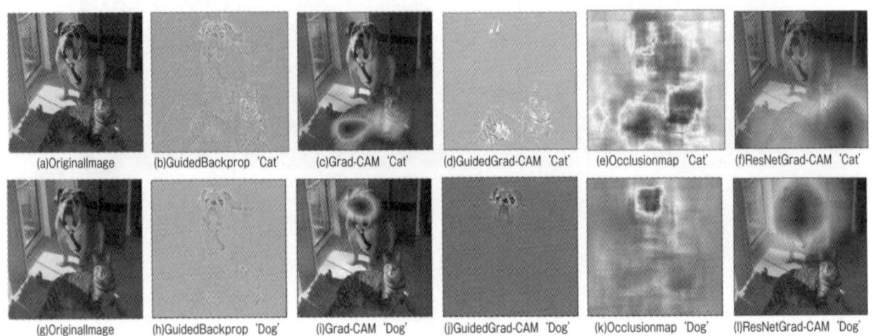

(出典：https://arxiv.org/pdf/1610.02391.pdfより引用)

▶GradCAM

上図にあるGuided Grad-CAMはGrad-CAMにガイド付きバックプロパゲーションを使用し、ディティールを強調するようにしたものだ。

XAIの需要は高く、画像認識以外の分野でも広がりを見せている。SHAP（SHapley Additive exPlanations）は、入力データそれぞれが推論に対してどのような影響を与えたかを出力する。

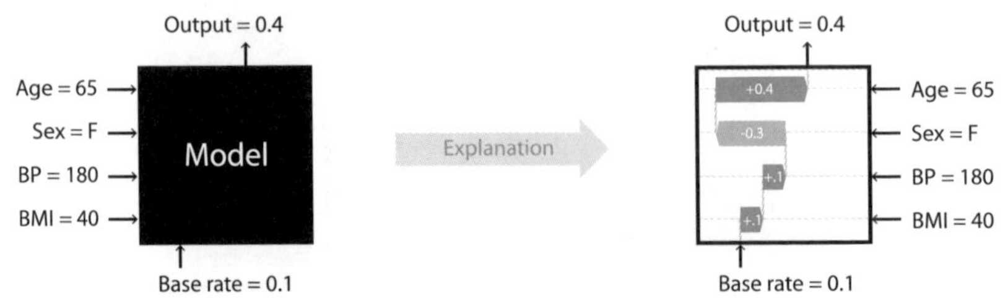

(出典：https://github.com/slundberg/shapより引用)

▶SHAP

LIME（short for local interpretable model-agnostic explanations）は分類問題において、入力データそれぞれが推論に対してどのような影響を与えたかを出力する。

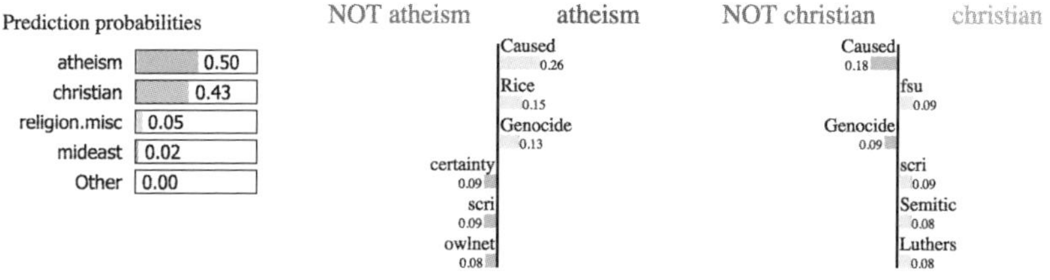

（出典：https://github.com/marcotcr/limeより引用）

▶LIME

AIの透明性が重要視される昨今、XAIの需要は今後も上がっていくことが予想される。

問題演習

問題1 ✔□ □□ 以下の文章を読み、（ア）～（イ）に当てはまる組み合わせの選択肢を1つ選べ。

画像認識でよく使われるCNNは、畳み込み層と（ア）を持つニューラルネットワークである。畳み込み層ではフィルタによる処理を行い、画像の特徴を抽出した（イ）を得る。（ア）では、畳み込み層で得た（イ）を縮小することで、対象物の位置のズレに対し頑健にすることができる。

1.（ア）チューニング層、（イ）ヒートマップ
2.（ア）チューニング層、（イ）特徴マップ
3.（ア）プーリング層、（イ）ヒートマップ
4.（ア）プーリング層、（イ）特徴マップ

《解答》4.（ア）プーリング層、（イ）特徴マップ

解説

CNNは、画像から特徴を抽出する畳み込み層と特徴を残しつつ画像を縮小するプーリング層の２種類の層で構成されます。畳み込み処理によって得た新たな二次元データを特徴マップといいます。プーリング層で特徴マップを縮小することで、次元削減や移動不変性の獲得に貢献します。

問題2 ✔□ □□ CNNの畳み込み層において、フィルタを適用する前に入力データの周囲を0などで埋めてサイズを広げる処理として、最も適切な選択肢を１つ選べ。

1. マージ　　2. パディング
3. エクステンション　　4. ストライド

《解答》2. パディング

解説

CNNの畳み込み層では、入力データにフィルタ（カーネル）を重ね積和計算を行います。畳み込み処理における入力データの周囲を0などで埋めることをパディングといいます。パディングにより畳み込み後の特徴マップのサイズを調整できるほか、画像の端の特徴を抽出しやすくなるというメリットがあります。

なお、ストライドはフィルタをずらす幅のことです。

問題3 ☑☐☐☐ GoogLeNetに関する説明として、最も不適切な選択肢を1つ選べ。

1. Inceptionモジュールにより畳み込み層を並列に構成する
2. Inception-v2やInception-ResNetといった改良版が提案されている
3. 福島邦彦が開発したモデルである
4. Global Average Poolingが過学習の抑制に寄与している

《解答》3. 福島邦彦が開発したモデルである

解説

福島邦彦は、CNNの前身のモデルであるネオコグニトロンを提唱した人であり、GoogLeNetを開発した人物ではありません。

GoogLeNetが採用している特徴的な仕組みとして、Inceptionモジュール、Global Average Pooling（GAP）、Auxiliary Lossが挙げられます。

問題4 ☑☐☐☐ 以下の文章を読み、［　　　］に最もよく当てはまる選択肢を1つ選べ。

ResNetは、畳み込み層と［　　　］を組み合わせた残差ブロックを導入したことで、飛躍的に層の深いネットワークを構築することができるようになった。

1. shortcut connection　2. Inceptionモジュール
3. Attention　4. 再帰構造

《解答》1. shortcut connection

解説

残差ブロックにおいて、shortcut connectionは畳み込み層をまたいで入力の値をそのまま伝えます。ResNetでは残差を学習することで、層が深いネットワークでも効率よく学習を進めることができます。なお、層を深くした分だけ学習にかかる時間は長くなります。

問題5 ☑☐☐☐ CNNの前身となったモデルで、人間の視覚の2つの神経細胞に注目したモデルをなんというか。

1. DenseNet　2. VisionAI
3. ネオコグニトロン　4. ロバスト

《解答》3. ネオコグニトロン

解説

ネオコグニトロンは人間の視覚を司る2つの神経細胞、S細胞とC細胞に注目したモデルです。

問題6 ☑☐☐☐ データ拡張の方法として不適切なものを選択肢から選べ。

1. Cutout　2. 回転　3. 移動　4. 量子化

《解答》4. 量子化

解説

量子化はAIの文脈ではモデル圧縮の手法を指すことが多く、データ拡張の手法ではないので不適切です。移動や回転は画像を並行移動させたり、中心点を軸に回転させたりすることで、データを増やす手法です。

問題7 ☑☐☐☐ CNNを発展させたモデルとして不適切なものを選択肢から選べ。

1. LeNet　2. MobileNet
3. NasNet　4. EfficientNet

《解答》1. LeNet

解説

LeNetはCNNの前身となったモデルです。

問題8 ☑☐☐☐ 画像の物体ごとにのみクラス分類を行うセグメンテーションの手法として適切なものを選択肢から選べ。

1. パノプティックセグメンテーション
2. オブジェクトセグメンテーション
3. セマンティックセグメンテーション
4. インスタンスセグメンテーション

《解答》4. インスタンスセグメンテーション

解説

1. は物体ごと、ピクセルごとに行います。2. は存在しません。3. はピクセルごとにのみ行います。

問題9 ☑☐☐☐ XAI（Explainable AI）のモデルとして不適切なものを選択肢から選べ。

1. LIME　2. SHAP　3. GradCAM　4. SSD

《解答》4. SSD

解説

SSDは物体検出手法の一つで解釈根拠を説明する機能は持ちません。

問題10 ☑☐☐☐ モデルのパラメータや構造を自動的に最適化するモデルとして適切なものを選択肢から選べ。

1. NAS　2. SENet　3. CNN　4. CutMix

《解答》1. NAS

解説

Neural Architecture Search（NAS）はモデルのパラメータや構造を最適化する機構を持っています。NASを応用したモデルにNasNetやMnasNetなどがあります。

問題11 ☑☐☐☐ shortcut connectionを全ての層に対して適用したモデルを何と呼ぶか選択肢から選べ。

1. WideResNet　2. SENet　3. DenseNet　4. LeNet

《解答》3. DenseNet

解説

DenseNetはshortcut connectionを全ての層に対して適用したモデルです。従来のResNetよりも勾配消失問題を改善しました。

問題12 ☑☐☐☐ MobileNetについて説明した文章の空欄に当てはまるものを選択肢から選べ。

MobileNetは空間方向の畳み込みである（a）と、チャンネル方向の畳み込みである（b）を分けて行うことで計算量を減らしている。

1. (a) Pointwise Convolution　(b) Depthwise Convolution
2. (a) Depthwise Convolution　(b) Pointwise Convolution
3. (a) Separable Convolution　(b) Simple Convolution
4. (a) Simple Convolution　(b) SeparableConvolution

《解答》2. (a) Depthwise Convolution　(b) Pointwise Convolution

解説

空間方向の畳み込みをDepthwise Convolution、チャンネル方向の畳み込みをPointwise Convolutionと呼びます。通常の畳み込み処理ではこの二つは同時に行われますが、計算量を減らすために分けて行う畳み込み手法を、Depthwise Separable Convolutionと呼びます。

問題13 ☑☐☐☐ SegNetで利用される隙間の空いたフィルタで畳み込みを行うことを何と呼ぶか選択肢から選べ。

1. Dilated Convolution　2. Depthwise Convolution
3. Fully Convolution　4. Separated Convolution

《解答》1. Dilated Convolution

解説

Dilated Convolutionは隙間の空いたフィルタで畳み込みを行います。これによりプーリング層を挟まずに広範囲を抽象化することができます。

問題14 ☑☐☐☐ セマンティックセグメンテーションを作成するために初めて使用されたモデルとして適切なものを選択肢から選べ。

1. FCN　2. SegNet
3. ネオコグニトロン　4. RCNN

《解答》1. FCN

解説

FCNはセマンティックセグメンテーションを作成するために初めて使用されました。全結合層を使用せずに画像データを出力するモデルです。

問題15 ☑☐☐☐ セマンティックセグメンテーションを作成するためのモデルとして不適切なものを選択肢から選べ。

1. SegNet　2. U-Net
3. PSPNet　4. EfficientNet

《解答》4. EfficientNet

解説

EfficientNetはネットワークの幅、深さ、画像の解像度を定数倍することで効率的にスケールできることを示したモデルであり、セマンティックセグメンテーションの作成には一般的に用いられません。

問題16 ☑☐☐☐ 動画からリアルタイムに姿勢を解析し、人の関節や軸を可視化する手法としてもっとも適切な選択肢を選べ。

1. CAM　2. LIME　3. R-CNN　4. OpenPose

《解答》4. OpenPose

解説

CAMやLIMEはXAIの文脈で利用される手法、モデルです。R-CNNは物体検出ではありますが、人の関節等を可視化するわけではありません。

問題17 ☑☐☐☐ 画像全体をグリッド領域に分割し、それぞれの領域ごとに検出したい物体か否かを確率的に推論するモデルとして最も適切なものを選択肢から選べ。

1. SSD　2. R-CNN　3. RCN　4. YOLO

《解答》4. YOLO

解説

全て物体検出のモデルです。その中でもSSDとYOLOは物体の座標の推論と、物体の認識の推論を同時に行うモデルです。YOLOは分割された領域ごとに物体か背景かを推論します。

問題18 ☑☐☐☐ 画像認識以外の回帰問題や分類問題でも利用可能であることを特徴としているXAIのモデルとして最も適切なものを選択肢から選べ。

1. SHAP　2. LIME　3. CAM　4. FCN

《解答》1. SHAP

解説

選択肢3. のCAMは画像認識分野のXAIですが、選択肢1. のSHAPや選択肢2. のLIMEはその他の分野でも利用できます。特にSHAPは回帰でも分類でも利用できる汎用性の高いモデルです。

問題19 ☑☐ ☐☐ セマンティックセグメンテーションを作成することができるモデルとして最も不適切なものを選択肢から選べ。

1. FCN　2. SegNet　3. PSPNet　4. FPN

《解答》4. FPN

解説

FPNはスケールした特徴マップ毎に推論を行う物体検出の手法であり、セマンティックセグメンテーションの手法ではありません。選択肢1.～選択肢3.はセマンティックセグメンテーションを作成する手法です。それぞれの特徴を復習しておきましょう。

自然言語処理と音声認識

Super Summary

RNN

CNN が画像という特定の種類のデータに適した手法であったように、このセクションで扱う RNN は時系列のデータを扱うのに適しているといわれています。たとえば日本語のような自然言語も時系列データの一種です。RNN のどのような特徴が時系列データの処理に適しているのか紐解いていきましょう。

ここだけは押さえておこう！

項		最重要用語	説明
1	RNNとは	**RNN（Recurrent Neural Network, 回帰結合型ニューラルネットワーク）**	再帰構造を持つニューラルネットワーク。時系列データの扱いに適している
		Backpropagation Through Time（BPTT）	RNNにおける誤差逆伝播法。時間の逆方向へも誤差を伝える
2	ARモデル	**ARモデル（Autoregressive model; 自己回帰モデル）**	過去の自分のデータを用いて現在の値を予測するモデル
		VARモデル（Vector autoregressive model; ベクトル自己回帰モデル）	一変量で予測するARモデルを多変量に拡張したモデル
3	LSTM	**LSTM（Long short-term memory）**	勾配消失問題と重み衝突への対策を持つRNNの拡張モデル
		CEC（Constant Error Carousel）	LSTMにおいて長期の情報を保持する役割を持つ。勾配消失への対策として有効

		入力ゲート	セルへの入力を制御する。入力重み衝突対策に有効
		出力ゲート	セルからの出力を制御する。出力重み衝突対策に有効
		忘却ゲート	不要になった過去の情報をリセットする役割を持つ
		勾配クリッピング	しきい値にもとづいて勾配に制約をかける。勾配爆発への対策として有効
4	GRU	**GRU（Gated recurrent unit; ゲート付き回帰型ユニット）**	２つのゲートを持つRNNの拡張モデル
5	BiRNN	**BiRNN (Bidirectional RNN; 双方向RNN)**	「過去→未来」「未来→過去」のRNNを組み合わせたもの

8.1 RNN

1 RNNとは

RNN（Recurrent Neural Network，回帰結合型ニューラルネットワーク）は時系列データの扱いに適しているといわれる。では時系列データとはどのようなデータだろうか。

時系列データは時間経過に伴う変化に着目したデータである。たとえば株価や気温の推移などが該当するだろう。

日本語のような自然言語も、前後の順序を持つ時系列データの一種である。日本語の話者であれば、文脈によって言葉の意味が変わることを知っているし、実際に文脈を考慮して言葉の意味を理解している。

このように、**時系列データは先に入力されたデータによって後に入力されたデータの持つ意味が変わるという性質を持つ**。

文章を単語に分割して、全結合ニューラルネットワークに入力した場合、単語どうしは独立したデータとして扱われ、その前後関係から生まれる意味は理解されない。RNNを用いることでこの問題に対応することができる。

RNNには時間ごとにデータを入力していく。また、前の時間の隠れ層の出力を次の時間の隠れ層に渡していく。これを図で表すと次のようになる。

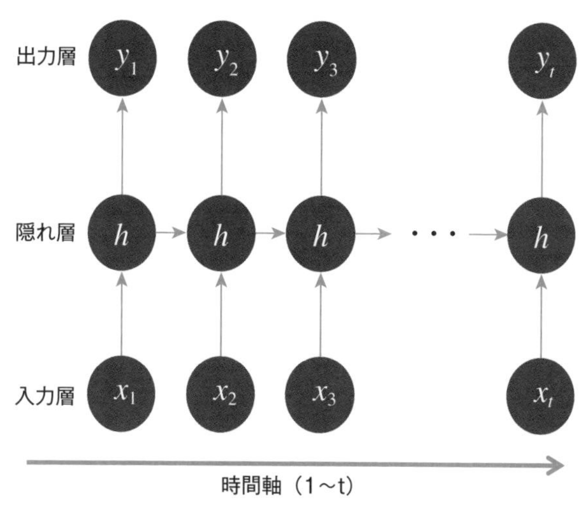

▶RNN（展開図）

これはRNNの名前の通り、再帰的な（Recurrent）構造として右図のように表現できる。

このようにRNNの隠れ層は、入力データだけでなく前の時間のデータの特徴も受け取ることで、前後関係を考慮した出力をすることができる。

また、逆伝播によるパラメータ更新の流れは通常の誤差逆伝播法（Backpropagation）と大きくは変わらない。ただし、時間の逆方向へも誤差を伝える必要がある。このため、RNNにおける逆伝播のパラメータ更新はBackpropagation Through Time（BPTT）と呼ぶ。

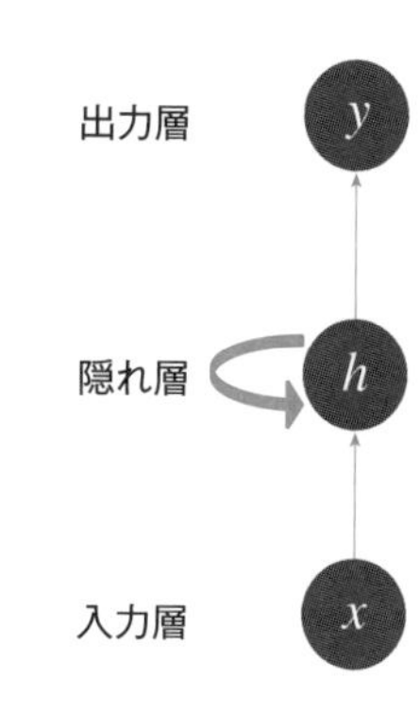

▶RNNは再帰構造を持つ

2 ARモデル

時系列データの将来予測は、産業上非常に重要な行動であり、これまでに様々な予測モデルが提案されてきた。ARモデル（Autoregressive model；自己回帰モデル）もその１つである。ARモデルは、過去の自分のデータを用いて現在の値を予測するモデルである。失業率やGDPといった経済指標の予測、株価や気象の予測などに用いられる。

RNNとの大きな違いは、RNNが過去のすべてのデータを基に予測するのに対して、ARモデルはどこまで過去に遡った地点のデータを使って予測するかを指定するということである。

時系列データが$\chi_1, \chi_2, \chi_3, \ldots, \chi_n$のように得られるとした場合、ARモデルは次のような式で表される。つまり、「現在の値を、現在より過去の値を重みづけして足し合わせることで予測する」ということを表現している。

$$\chi_s = \sum_{j=1}^{M} a_j \chi_{s-j} + \varepsilon_s$$

時間sの時点でのχの値をχ_sとする。χ_sはそれよりも時間jだけ過去時点でのχの値であるχ_{s-j}に重み（a_j）を乗じた値を足し合わせている。どれだけ過去のχの値の影響を考慮するかはMによって決まる。現時点からMだけ遡った時の値の影響を受けるということである。ε_sはノイズや残差と呼ばれる現時点の不確定な擾乱を表す項で、どのχ_{s-j}とも無相関な確率的なふるまいを表している。

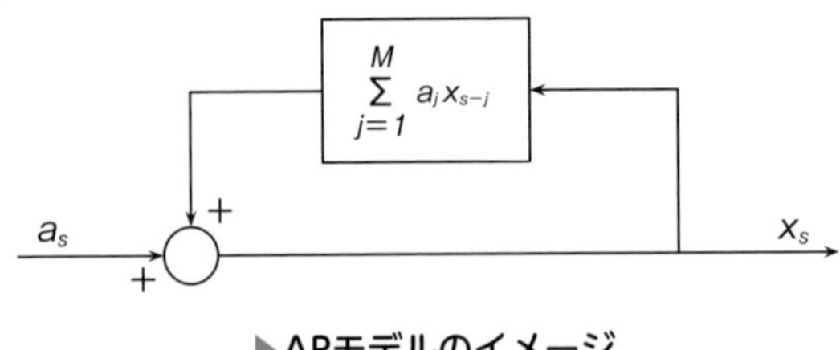

▶ARモデルのイメージ

ARモデルは、一変量で現在の値を予測する。例えば、今年のサンマの来遊量を予測しようとするとき、前年のサンマの来遊量という１つの変数を使って予測することになる。ARモデルを多変量に拡張したものに**VARモデル（Vector Autoregressive model；ベクトル自己回帰モデル）**がある。VARモデルは、多変量自己回帰モデルとも呼ばれる。VARモデルでは、サンマの来遊量の予測において、前年のサンマの来遊量とプランクトンの量を基に予測するというイメージになる。複数の変数を用いることで予測精度の向上が期待できる。

3 LSTM

RNNではBPTTにおいて勾配を伝える計算が何度も繰り返される。結果として、勾配消失がしばしば起こりうる（勾配が発散する**勾配爆発**が起こることもある）。

また、RNNは**重み衝突**という問題も起きやすい。RNNは以下のように重みを調整しようとする。

- 未来の時間に必要な情報に対する重みを大きくする
- 現在の時間で無関係な情報に対する重みは小さくする

この２つは同時に要請されうるため、望ましい重みの値に収束しないことを重み衝突という。

RNNを改良した**LSTM（Long short-term memory）**は、勾配消失や重み衝突の問題を抑制することができる（LSTMや後述のGRUは、広義ではRNNの一種である）。

LSTMはRNNの再帰構造を持つ隠れ層を**LSTMブロック**で置き換えている。

LSTMブロックは**CEC (Constant Error Carousel)** と呼ばれる記憶素子と入力ゲート・出力ゲート・忘却ゲートという３つのゲート機構で構成されている。

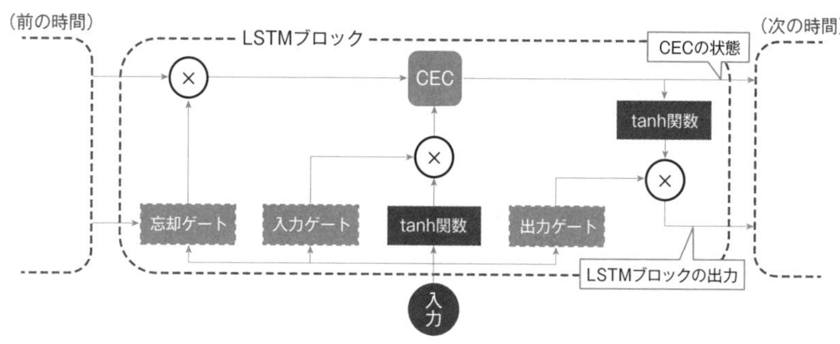

▶LSTMブロック

CECの役割は長期の情報を保持することである。これにより勾配消失を抑制することができる。

ゲート機構はCECへの情報の流れを制御する。その効果として、入力ゲートは入力重み衝突に、出力ゲートは出力重み衝突に対処することができる。また、忘却ゲートは不要になった過去の情報をリセットする役割を持つ。

なお、LSTM自体は勾配爆発に直接対処することはできない。勾配爆発への対策としては、勾配に対してしきい値にもとづく制約をかける勾配クリッピングが利用される。

4 GRU

LSTMと同じようにゲート機構を持つモデルは他にもある。なかでもGRU（Gated recurrent unit; ゲート付き回帰型ユニット）はLSTMをシンプルにしたモデルであり、その分高速に動作する。

GRUブロックでは更新ゲートとリセットゲートの２つのゲートで、LSTMの３つのゲート機構に相当する役割を果たす。これによりGRUブロックも長期の記憶を保持し、勾配消失を軽減することができる。

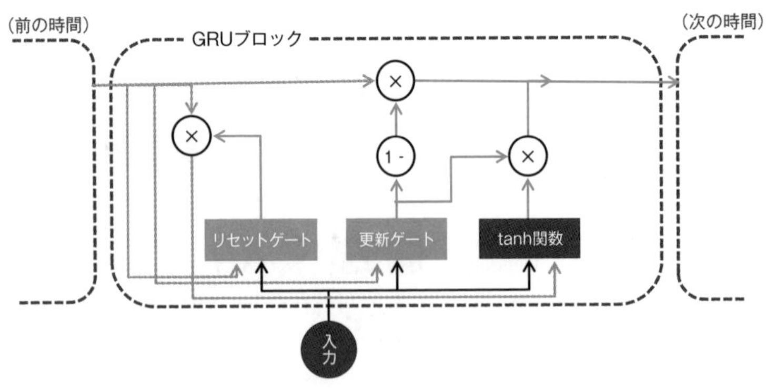

▶GRUブロック

5 BiRNN

LSTMやGRUのようなRNN自体の拡張とは別の観点で、特定のタスクのために（広義の）RNNの接続の仕方を工夫した手法もある。

たとえば時系列データを処理するタスクのなかには、あらかじめ未来の情報がわかっている場合がある。たとえば文章の翻訳をする場合は、入力する文章全体をあらかじめ知ることができるだろう。そのような場合は「過去→未来」方向のRNNだけでなく、「未来→過去」方向のRNNを組み合わせることで、精度の向上が期待できる。

このように時間軸に対して未来方向と過去方向のRNNを組み合わせたものを、BiRNN（Bidirectional RNN; 双方向RNN）という。

BiRNNで未来方向のRNNと過去方向のRNNは直接接続しない。それぞれのRNNが前の層から同じ入力を受け取り、それぞれRNNの出力をマージして次の層に渡す。

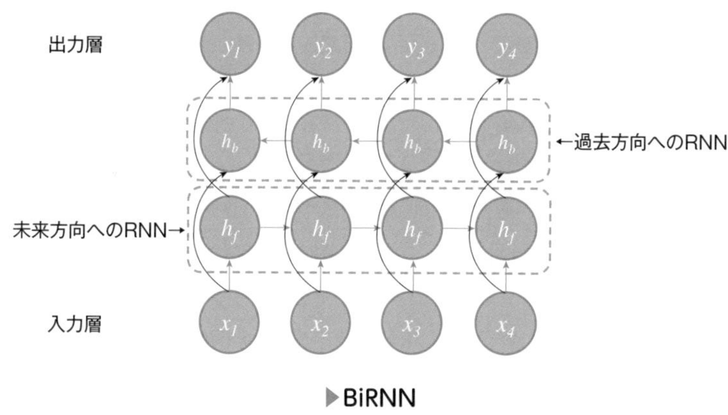

▶BiRNN

Super Summary

自然言語処理

自然言語処理(Natural Language Processing: NLP)とは、人間が日常的に使っている言葉をコンピュータに処理させる一連の技術のことです。自然言語文をどのように解析して処理するのかを見ていきましょう。

ここだけは押さえておこう！

セクション	最重要用語	説明
8.2 自然言語処理	**形態素解析**	自然言語を最小単位の単語に分解し、各単語の品詞を判定する作業のこと
	Bag-of-Words	単語群を文章内での出現回数でベクトル化する手法
	TF-IDF	出現頻度を元に単語の重要度を付ける手法
	word2vec	単語間の順番や関係性を考慮しつつ、単語群をベクトル化するニューラルネットワーク
	局所表現	ベクトルの表現手法の一種で、該当する要素だけを1、他のすべてを0で表現する手法
	分散表現	ベクトルの表現手法の一種で、単語間の類似性に関する情報をベクトルで表現する手法
	コサイン類似度	ベクトル空間モデルにおける類似度の計算手法
	スキップグラム	word2vecの手法の1つで、ある単語から周辺の単語を予測するモデル
	CBOW	word2vecの手法の1つで、周辺の単語からある単語を予測するモデル

画像キャプション生成（画像脚注付け）	入力した画像の内容を説明する文章を生成する技術のこと
seq2seq	自動翻訳技術に用いられるRNNのモデル。入力された文を別の文に変換する規則を学習できる
RNN Encoder-Decoder	EncoderとDecoderと呼ばれる２つのRNN（LSTMなど）で構成されるモデルのこと
Attention	どの地点の出力が重要であるか重みづけをする技術のこと
Attention Encoder-Decoder	EncoderとDecoderの間にAttentionが入るモデルのこと
Transformer	RNNやCNNを用いず、Attentionだけで構築し、高速化と精度向上を実現したモデル
Positional Encoding	Transformer内部において、単語の位置情報を付与する処理
Self-Attention	自己のどの部分が重要であるかを計算するAttention
Source-Target Attention	変換元と変換後のデータ同士の関連性を計算する
BERT	Googleが開発した自然言語モデルで、質疑応答や自然言語推論といったタスクで飛躍的な精度向上を実現した
GPT-2	OpenAIが開発した文章生成モデルで、フェイクニュースの生成などの悪用が危惧された
Vision Transformer	CNNを用いず、Transformerベースで構築された画像認識モデル
DETR	CNNとTransformerで構成されたエンドツーエンド学習が可能な物体検出モデル

8.2 自然言語処理

1 自然言語処理とは

一般的に自然言語処理は、以下の解析の順番で行われる。

1 形態素解析
2 構文解析
3 意味解析
4 文脈解析

まずはそれぞれの解析について見ていこう。

1 形態素解析

形態素解析とは、自然言語を辞書や文法ルールをもとに「意味を持つ言語で、かつ、これ以上分解できない最小単位の単語」（形態素）に分解し、各単語の品詞を判定する作業である。

例えば、「私は辛いカレーとリンゴを食べました。」という文章に対して形態素解析をすると以下のようになる。

▶形態素解析の例

自然言語処理では多くの場合、単語を１つの単位として表現し、以降の解析処理で意味を導き出していく。形態素解析は、自然言語処理では必要不可欠な作業となる。英語などの単語間にスペース区切りのある文章であれば分解は容易だが、日本語などの単語間に区切りのない文章は分解作業が複雑になる。

2 構文解析

形態素解析により分解された単語の関係性を解析する作業が、構文解析である。

例えば、「私は辛いカレーとリンゴを食べました。」を構文解析すると以下のような構文木で表現できる。

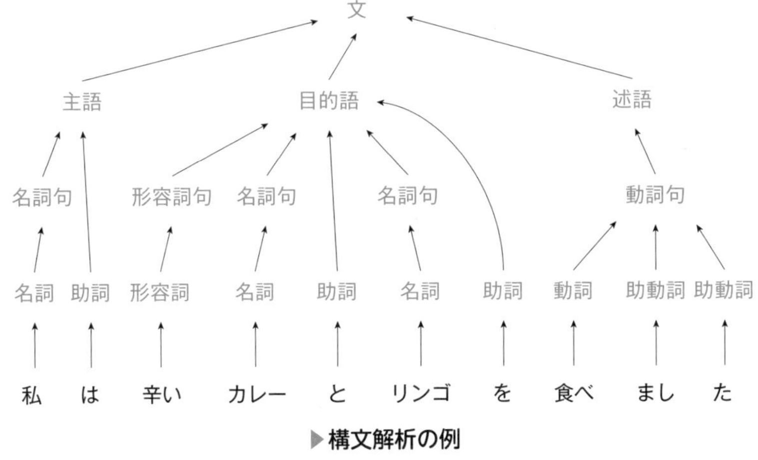

▶構文解析の例

3 意味解析

上の文例において、構文解析で文章の係り受けの構造が把握できたが、「辛いのはカレーだけなのか、リンゴも辛いのか」は、はっきりと把握できない。そこで意味解析を行い、辞書をもとに単語間の関連性を調べ、正しい構文木を選択する。

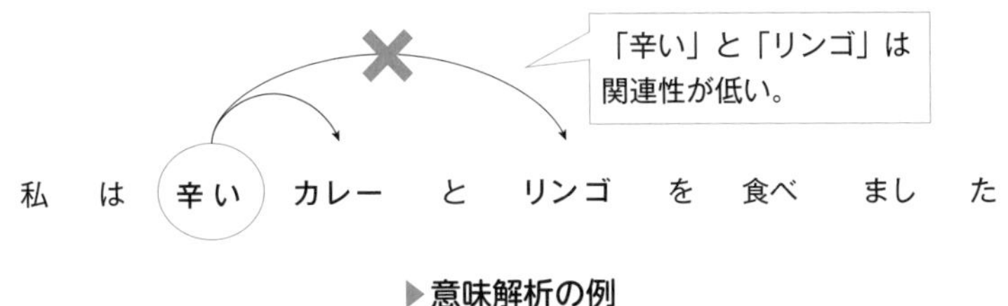

▶意味解析の例

4 文脈解析

文脈解析は、複数の文の構造や意味を考えるという、とても複雑な作業である。例えば、「私は辛いカレーとリンゴを食べました。それを彼に勧めました。」という文章において「それ」は直前の文章を指していることがわかる。

私は
辛いカレーとリンゴ
を食べました。
それ
を彼に勧めました。

▶文脈解析の例

形態素解析から文脈解析の過程を経て、自然言語処理が完了となる。

しかし、これらの解析を実施し精度の高い自然言語処理を行うのは非常に難しかった。特に意味解析や文脈解析はより高次元な判断が必要となる。

そこで、機械学習により大量のデータを使ってコンピュータに学習をさせ、文章の「意味」の概念を習得させることで、自然言語処理の精度が飛躍的に向上することとなった。

2 自然言語処理の基本

機械学習で自然言語処理を扱うには、データ、つまりは文章の前処理が不可欠である。単語が羅列された状態では処理するのが難しいため、以下のような前処理を行う。ここでは簡単なフローで説明をしていく。

❶形態素解析により文章を最小単位の単語に分割し、各単語の品詞を判定する
❷データクレンジングによりノイズを除去する（不要な文字列を取り除くなど）
❸Bag-of-Words（BoW）という手法を用いて単語群をベクトル形式に変換する
❹TF-IDFなどの手法を用いて出現頻度などから各単語の重要度を評価する

❶の形態素解析については前項の通りである。

文章を品詞ごとに分割した後は、❷のデータクレンジングにより文章からノイズを除去する。同じ単語で全角と半角が混じっている場合は全角に統一したり、

JavaScriptコードやHTMLタグなどの不要な文字列を取り除いたりすることで、データの質を向上させる。

形態素解析で品詞ごとに分解された単語群を、❸のBag-of-Words（BoW）という手法でベクトル形式に変換する。Bag-of-Wordsは、**単語の順番は考慮せず、文章内に出現した数でベクトル化する**。これにより元の文章を機械学習で扱える形式に変換できる。

太郎君はリンゴが大好きです。
太郎君はバナナが大好きです。

太郎君	リンゴ	大好き	バナナ
1	1	1	0
1	0	1	1

各文章内に出現した数

▶Bag-of-Wordsによるベクトル化の例

Bag-of-Wordsでは、単語が文章内にいくつ出現したかを数えているだけであるため、続いて各単語の重要度を評価することが必要となる。

❹の単語の出現頻度から重要度を付ける手法は、TF-IDF（Term Frequency - Inverse Document Frequency）と呼ばれる手法が代表的である。ある文書内での出現頻度が多い単語には大きな値を付け、いくつもの文書で横断的に使われている単語（あまり重要ではない単語）には低い値を付けていく。

太郎君	リンゴ	大好き	バナナ
1	1	1	0
1	0	1	1

↓

太郎君	リンゴ	大好き	バナナ
0.5	0.8	0.5	0
0.5	0	0.5	0.8

重要度を表す数値

▶TF-IDFによる重要度付けの例

3 ベクトル空間モデル

1 Word2vec

ここまで自然言語処理の基本を見てきました。自然言語処理は、ニューラルネットワークおよびディープラーニングを活用することがその精度を向上させることに繋がりました。
ここでは、単語の意味を扱う手法の word2vec を取り上げます。

word2vecは、文章中の単語群をベクトル形式に変換するモデルである。前項のBag-of-Wordsは単語の順番を考慮せずに出現数によってベクトル化するのに対して、word2vecは単語間の関係性を捉えつつベクトル化するのが特徴であり、ベクトル空間モデルや単語埋め込みモデルとも呼ばれる。

word2vecは、与えられた文章中の単語（文字列）をベクトルとして表現することで演算を可能にしている。ベクトル化したものは単語ベクトルとも呼ばれ、この単語ベクトルの値を足したり引いたりすることで単語の意味関係を捉えることができる。これらをニューラルネットワークで実現しているのがword2vecである。

2 局所表現と分散表現

ベクトルの表現手法には、局所表現と分散表現がある。

局所表現は、one-hot表現とも呼ばれる表現手法で、ベクトルのすべての要素のうち、**該当する要素だけを「1」、他のすべてを「0」で表現する。**これにより単語とベクトルを一対一の関係で表すことができる。

リンゴ （1, 0, 0）
バナナ （0, 1, 0）
オレンジ （0, 0, 1）

しかし、局所表現では単語同士の関連性までは表現していないため、同一の単語であるかどうかは判定できても、他の単語との類似性までは見ることができない。また、扱う単語が多くなればなるほどベクトルの要素数が膨大になり、計算時間が増大するという問題点がある。

一方で分散表現は、単語を高次元の実数ベクトルで表現する。具体的には、**単語間の類似性に関する情報をベクトルで保持する。**例えば、果物の類似性を実数ベクトルで表現すると以下のようなイメージになる。

単語	大きさ	甘さ	赤味
リンゴ	0.64	0.48	0.94
バナナ	0.62	0.73	0.02
オレンジ	0.29	0.44	0.48

リンゴ (0.64, 0.48, 0.94)
バナナ (0.62, 0.73, 0.02)
オレンジ (0.29, 0.44, 0.48)

▶分散表現のイメージ

なお、単語間（ベクトル間）の類似度はコサイン類似度で求めることができる。コサイン類似度は、ベクトル空間モデルにおける類似度の計算手法で、－1～1の値を取る。ただし、単語の比較などの場合は0～1の値を使うことが多く、**1に近いほど**

類似しており、0に近いほど類似していないことを表す。

分散表現は、文字や単語の特徴をベクトル空間に埋め込むことで、空間上のひとつの点として捉える。これにより、ある単語を表現する際に、他の単語との類似性と関連付けながらベクトル空間上に表現できるのである。ゆえに分散表現は、単語埋め込みとも呼ばれる。次の図例では、「Paris」や「London」といった国名、「man」や「woman」といった性別など、単語の類似性が近いもの同士は近い位置に埋め込まれている。また、「London」と「England」や、「Paris」と「France」のように、「首都と国」という関係性が同じ単語同士は、距離や角度などの位置関係が同じようになることがわかる。

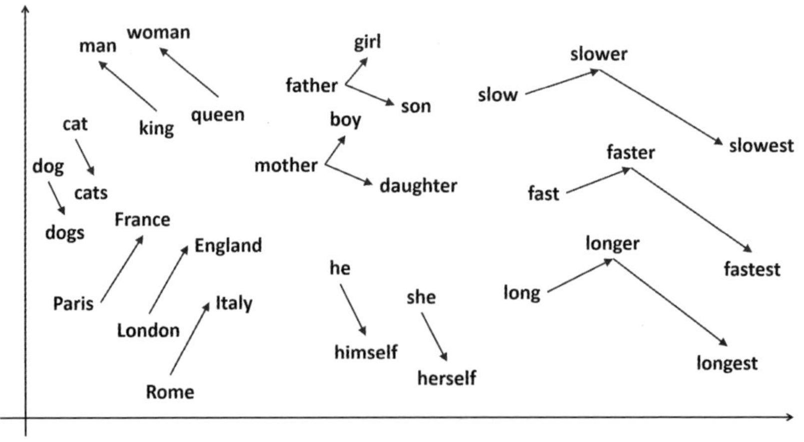

(出典：https://samyzaf.com/ML/nlp/nlp.htmlより引用)

▶単語をベクトル空間上に表現する例

局所表現とは異なり、分散表現では単語同士の関連性を表現できるため、ベクトル同士での計算が可能である。王様ベクトルの値から男性ベクトルの値を引いて、女性ベクトルの値を加えるという演算をすると、女王ベクトルになるという有名な例である。

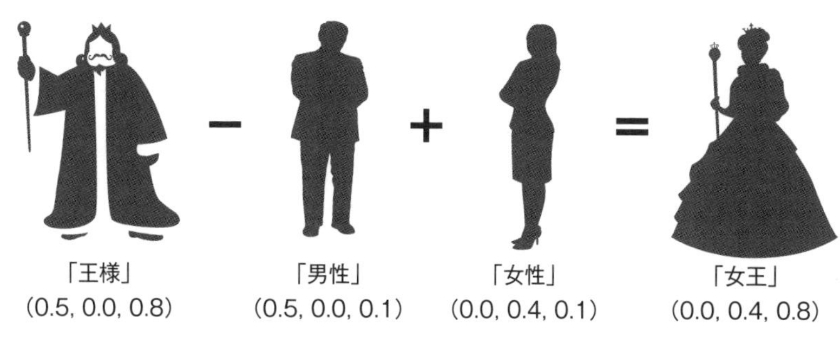

▶分散表現によるベクトル同士の計算例

前述のword2vecは、ニューラルネットワークを用いて単語の分散表現を学習する手法である。word2vecの登場により、大規模データを用いた分散表現による学習が現実的な計算量で可能となり、分散表現での自然言語処理が飛躍的に進展する契機となった。

3 word2vecの発展

word2vecには、スキップグラム（Skip-gram）とCBOW（Continuous Bag-of-Words）という2つの手法がある。スキップグラムとは、ある単語を与えて周辺の単語を予測するモデルであり、CBOWは周辺の単語からある単語を予測するモデルである。

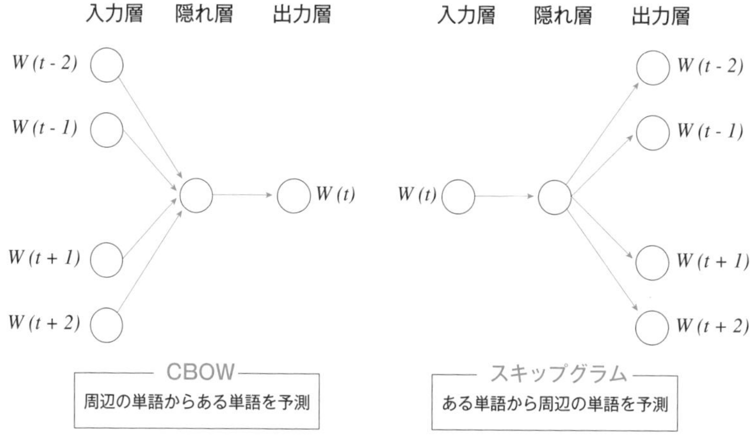

▶CBOWとスキップグラム

word2vecのような単語埋め込みモデルは爆発的に発展していき、自動翻訳などの自然言語処理の基礎となっていった。可変長の単語を固定長のベクトルで表現することで、ベクトルでの演算が可能となるため、数学的な扱いが容易であるという特徴を有している。

文章をベクトル化して処理しようという一連の研究は続けられ、word2vecの後継であるモデルが開発されていった。2013年にword2vecを提案したトマス・ミコロフらによって開発された**fastText**や、アレン研究所（Allen Institute）によって開発された**ELMo**（Embeddings from Language Models）などが提案された。

4 画像キャプション生成

画像認識をするCNNに言語モデルとしてRNNを組み合わせると**画像キャプション生成**（**画像脚注付け**）ができる。ニューラルネットワークを用いた脚注付けであることから**ニューラル画像脚注付け**（Neural Image Captioning: **NIC**）とも呼ばれる。

言語モデルとは、単語の並びに対して確率を与えることです。単語の並びに対してどれだけ自然な単語の並びであるかを確率で評価することをいいます。

画像キャプション生成は、画像を入力して与えると、出力として画像の内容を説明する文章を生成する技術のことである。

A person riding a motorcycle on a dirt road.

（未舗装の道でバイクに乗る人）

A group of young people playing a game of frisbee.

（フリスビーで遊ぶ若者の集団）

（出典：https://www.oreilly.com/library/view/deep-learning-for/9781788295628/89def52b-a455-4a2f-b51e-23b74e154bd0.xhtmlより引用）

▶画像キャプションの生成例

人間のように複雑な状況を簡潔に説明するには、多種多様な物体を正確に認識し、それを自然な言葉で表す必要があることから、画像キャプション生成は2014年頃に注目を集めた技術である。

画像キャプション生成の特徴は、CNNの最終層、いわゆる全結合層の出力を使うのではなく、最後の畳み込み層の出力をRNNで構成される文章生成ネットワークの入力とすることである。前述のR-CNNにより画像の中の各物体と位置情報が抽出されるため、これらの情報に基づいてRNNを動作させることで対象の画像を説明する文章を生成することが可能となる。

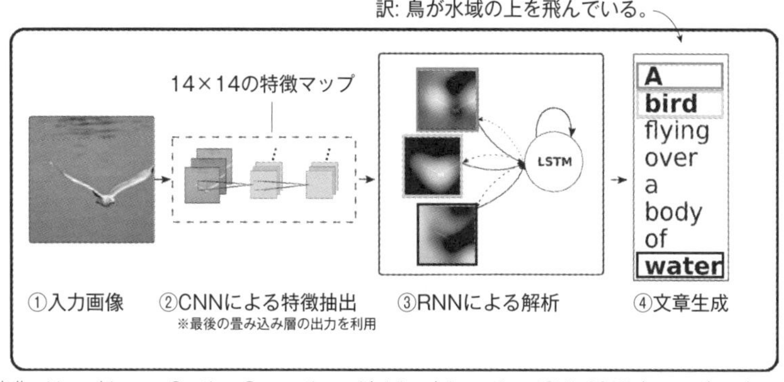

(出典：Neural Image Caption Generation with Visual Attention, ICML 2015, https://handong1587.github.io/deep_learning/2015/10/09/captioning.htmlを日本語訳)

▶画像キャプション生成の略式図

5 ニューラル機械翻訳

1 seq2seq

前項の画像キャプション生成のように、入力データを元に関連する情報を出力するモデルにseq2seq（Sequence to Sequence）がある。

seq2seqは、自動翻訳技術に用いられるRNNのモデルで、入力された文章を別の文章に置き換えるルールを学習することができる。つまり、翻訳元となる文章を中間層を経由して、翻訳先となる文章に置き換える。例えば、英語を日本語に置き換えたり（翻訳）、質問を回答に置き換えたり（対話）することができる。

seq2seqはEncoder-Decoderモデルの一種である。中でもseq2seqは、RNNを利用しているため、RNN Encoder-Decoderモデルとも呼ばれる。EncoderとDecoderと呼ばれる2つのRNN（LSTMなど）から構成されている。

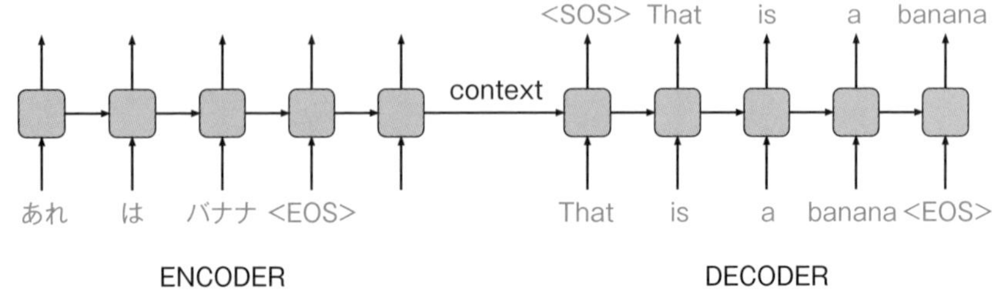

▶RNN Encoder-Decoderモデルのイメージ

EncoderとDecoderの内部では、それぞれ前段のデータを数珠つなぎに渡す。RNNの特徴で、学習時に前段のデータの特徴を渡すことで、時系列データに強くなる。例えば「あれはバナナ」という日本語文を「That is a banana」という英文に変換する場合、Encoderに変換元となる日本語文を入力し、Decoderから変換先となる英文が出力される。

上図では、Encoderに入力した「あれ　は　バナナ」という3つの単語による文章が、Decoderから「That is a banana」という4つの単語による文章に変換されている。RNN Encoder-Decoderでは、**Encoderに入力された時系列データが固定長のベクトルに変換され、Decoderからは時系列データ（可変長のベクトル）に変換されて出てくる**。そのため、上図のように入力数と出力数が異なるケースもある。

Decoderの部分を見てみると、入力値として答えの英文を与え、出力値として一段ずつずれて同じ英文が出てくることを期待して設計されている。<SOS>はStart Of String（文の始まり）を、<EOS>はEnd Of String（文の終わり）を表しており、これらも含めて学習することで、文の始まりと終わりを認識できるようになる。

RNN Encoder-Decoderでは、Encoderから出てくる隠れ層のデータ（context）をDecoderに渡しているだけだが、隠れ層のデータをより有効活用することで変換の精度を高めることができる。

2 Attention

隠れ層のデータを活用するために重要な技術となるのがAttention（注意機構）である。Attentionを用いることで、時系列のどの時点が重要であるかという重みづけをすることができる。英語を日本語に翻訳する場面では、ある日本語の単語を出力する際、どの英語の単語に着目すればよいかがわかるようになる。例えば「This is an apple.」という英文を「これはリンゴです。」という日本語文に変換する場合、「リンゴ」という単語を出力する際に「apple」という単語に着目すればよいことがわかる。これにより入力の文章全体を単純にひとつの特徴にまとめてしまう場合と比べて、より高い精度で翻訳することが可能になる。EncoderとDecoderの間にAttentionが入るようなモデルをAttention Encoder-Decoderモデルとも呼ぶ。

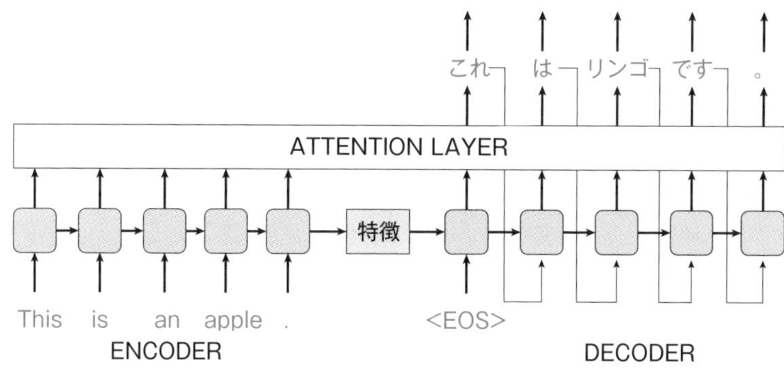

▶seq2seq + Attentionによる翻訳の流れ

機械翻訳で有名なGoogle翻訳は、2016年に翻訳の品質が格段に向上したことで大きな衝撃を与えた。ニューラル機械翻訳（Neural Machine Translation:NMT）という技術により精度が向上しており、seq2seqモデルにAttentionの仕組みを組み合わせて実現している。

6 Transformer

Attentionの導入により自然言語処理の精度が一層高まった一方で、依然として

RNNを利用することによって生じる課題は残されていた。RNNは、時系列データを逐次的に処理するため、計算の高速化が困難だった。並列処理を可能にするためにRNNの代わりにCNNを用いる手法も考案されたが、長文に対応するモデルを構築するのが難しくなるという別の課題が生じ、抜本的な解決には至らなかった。

これらの課題を解決したのが、Googleが「Attention Is All You Need」という論文で発表したTransformerというモデルである。RNNやCNNを使わず、Attentionだけを用いて構成することで、「高速化できない」、「長文に対応しにくい」といった課題の解決を実現した。

Transformerは次の図のような構成になっている。seq2seqと同じようにEncoderとDecoderから構成されており、Encoderに変換元の文章、Decoderに変換後の文章を入力する。

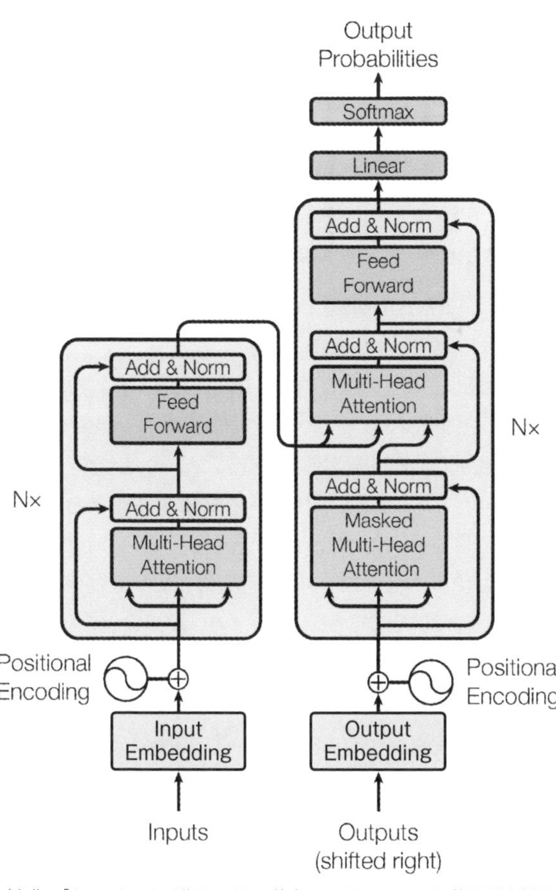

(出典：「Attention Is All You Need」 https://arxiv.org/pdf/1706.03762v5.pdfより引用)

▶Transformerのアーキテクチャ

上図左側のEncoderから流れを見ていくと、まずは入力されたデータを基にInput Embedding層で単語の分散表現を生成する。次に**Positional Encoding**で単語の位置情報を付与する。Transformerは、RNNの再帰構造やCNNの畳み込みがないため、文中における単語の相対的な位置情報が含まれない。Positional Encodingにより分散表現と同形状の位置情報ベクトルが加算される。

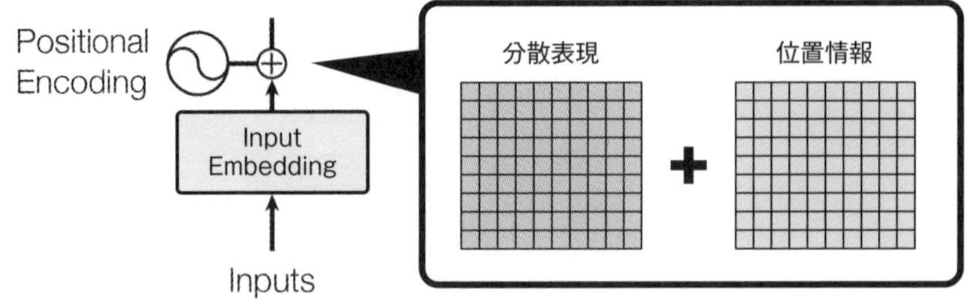

▶Positional Encodingのイメージ

生成したベクトルはEncoderに渡される。Encoderには、Multi-Head Attention層とPosition-wise Feed-Forward Network層がある。Multi-Head Attention層では文章における単語間の関係性を学習する。

Multi-Head Attentionは、複数のAttentionからなる機構としてTransformerを構成する。EncoderではSelf-Attention（自己注意）という機構が用いられている。これは自己に対するAttention、つまり自分自身のどの部分が重要であるかを計算するものである。Attentionの式にあるQ（Query）、K（Key）、V（Value）は同じ文から作られる文章ベクトルである。各文章ベクトルから単語間の関連性を計算し、算出した関連性をソフトマックス関数で0～1の値に表される。0～1の値は、文章内のどの単語が重要かを示す重みと考えられる。この重みと文章ベクトル（V）を掛け合わせることで、変換元の文章の特徴を得る。

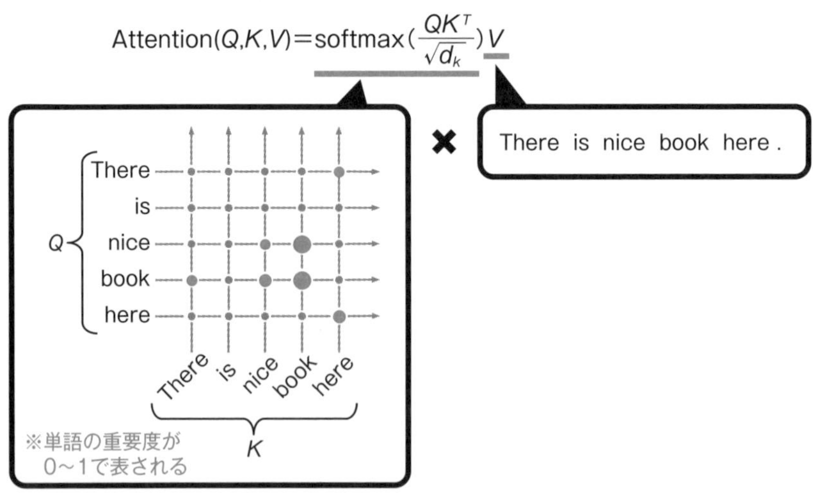

▶Self-Attentionによる計算イメージ

Multi-Head Attentionでは、分散表現を複数のheadに分割され、各々のAttentionが計算される。Attentionを複数にすることで、各々のAttentionが異なる位置に注意を向け、単語間の関連性を処理することができる。

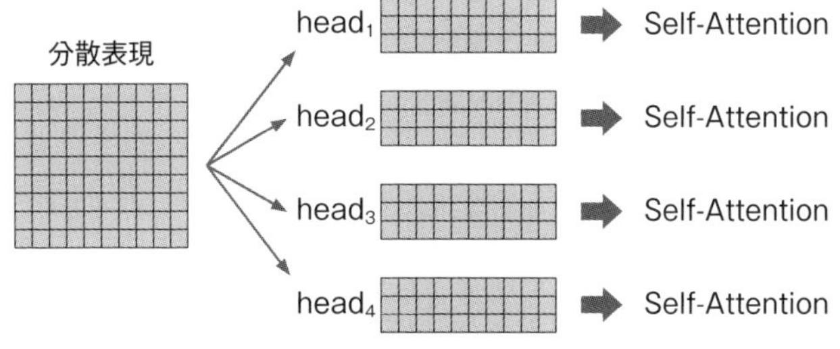

▶Multi-Head Attentionのイメージ

次にDecoderでは、Masked Multi-Head Attention層とMulti-Head Attention層がある。Masked Multi-Head Attentionでは、Decoderに入力された変換後の文と文のAttentionが計算される。その際、文の一部分をマスク（Attentionを0に）する。翻訳文を生成する場合、前の単語から順番に生成していくが、後に続く単語はわからない。文の一部分をマスクすることで、前後の文脈から予測するという仕組みを構成している。

さらに、DecoderではSource-Target Attentionという機構が用いられている。自己に対するAttentionではなく、変換元の文と変換後の文の関連性を計算する。Encoderからの出力がSource文となり、変換後の文がTarget文となる。

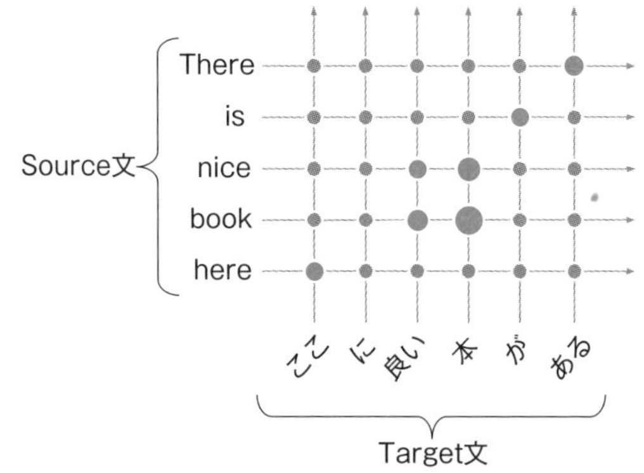

▶Source-Target Attentionのイメージ

最後に、ベクトルを線形変換し、ソフトマックス関数で各単語の予測確率を計算して出力する。こうした仕組みにより学習速度と精度ともに大きな進歩を見せている。

7 Transformerの応用

1 BERT

自然言語処理において大きな成果をあげたTransformerは、その後、ブレイクスルーをもたらした様々なモデルのベースになった。

Googleが2018年に発表した自然言語処理モデルであるBERT（Bidirectional Encoder Representations from Transformers）は、質疑応答や自然言語推論といったタスクにおいて先行するモデルを凌駕する性能を実現したことで注目されている。日本語で「Transformerを活用した双方向のエンコード表現」と表現される。つまり、Transformerは文章内の特定の単語を前後の文脈から予測することで学習するのである。精度の高い予測性能を実現するために、以下のような工夫が採用されている。

- 学習データの一部をマスクし、前後の文脈から隠れた単語を予測できるように学習する。（マスクされた言語モデル）
- 2つの文が連続した文かどうかを予測できるように学習する。その際、50%の確率で後文が前文とは無関係な文に置き換えられる。（次文予測）

さらに、BERTを軽量化・高速化したALBERTや主にBERTの事前学習を改良したRoBERTaなどの改良版が提案された。

2 GPT-2

人工知能を研究する非営利組織のOpenAIが開発したGPT-2は、Transformerをベースに開発された文章生成モデルである。GPT-2のコンセプトは「特定のタスクに特化するのではなく、様々なタスクに応用できる汎用的なモデルを構築する」というものである。ある単語から次の単語を予測する言語モデルとなっており、前後の単語から予測するBERTとはアプローチが異なる。

▶GPT-2とBERTの違い

GPT-2は、フェイクニュースやスパムメールの生成などの悪用の危険性が極めて高いと危惧されるほど文章生成の性能が高く、論文公開が延期される事態にまで発展した。2020年には、後継となるGPT-3が発表された。

3 Vision Transformer

Transformerは、自然言語処理分野だけでなく、画像認識や物体検出の分野でも採用されている。Vision Transformerは、画像処理で一般的なCNNを利用せずに、Transformerのみで構築した画像認識モデルである。Transformerの持つ計算効率とスケーラビリティの恩恵を画像処理にもたらすことを実現した。

Vision Transformerは、画像をパッチ（複数の小さい画像）に分割し、各パッチをベクトルに平滑化することで、画像処理にTransformerを適用することに成功した。平滑化した画像パッチは、自然言語におけるトークン（単語）のように扱われる。

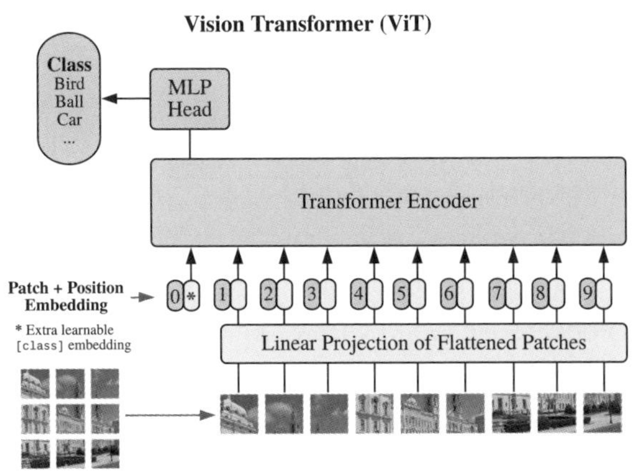

（出典：AN IMAGE IS WORTH 16X16 WORDS: TRANSFORMERS FOR IMAGE RECOGNITION AT SCALE：https://arxiv.org/pdf/2010.11929.pdfより引用）

▶Vision Transformerの仕組み

Vision Transformerは、複数の画像認識ベンチマーク（ImageNet、CIFAR-100、VTABなど）に転移学習して実験した結果、最先端のCNN型モデルと同等またはそれを上回る結果を出した。さらに、学習に必要な計算コストも大幅に減らした。

4 DETR

DETR（DEtection TRansformer）は、CNNとTransformerで構成されたエンドツーエンド(End-to-End)な学習を可能にした物体検出モデルである。エンドツーエンド学習とは、多段の処理を必要とする学習において、入力データが与えられてから結果を出力するまでの様々な処理を行う複数の層を備えた一つの大きなニューラルネットワークに置き換えて学習する手法である。

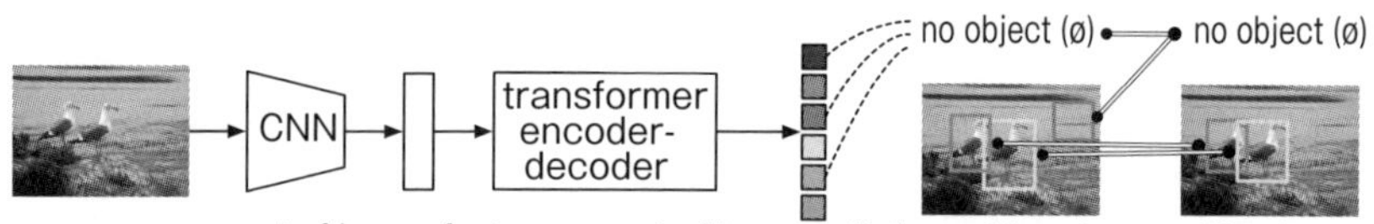

（出典：End-to-End Object Detection with Transformers；https://arxiv.org/pdf/2005.12872.pdfより引用）

▶DETRの仕組み

DETRは、CNNで画像の特徴をエンコードし、Transformerを経由して位置とラベルにデコードする構成となっている。

- Backbone：画像の特徴量をエンコードするCNN層
- Transformer：CNNで抽出された画像の特徴量からAttentionを用いて各物体の位置や種類の情報に変換する。事前に決められたN個の物体を予測するEncoder-Decoderネットワーク層
- FFN（Feed-Forward Network）：Transformerの出力から物体の位置とラベルにデコードするネットワーク層

8 言語能力の評価

入力文に対する出力文の予測に焦点が当てられている自然言語処理分野において、研究目標が掲げられるのが精度向上に繋がると考えられた。研究目標を掲げるためには、客観的な予測精度の測定方法が必要となる。研究者であれば誰でも利用できる測定用のデータセットを用意することで、予測精度の測定が可能となる。測定用のデータセットとして、英語圏ではGLUE（General Language Understanding Evaluation：一般言語理解評価）という自然言語処理の標準ベンチマークが整備されている。同義言い換えや質疑応答といった言語に関するテストデータが含まれており、テストデータを使って総合的な言語能力のスコアを算出する。新たな言語AIに関する論文を発表する際には、スコアを掲載することが慣習となっている。各言語AIのスコアをランキングしたリーダーズボードも公開されている。

GLUEでは、基準値として人間の言語能力のスコアも定義しているが、発表されるAIが人間のスコアを超え始めたため、より厳しく設計されたSuperGLUEが2019年に公開されている。

Super Summary

音声認識

この章では、音声認識処理の基本を押さえた上で、音声認識・生成をするWaveNetを取り上げます。

ここだけは押さえておこう！

セクション	最重要用語	説明
8.3 音声認識	**音声認識**	人間の発話をコンピュータに認識させる技術のこと
	音素	母音や子音などの言葉の最小単位。単語は音素で構成される
	音響モデル	音声の波形から周波数や時間変化などの特徴を抽出し、モデル化（パターン化）したもの
	A-D変換	連続的なアナログデータを離散的なデジタルデータに変換する処理
	パルス符号変調	A-D変換の一種であり、デジタルデータに変換する変調方式の一つ
	スペクトル解析	音波がどのような周波数成分を持っているのかを表現する手法
	音声区間検出（Voice Activity Detector; VAD）	音声と音声以外の音が含まれる音声データから音声が存在する区間のみを検出する処理
	離散フーリエ変換	デジタルデータを周波数データに変換する処理
	高速フーリエ変換	離散フーリエ変換をコンピュータ上で高速に処理するアルゴリズム

	メル周波数ケプストラム係数	人間の聴覚特性に基づいて提案された特徴量
	メル尺度	音高を知覚する際の量を表す単位
	スペクトル包絡	周波数成分のエネルギーの包絡線を表す
	フォルマント	スペクトル包絡のピークの地点のこと
	フォルマント周波数	スペクトル包絡のピークである共振周波数
	音韻	人間が発声する区別可能な音
	音声認識エンジン	人が話した音声をテキストに変換する技術
	隠れマルコフモデル	音響モデルの一種で、統計データを基に確率的にデータを解析する
	WaveNet	CNNを応用して音声生成と音声認識ができるモデル。既存手法と比較してより人間らしい音声の生成が可能
	CTC (Connectionist Temporal Classificatio)	音声認識における入出力（異なる系列長のデータ同士）をマッピングするための損失関数

8.3 音声認識

1 音声認識の基本

ここでは、まず音声認識の基本を見ていこう。

音声認識とは、人間の発話をコンピュータに認識させる技術のことである。そもそも人間の声は空気の振動のパターンである。音声認識の目的はコンピュータが空気の振動という物理現象を読み取り、人間がその現象にどのような意味を持たせているのか解釈することである。

一般的な音声認識処理は、以下の手順で行われる。

❶音声の波形から周波数や時間変化などの特徴を抽出する
❷音声の波形から**音素**を特定する
❸どの単語を発しているのかパターンマッチングする
❹単語のつながりを解析して文を生成する

音声を解析するには、母音や子音などの音の最小単位である**音素**を特定する必要がある。

しかし、同じ母音でも個々人によって声質が異なるため、正確に音素を特定するために、❶のように音声の波形から周波数や時間変化などの特徴を抽出し、モデル化（パターン化）しておく。生成したモデルを**音響モデル**と言う。

音響モデルから音素を特定したら（❷）、辞書を参照しながらどの単語を発しているのかパターンマッチングして単語に変換し（❸）、単語のつながりを解析して文に変換する（❹）という流れになる。

2 音響特徴量の抽出

1 デジタルデータへの変換

音の本質は、空気などの振動・波（縦波）で音波とも言われる。音波は、時間の経過を伴う連続的なアナログデータであり、そのままではコンピュータは処理することができない。そのため、コンピュータが取り扱うことができる離散的なデジタルデータに変換する必要がある。アナログデータをデジタルデータに変換することをA-D変換（Analog-to-Digital Conversion）という。

一般的に音波のデジタル化は、パルス符号変調（Pulse Code Modulation；PCM）という手法が使われる。パルス符号変調は、A-D変換の一種であり、デジタルデータに変換する変調方式の一つである。標本化→量子化→符号化の手順を踏んでA-D変換をする。

標本化（サンプリング）では、音波の連続情報を一定の時間間隔で区切り、その間隔毎に値を平均化して順次計測する。連続的な折れ線グラフを、一本一本独立した棒グラフに変換するようなものである。棒グラフを生成した後は、折れ線グラフは無視される。つまり、連続情報が破棄されるのである。こうして連続的なデータから離散的なデータが生成される。なお、標本化をする際、どの程度の間隔で標本化すればよいのかを定量的に示す標本化定理（またはサンプリング定理）に従えば、ある周波数の信号成分は、その周波数の2倍を超える周波数で標本化すれば完全に元の信号を再構築できる。

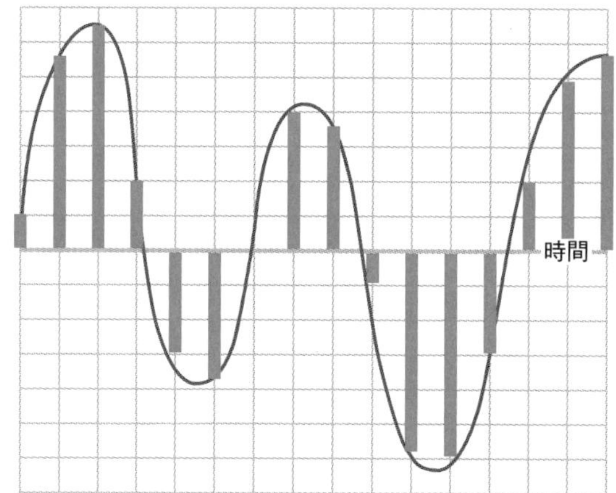

量子化では、標本化によって分割された一つ一つのデータを予め定められた段階に近似する。標本化によって得られた離散的なデータは、時折ばらばらな中間的な値を取り得る。その中間的な値を予め定められた段階に揃える。つまり、デジタルデータとしての要件である整数に丸めるという機能である。

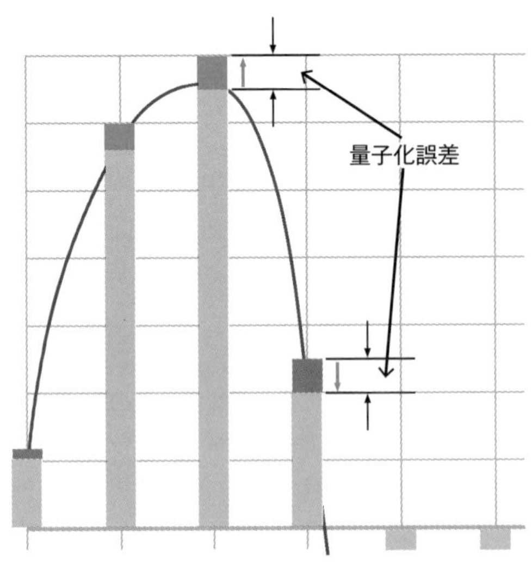

符号化では、標本化と量子化によって一定間隔で整数に丸められたデータを、時間経過に沿って２進数に書き出す。これにより、デジタルデータが完成する。

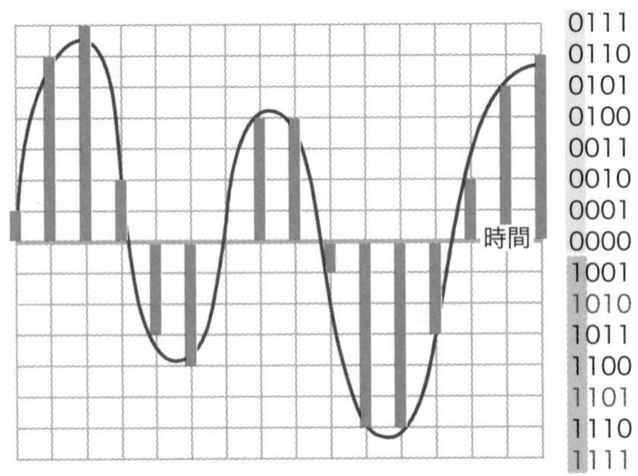

2 周波数データの取得

音波から機械学習に必要な特徴量を抽出するためには、周波数データを得る必要がある。人間は音の高さで音声を認識していると考えられており、機械学習による音声認識にもこの考えが取り入れられている。

なぜ、周波数データを得る必要があるのか。音声データ（音波）は、横軸に時刻、縦軸に振幅（空気がどれだけ震えたか）を表現したグラフである。横軸が時刻であることから音声データは時系列データであるといえる。しかし、時系列データのままでは音声の特徴を抽出することができないのである。周波数データは、横軸に周波数、縦軸に振幅（振動の強さまたは高さ）で表現される。どの大きさの周波数成分がどの程度強く現れているのかという特徴が表現されることになる。

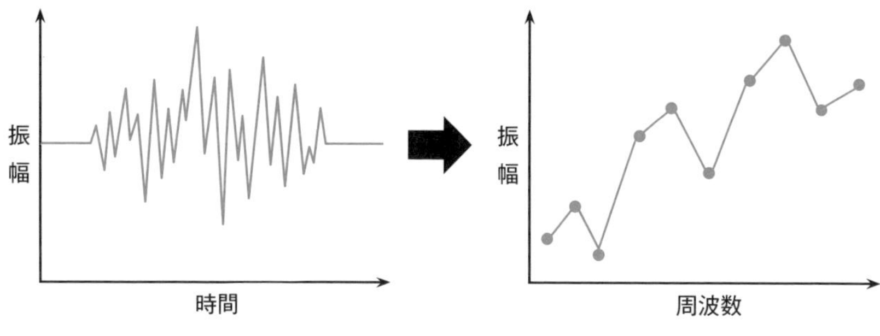

▶時系列データから周波数データへ

時系列データから周波数データを得るためにスペクトル解析をする。スペクトル解析は、音波がどのような周波数成分（スペクトルまたはスペクトラムという）を持っているのかを表現する手法で、主に標本化（サンプリング）→音声区間検出→フーリエ変換によって抽出される。

最終的にフーリエ変換によって周波数データが得られるが、コンピュータにおいては、離散的なデータ（デジタルデータ）に対して変換処理がされるため、厳密には離散フーリエ変換をする。離散フーリエ変換をするためには、事前に変換前の時系列データを前処理する必要がある。具体的には、周期的で離散的なデータにする必要がある。まずは前述のA-D変換（標本化）により連続的なデータ（時系列データ）を離散的なデータ（デジタルデータ）に変換する。次に音声区間検出（Voice Activity Detector；VAD）を行う。音声区間検出とは、音声と音声以外の音（雑音や無音区間など）が含まれる音声データから音声が存在する区間のみを検出する処理である。最後に離散フーリエ変換をする。長い音声データの場合、窓関数を使用して音声データの一部を切り出して離散フーリエ変換する。

実際には、離散フーリエ変換をコンピュータ上で高速に処理するアルゴリズムである高速フーリエ変換が用いられる。こうして得られる周波数成分毎に分解した強度分布がスペクトルである。

3 音声波形の分析

フーリエ変換によって抽出したスペクトルからは様々な重要な情報、いわゆる音響特徴量（音声の特徴量）が得られる。代表的な特徴量としてメル周波数ケプストラム係数（Mel-Frequency Cepstrum Coefficients；MFCC）が挙げられる。メル周波数ケプストラム係数は、人間の聴覚特性（音の高さを捉える働き）に基づいて提案された特徴量である。

メル周波数ケプストラム係数の基にあるのは、人間の聴覚において音の高さ（音高）を知覚する際の量を表すメル尺度である。人間の聴覚には、周波数の低い音に対して敏感で、周波数の高い音に対しては鈍感であるという性質があることから考案された尺度である。音声認識においては、人間の音の高さに対する感覚量を指標とする方が良いと考えられており、メル尺度が特徴量として利用されている。

音の周波数をメル尺度に変換する際に、特徴量の次元数を落とし、低周波成分ほど分解能を高く、高周波成分ほど分解能を低くするために、メルフィルタバンクというフィルタをかける。フィルタをかけることによって、低周波数帯域では細かい単位で集約し、高周波数帯域では大きい単位で集約するように音の周波数をメル尺度に変換することができる。変換により周波数成分のエネルギーの包絡であるスペクトル包絡の特徴が抽出される。スペクトル包絡は、声道の特徴を表しており、**母音を認識する際などに利用できる特徴**である。スペクトル包絡には、山（ピーク）と谷があり、ピークの地点をフォルマントといい、ピークである共振周波数をフォルマント周波数という。声を発する際、声道を通る時に「ア」や「イ」などの響きがつけられる。フォルマント周波数により母音に対して特徴をつけることができるのである。周波数の低い方から順に第1フォルマント、第2フォルマント、・・・となる。なお、個人差はあるものの、発音する音韻（人間が発声する区別可能な音）が同じであれば、フォルマント周波数は近い値になる。

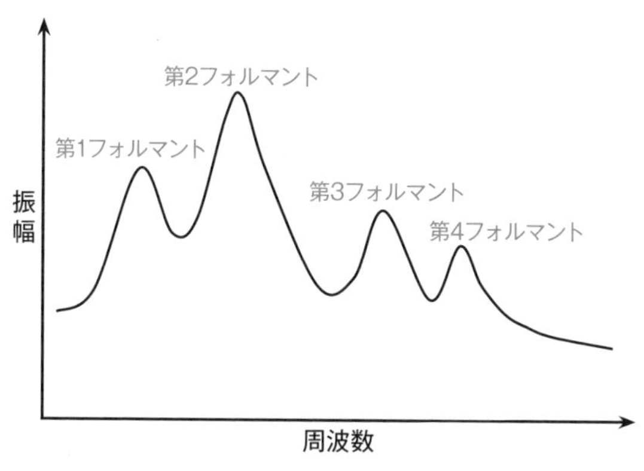

▶フォルマント周波数のイメージ

メルフィルタバンクにより求めたメル尺度に対して離散コサイン変換をかけて、離散的な信号列を様々な周波数や振幅を持つ周波数成分の列に変換することで、メル周波数ケプストラム係数を得ることができる。メル周波数ケプストラム係数は、入力音のスペクトル包絡を係数列で表現することができ、音響特徴量として音声認識エンジン（人が話した音声をテキストに変換する技術）などで使われる。

3 音響モデル

1 単語のパターンマッチング

前述の音響モデルは、音響特徴量と音素の関係を統計的なモデルで表現したものである。前節で音声データから抽出した音響特徴量を入力し、音素に変換するパターン認識モデルであるといえる。音響特徴量の抽出は、周波数を表す波形を包絡にし、数値化する作業である。特徴量は波形を示す数値であって、このままでは母音や子音を判別できない。音響モデルによって、特徴量が音素として評価できるのである。

音声認識において、単語を識別するためにパターンマッチング用の辞書が必要になる。単語は音素の並びで構成されており、辞書を基に前方から音素を一つずつ探索していくのである。そのため、探索しやすいように辞書はネットワーク構造で構成される。例えば、「アリクイ」「ありがとう」「ありがち」の３つの単語には、共通する音素の部分がある。音素をノードで表現し、共通する部分は共通のノードに集約されるようにネットワークを構成する。

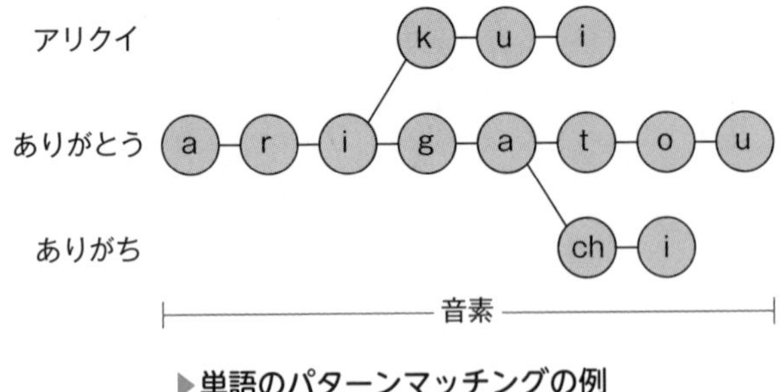

▶単語のパターンマッチングの例

文章についても同じようにネットワーク化し、パターンマッチングしていくことになるが、文章は単語の組み合わせが膨大な数になり、音素単位でのマッチングでは処理が膨大になるため、単語単位でのマッチングにより識別することになる。

2 文章の探索方法

音響モデルは、高い精度で音素を特定することを目的に様々なモデルが提案されたが、長らく主流なモデルとして使われたのが隠れマルコフモデル（Hidden Markov Model；HMM）である。隠れマルコフモデルは、統計データを基に確率的にデータを扱うのが特徴である。例えば、「ア」という音にもばらつき（訛りなど）があり、典型的な「ア」から崩れた「ア」まで様々な発音がある。たくさんの「ア」の発音を集めて、平均的な「ア」の発音からどれくらい離れているのかを表現しようというのが隠れマルコフモデルの考え方である。

さらに、時間変化も含めて音声を統計的に表現することができる。次の図のように、ある状態の単語から、次の単語に移動（状態遷移）する際に、どのくらいその繋がりの確率（出力確率）が起こるのかを考える。状態遷移をする際、将来における事象の起こる確率は、現在の状態だけから決まり、過去の状態には依存しないというマルコフ性に基づいている。

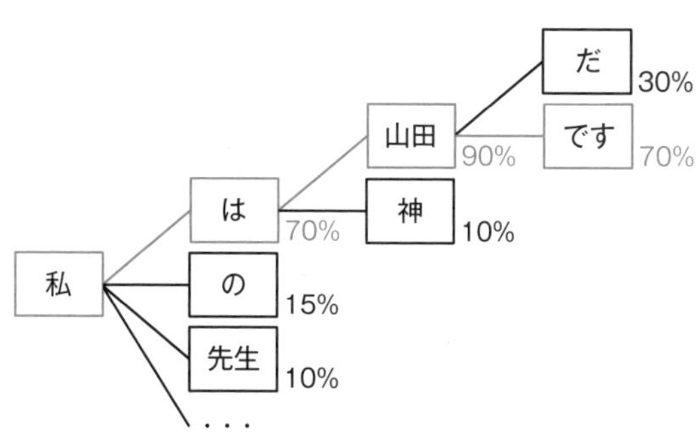

▶単語群の探索のイメージ

その後、隠れマルコフモデルの出力確率の計算にニューラルネットワークを用いることで、精度を向上させたモデルが注目を浴び、音声認識分野においてもディープラーニングが利用されるようになった。近年では、隠れマルコフモデルを用いず、RNNやCNNを用いたモデルも発表されている。

4 WaveNet

音声認識処理にディープラーニングの技術が利用されることが一般的になっている。囲碁プログラムのAlphaGoで知られるDeepMind社が開発したWaveNetは、音声生成と音声認識をすることができるモデルである。音声は時系列データであるが、WaveNetはRNNではなくCNN (pixelCNNというモデル) を用いて構築されている。RNNでは、時系列を追って逐次的にデータを見ていく必要があるため学習に時間を要するが、CNNであればまとめて学習することができるため学習効率を向上できる。さらに、既存の手法に比べて、より人間らしい発話が可能となっている。

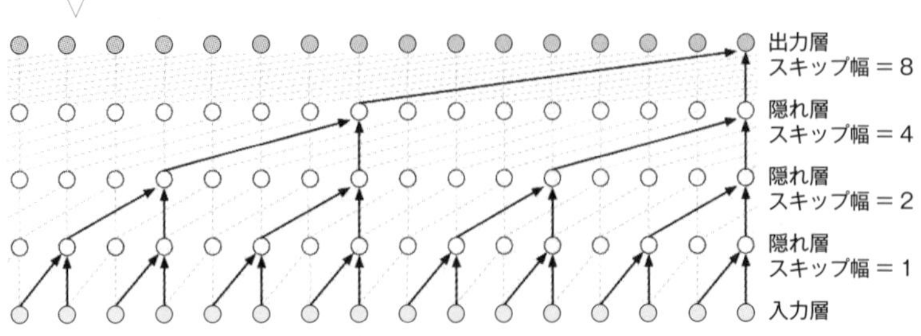

(出典：https://arxiv.org/pdf/1609.03499.pdfを日本語訳)

▶WaveNetの略式図

下記の図はWaveNetで生成された音声の精度を、Concatenative TTSやParametric TTSなどの既存手法と比較するブラインドテストの結果である。

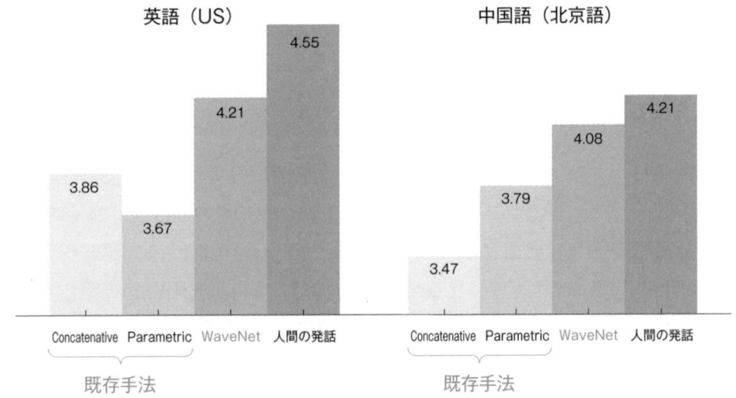

(出典：DeepMind公式サイト：https://deepmind.com/blog/article/wavenet-generative-model-raw-audioより。一部、日本語訳)

▶生成された英語と中国語のブラインドテストの結果

5 CTC

音声認識の難しい点として、入力（音響特徴量）と出力（テキスト）の系列長が異なる点が挙げられる。異なる系列長のデータをマッピングするため、CTC（Connectionist Temporal Classification）という損失関数が提案された。任意のRNNやLSTMなどの出力に適用できる。CTCは、ラベル（音素や単語など）の区切りに「ブランク」のラベルを追加し、ニューラルネットワークによって推定されたラベル列に対して、繰り返された同一ラベルとブランクを削除することで、出力（テキスト）へとマッピングする。ブランクをハイフン（-）で表記するものとして、例えばニューラルネットワークの出力値が「aa--aaa-bb-」の場合、繰り返される同一ラベルを削除して「a-a-b-」となり、次にブランクを削除して最終的に「aab」となるイメージである。この縮約によって、音響モデルの出力を最適化することができ、例えば日本語と英語のような語順が大きく異なる言語対の翻訳において、翻訳精度を向上させることが期待できる。

問題演習

問題1 ☑☐☐☐ RNN（Recurrent Neural Network，再帰結合型ニューラルネットワーク）は、一般的にどのようなデータを扱うことに適しているといわれているか？

1. 時系列データ　　2. 画像データ
3. 件数の多いデータ　　4. 次元数の小さいデータ

《解答》1. 時系列データ

解説

RNNでは時系列データに対し過去の情報を考慮した推論ができます。

問題2 ☑☐☐☐ 内部にゲート機構を持つLSTMによって解決したRNNの課題点として、最も適切な選択肢を1つ選べ。

1. 勾配消失してしまう　　2. 解像度の高い画像が扱えない
3. 計算量が大きくなりすぎる　　4. 過去の情報を考慮できない

《解答》1. 勾配消失してしまう

解説

RNNでは、逆伝播のパラメータ更新（BPTT）において勾配を伝える計算が何度も繰り返されるため、勾配消失がしばしば起こりうるという課題がありました。LSTMはこうした課題の解決に寄与しています。

問題3 ☑☐☐☐ 以下の文章を読み、（ア）～（ウ）に当てはまる組み合わせの選択肢を1つ選べ。

RNNを拡張したLSTMは内部にCEC（Constant Error Carousel）という記憶素子と3つのゲート機構（入力ゲート、出力ゲート、忘却ゲート）を持つ。CECは（ア）を、入力ゲートは（イ）を、出力ゲートは（ウ）をそれぞれ防ぐことができる。忘却ゲートは不要になった過去の情報をリセットする役割を持つ。

1.（ア）勾配消失、（イ）出力重み衝突、（ウ）入力重み衝突
2.（ア）出力重み衝突、（イ）勾配消失、（ウ）入力重み衝突
3.（ア）勾配消失、（イ）入力重み衝突、（ウ）出力重み衝突
4.（ア）入力重み衝突、（イ）出力重み衝突、（ウ）勾配消失

《解答》3.（ア）勾配消失、（イ）入力重み衝突、（ウ）出力重み衝突

解説

CECは過去の情報を保持し続けることができ、勾配消失の防止に貢献します。

また、LSTMは入力ゲートによって入力重み衝突を、出力ゲートによって出力重み衝突を防ぐことができます。重み衝突とは、矛盾する重み更新が求められ、重みが適切な値に収束しないことをいいます。

問題4 ☑☐☐☐ LSTMよりゲート機構をシンプルにすることで計算コストを削減し、高速化を実現したモデルとして、最も適切な選択肢を1つ選べ。

1. BPTT　2. VGG　3. Elastic Net　4. GRU

《解答》4. GRU

解説

GRUはLSTMを簡略化したモデルです。シンプルである分、LSTMよりも高速に動作します。更新ゲートとリセットゲートの2つのゲートで、LSTMの３つのゲートに相当する役割を果たします。

問題5 ☑☐☐☐ 以下の文章を読み、［　　］に最もよく当てはまる選択肢を1つ選べ。

RNNにおける勾配爆発の問題は、勾配に対して閾値に基づく制約をかける［　　］によって回避する。

1. 勾配プロット
2. シール
3. フロー制御
4. 勾配クリッピング

《解答》4

解説

単純なRNNをLSTMなどに拡張しても、それだけでは勾配爆発を防ぐことはできません。勾配クリッピングは勾配が閾値よりも大きくならないように制限することで勾配爆発を防ぎます。

問題6 ☑☐☐☐ 以下の文章を読み、［　　］に最もよく当てはまる選択肢を1つ選べ。

時系列データの予測をするときに、未来の情報を入力してよい場合は［　　　］を使用することで精度の向上が期待できる。

1. BiRNN　2. VAE　3. Maxプーリング　4. FCNN

《解答》1. BiRNN

解説

機械翻訳のように、未来の情報を用いてもよいタスクでは、BiRNN（Bidirectional RNN；双方向RNN）を使用することで精度の向上が期待できます。

問題7 ☑□ □□ ベクトル自己回帰モデル（VARモデル）の分析例として、最も適切な選択肢を1つ選べ。

1. 前年の桜の開花日から今年の開花日を予測する
2. 現在の日経平均株価を、過去の日経平均株価、海外株式指標、為替レートから予測する
3. 数多くあるメールをスパムメールとそうでないメールに分類する
4. ユーザーの購買データから年代別に嗜好性をグループ分けする

《解答》2. 現在の日経平均株価を、過去の日経平均株価、海外株式指標、為替レートから予測する。

解説

VARモデルは過去の複数の変数を使って現在の値を予測するモデルです。現在の日経平均株価を多変量で予測する選択肢2. が最も適切な分析例です。選択肢1. はARモデルの分析例です。

問題8 ☑□ □□ テキストマイニングにおけるBag-of-Wordsの処理の説明として、最も適切な選択肢を1つ選べ。

1. テキストを単語などの最小単位に分解する
2. テキストをベクトル形式に変換する
3. テキスト内の単語の関係性を解析する
4. 出現頻度などから各単語の重要度をつける

《解答》2. テキストをベクトル形式に変換する

解説

形態素解析によって品詞ごとに区切られた単語群を数値化（ベクトル化）します。Bag-of-Words（BoW）は、単語の順番を考慮せず、文章内に出現した数でベクトル化をします。これにより元の文章を機械学習で扱える形式となります。

問題9 ☑□ □□ テキストマイニングにおけるTF-IDFの処理の説明として、最も適切な選択肢を１つ選べ。

1. テキストを単語などの最小単位に分解する
2. テキストをベクトル形式に変換する
3. テキスト内の単語の関係性を解析する
4. 出現頻度などから各単語の重要度をつける

《解答》4. 出現頻度などから各単語の重要度をつける

解説

TF-IDFは、区切られた単語群に対して重要度を付けていきます。ある文章内での出現頻度が高い単語には大きな値を付けたり、様々な文章で横断的に使われている単語には低い値を付けたりしていきます。

問題10 ☑□ □□ 自然言語処理のいくつかの用語について整理する。「形態素解析」の説明として、最も適切なものを１つ選べ。

1. 単語間の意味的な関係性を捉えつつ、単語をベクトル表現する
2. 文章内の係り受けの構造を解析する
3. ひとつながりの文章を、意味を持つ最小の表現要素まで区切る
4. 単語間の意味的な関係性を調べて適切な構文を選択する

《解答》3. ひとつながりの文章を、意味を持つ最小の表現要素まで区切る

解説

日本語などの単語間に区切りのない文章の場合、品詞ごとに分解する必要があります。たとえば、「私（名詞）／は（助詞）／ステーキ（名詞）／を（助詞）／食べ（動詞）／た（助動詞）」のように分解します。

問題11 ☑□ □□ 自然言語処理のいくつかの用語について整理する。「構文解析」の説明として、最も適切なものを１つ選べ。

1. 単語間の意味的な関係性を捉えつつ、単語をベクトル表現する
2. 文章内の係り受けの構造を解析する

3. ひとつながりの文章を、意味を持つ最小の表現要素まで区切る
4. 単語間の意味的な関係性を調べて適切な構文を選択する

《解答》2. 文章内の係り受けの構造を解析する

解説

形態素間（品詞間）の関係を、木構造などを用いて解析します。たとえば、「私（名詞）」と「は（助詞）」は主語に繋がり、「ステーキ（名詞）」と「を（助詞）」は目的語に繋がり、「食べ（動詞）」と「た（助動詞）」は述語に繋がります。

問題12 ✔□□□ 自然言語処理のいくつかの用語について整理する。「意味解析」の説明として、最も適切なものを１つ選べ。

1. 単語間の意味的な関係性を捉えつつ、単語をベクトル表現する
2. 文章内の係り受けの構造を解析する
3. ひとつながりの文章を、意味を持つ最小の表現要素まで区切る
4. 単語間の意味的な関係性を調べて適切な構文を選択する

《解答》4. 単語間の意味的な関係性を調べて適切な構文を選択する

解説

構文解析により文章の係り受けの構造を構文木で表現できますが、意味的に正しいかどうかが問題となります。そこで、辞書をもとに単語間の意味的な関係性を調べます。たとえば、「高い山と海」という文章において「高い」と「山」は関連性が高いですが、「高い」と「海」は関連性が低いというように解析し、正しい構文木を選択します。こうした処理を意味解析と言います。

問題13 ✔□□□ 自然言語処理において文章中の単語群を低次元の実数ベクトルで表現することで演算を可能とする手法として、最も適切な選択肢を１つ選べ。

1. seq2seq　2. doc2vec　3. word2vec　4. pix2pix

《解答》3. word2vec

解説

word2vecは、文章中の単語群を低次元の実数ベクトルで表現する手法です。ベクトル化したものは単語ベクトルと呼ばれ、単語ベクトルの値を足したり引いたりすることで単語の意味関係を捉えることができます。

問題14 ☑☐☐☐ ベクトルの表現手法の1つである局所表現の特徴として、最も不適切な選択肢を1つ選べ。

1. 単語とベクトルを一対一の関係で表現できる
2. 扱う単語が増えても計算時間を少なくできる
3. 0と1でベクトルを表現する
4. 単語同士が同一であるか判定できる

《解答》2. 扱う単語が増えても計算時間を少なくできる

解説

局所表現はベクトルのすべての要素のうち、該当する要素だけを「1」、他のすべてを「0」で表現するため、扱う単語が増えるほどベクトルの要素数が増え、計算時間が増大するという問題があります。

問題15 ☑☐☐☐ 文章をベクトル表現した後に用いられるコサイン類似度の性質として、最も適切な選択肢を1つ選べ。

1. 距離と同じ概念であり、0に近いほど類似性が高い
2. ベクトル内の単語の発生頻度から重要度を求める手法である
3. ベクトル間の類似度を求めるものであり、－1～1の値を取る
4. 単語間の類似度を求めるために局所表現の和が用いられる

《解答》3. ベクトル間の類似度を求めるものであり、－1～1の値を取る

解説

コサイン類似度は、ベクトル間の類似度を算出する計算手法で、－1～1の値を取ります。単語の比較などの場合は0～1の値を使うことが多く、1に近いほど類似しており、0に近いほど類似していないことを表します。類似度の算出には分散表現の和が用いられます。

問題16 ☑☐☐☐ word2vecにおいて周辺の単語からある単語を予測するモデルとして、最も適切な選択肢を1つ選べ。

1. CBOW　2. Attention　3. Skip-gram　4. BERT

《解答》1. CBOW

解説

CBOWは周辺の単語からある単語を予測するモデルです。一方で、Skip-gramは、ある単語を与えて周辺の単語を予測するモデルです。

問題17 ☑□ □□ 自動翻訳で用いられるseq2seqは、RNNを用いたEncoder-Decoder（RNN Encoder-Decoder）モデルとして機能する。RNN Encoder-Decoderの特徴として、最も適切な選択肢を１つ選べ。

1. １つのRNNで構成されている
2. 入力される文章の単語数と出力される文章の単語数が異なることはない
3. Decoderに翻訳元の文章を入力し、Encoderから翻訳後の文章が出力される
4. 入力された時系列データが固定長ベクトルに変換され、それが可変長ベクトルに変換されて出てくる

《解答》4. 入力された時系列データが固定長ベクトルに変換され、それが可変長ベクトルに変換されて出てくる

解説

RNN Encoder-Decoderモデルは、EncoderとDecoderと呼ばれる２つのRNN（LSTMなど）から構成されており、Encoderに入力された時系列データが固定長のベクトルに変換され、Decoderからは時系列データ（可変長のベクトル）に変換されて出てくるという仕組みです。そのため、入力される単語数と出力される単語数が異なるケースもあります。

問題18 ☑□ □□ ディープラーニングによる時系列タスクに用いられ、時系列のどの時点に着目すべきかという重みづけをする技術として、最も適切な選択肢を１つ選べ。

1. Warning　2. Transformer
3. TF-IDF　4. Attention

《解答》4. Attention

解説

RNNのどの時間軸の出力が重要であるかという重みづけをする技術をAttentionと言います。たとえば機械翻訳では、入力の単語と出力の単語の対応関係を意識した予測がされると考えられます。そのため、自動翻訳において重要な技術の一つとされ、Google翻訳の精度向上に大きく寄与したニューラル機械翻訳は、seq2seqモデルにAttentionを組み合わせて実現されています。

選択肢2. のTransformerは、RNNやCNNを使わずにAttentionだけで構成したモデルです。選択肢3. のTF-IDFは、出現頻度から各単語の重要度を評価する手法です。

問題19 ☑☐☐☐ RNNやCNNを使わずにAttentionだけで構成したTransformerの特徴として、最も適切でない選択肢を1つ選べ。

1. ベクトル表現手法として局所表現が採用されている
2. RNNを用いるよりも計算の高速化ができる
3. CNNを用いるよりも長文への対応がしやすい
4. EncoderとDecoderから構成されている

《解答》1. ベクトル表現手法として局所表現が採用されている

解説

Transformerは、入力されたデータを基に単語の分散表現を生成して処理します。生成した分散表現を基にAttentionで単語間の関連性などを計算することになります。

問題20 ☑☐☐☐ Transformerにおいては、文章中の単語の相対的な位置情報が含まれない。単語の位置情報を付与する処理として、最も適切な選択肢を1つ選べ。

1. Position-wise Feed-Forward Network
2. Vector Encoding
3. Positional Encoding
4. Positional Normalization

《解答》3. Positional Encoding

解説

Transformerは、RNNの再帰構造やCNNの畳み込みがないため、文中における単語の相対的な位置情報が含まれません。そこで、Positional Encodingにより分散表現と同形状の位置情報ベクトルが付与されます。

問題21 ☑☐☐☐ Transformer内では、Self-Attentionにより各文章ベクトルから単語間の関連性が計算される。算出された関連性から重要度を表す重みを計算するために用いられる関数として、最も適切な選択肢を1つ選べ。

1. シグモイド関数
2. ソフトマックス関数
3. ReLU関数
4. 恒等関数

《解答》2. ソフトマックス関数

解説

Self-Attentionを用いて各文章ベクトルから単語間の関連性を計算し、算出した関連性をソフトマックス関数で0～1の値に表します。0～1の値は、文章内のどの単語が重要かを示す重みと考えることができます。

問題22 ☑☐ ☐☐ Googleが発表した自然言語処理モデルであるBERTは、双方向Transformerにより高速かつ高精度な予測精度を実現したモデルである。その仕組みの一つであるマスクされた言語モデルの特徴として、最も適切な選択肢を1つ選べ。

1. 任意の文字や文字列を隠して、前後の文脈から予測する
2. 与えられた文章を元に、次に繋がる文章を生成する
3. 与えられた2つの文章が意味的に繋がるかどうかを判定する
4. 代名詞が指す対象を文脈から推定する

《解答》1. 任意の文字や文字列を隠して、前後の文脈から予測する

解説

マスクされた言語モデルは、文章を構成するトークン（文章の最小単位である文字や文字列）からランダムに15%のトークンを選び、MASKトークンで隠します。一部を隠した文章を渡すと、前後の文脈から隠されたトークンを予測するという仕組みです。

問題23 ☑☐ ☐☐ 人工知能を研究する非営利組織OpenAIが開発したもので、フェイクニュースやスパムメールの生成などの悪用が危険視され、一般向けに公開することに懸念を示したモデルとして、最も適切な選択肢を1つ選べ。

1. BERT　2. ELMo　3. GPT-2　4. GAN

《解答》3. GPT-2

解説

OpenAIが開発したGPT-2は、非常に高精度な文章を生成するモデルですが、悪用の危険性があるほど精度が高く、論文公開が延期される事態にもなりました。

問題24 ☑☐ ☐☐ 自然言語処理分野における客観的にモデルの予測精度を計測するためのデータセットとして、最も適切な選択肢を1つ選べ。

1. DETR　2. GLUE　3. CLIP　4. ImageNet

《解答》2. GLUE

解説

GLUEは英語圏で自然言語処理の標準ベンチマークとして用いられている測定用のデータセットです。同義言い換えや質疑応答といった言語に関するテストデータが含まれており、テストデータを使って総合的な言語能力のスコアを算出できます。

問題25 ☑☐☐☐　音声処理について以下の文章を読み、（ア）～（イ）に当てはまる組み合わせの選択肢を1つ選べ。

音波から特徴量を抽出する処理を行うためにまず（ア）を行う。そして（イ）を行って音声が存在する区間のみを見つけ出す。その音声に対して（ウ）をすることで周波数成分を抽出する。

1.（ア）D-A変換、（イ）ケプストラム分析、（ウ）ラプラス変換
2.（ア）D-A変換、（イ）ケプストラム分析、（ウ）離散フーリエ変換
3.（ア）A-D変換、（イ）音声区間検出、（ウ）ラプラス変換
4.（ア）A-D変換、（イ）音声区間検出、（ウ）離散フーリエ変換

《解答》4.（ア）A-D変換、（イ）音声区間検出、（ウ）離散フーリエ変換

解説

スペクトル解析では、まずA-D変換することで時系列データをデジタルデータに変換します。次に音声区間検出をして音声と音声以外の音（雑音や無音区間など）が含まれる音声データから音声が存在する区間のみを検出します。その音声に対して離散フーリエ変換を行うことで周波数成分を抽出します。

問題26 ☑☐☐☐　音声認識において人間の聴覚特性に基づいて提案された特徴量として、最も適切な選択肢を１つ選べ。

1. メル周波数ケプストラム係数
2. 音響インテンシティ
3. スペクトル包絡
4. 音響透過損失

《解答》1. メル周波数ケプストラム係数

解説

フーリエ変換により抽出したスペクトルから得られる代表的な特徴量としてメル周波数ケプストラム係数があります。メル周波数ケプストラム係数は、人間の聴覚特性（音の高さを捉える働き）に基づいて提案された特徴量です。

問題27 ☑☐☐☐ 音素の説明として、最も適切な選択肢を1つ選べ。

1. 人間が発声する区別可能な音
2. 音の大きさを表す単位
3. 二つの音の高さの隔たり
4. 意味を区別する音の最小単位

《解答》4. 意味を区別する音の最小単位

解説

音素は、母音や子音などの音の最小単位です。英語では「r」と「l」の発音によって言葉の意味が変わってきます。音声認識では、言葉の意味を正しく区別するために音素の特定が必要になります。

問題28 ☑☐☐☐ 人間の音の高さに対する感覚量を指標として、最も適切な選択肢を1つ選べ。

1. 音韻　2. 音素　3. メル尺度　4. CEC

《解答》3. メル尺度

解説

メル尺度は、人間の聴覚において音の高さ（音高）を知覚する際の量を表す尺度です。人間の聴覚には、周波数の低い音に対して敏感で、周波数の高い音に対しては鈍感であるという性質があることから考案されました。

問題29 ☑☐☐☐ 音の周波数について以下の文章を読み、（ア）～（イ）に当てはまる組み合わせの選択肢を1つ選べ。

周波数の振幅を表す（ア）は、母音を認識する際などに利用できる特徴である。（ア）には山と谷があり、ピークの地点を（イ）といい、母音に対する特徴を示す。

1.（ア）聴覚高調波、（イ）フォルマント

2.（ア）聴覚高調波、（イ）サンプリング定理
3.（ア）スペクトル包絡、（イ）フォルマント
4.（ア）スペクトル包絡、（イ）サンプリング定理

《解答》3.（ア）スペクトル包絡、（イ）フォルマント

解説

メルフィルタバンクにかけて音の周波数をメル尺度に変換すると、周波数成分のエネルギーの包絡であるスペクトル包絡の特徴が抽出できます。包絡のピークの地点をフォルマントといい、ピークである共振周波数をフォルマント周波数といいます。

問題30 ☑☐☐☐ 音声認識について以下の文章を読み、[　　]に最もよく当てはまる選択肢を1つ選べ。

音声認識において入力と出力の系列長が異なる場合に用いられる損失関数に[　　]がある。[　　]は、音素や単語などの区切りにブランクのラベルを追加し、繰り返される同一ラベルとブランクを削除することで、出力へとマッピングする。この縮約によって、音響モデルの出力を最適化することができ、翻訳精度の向上が期待できる。

1. HMM　2. DFT　3. MFCC　4. CTC

《解答》4. CTC

解説

異なる系列長のデータをマッピングするために提案されたCTC（Connectionist Temporal Classification）という損失関数の説明です。

選択肢1. のHMMは隠れマルコフモデル、選択肢2. のDFTは離散フーリエ変換、選択肢3. のMFCCはメル周波数ケプストラム係数のことです。

問題31 ☑☐☐☐ WaveNetの説明として、最も適切でない選択肢を1つ選べ。

1. 人間の音声をサンプルに音声波形を解析している
2. ブラインドテストにおいて、英語は既存手法の結果を超えたが、中国語は超えられていない
3. CNNを応用することで音声生成と音声認識を可能にしている
4. いくつかの入力をスキップすることで音声データを効率的に処理する

《解答》2. ブラインドテストにおいて、英語は既存手法の結果を超えたが、中国語は超えられていない

解説

DeepMind社が開発した音声生成・音声認識モデルのWaveNetは、RNNではなくCNNを応用して構成されています。WaveNetは、ブラインドテストにおいて英語、中国ともに既存手法よりも高いスコアを出しています。

強化学習

Super Summary

強化学習

この章では強化学習について学習します。

ここまで主に教師あり学習、教師なし学習について学んできましたが、強化学習の学習方法は考え方が異なります。何を入力値とし、何を出力値とするのかしっかり把握することが理解への近道です。

ここだけは押さえておこう！

セクション	最重要用語	説明
9.1 強化学習とは	**強化学習**	ランダムな行動と結果から学習し、最適な行動を選択できるようにする手法
	エージェント	強化学習の過程で行動を選択する役割を持つもの
	環境	エージェントが現在置かれている状態を表すもの。将棋であれば将棋盤の情報が環境にあたる
	報酬	エージェントが選択した行動によって良い結果が出れば与えられるもの。強化学習では報酬が最大になるように学習を行う
	Q値（状態行動価値）	行動によって得られる報酬の期待値。次以降の行動のQ値も考慮される
	Q関数（状態行動価値関数）	Q値を求める関数
	Q学習	正確なQ値を計算するのは不可能なため、行動を起こすたびにQ値の更新を行いながら学習をする手法。Q値を次の行動のQ値の期待値で更新する
	SARSA	正確なQ値を計算するのは不可能なため、行動を起こすたびにQ値の更新を行いながら学習をする手法。Q値を次の行動のQ値で更新する

モンテカルロ法	正確なQ値を計算するのは不可能なため、行動を起こすたびにQ値の更新を行いながら学習をする手法。行動ごとにQ値を更新するSARSAとは異なり、報酬を得たタイミングで一気にQ値を更新する
DQN	Q学習に深層学習を取り入れたもの。Q値の期待値をニューラルネットワークで推論する
セルフプレイ	自分自身と競合させて強化学習する手法。AlphaGoZero（囲碁ソフト）が有名
Actor-Critic	行動を選択するActorとその方策を評価するCriticで役割分担する方策ベースのモデル
DDQN（Double DQN）	行動を選択するQ-networkとQ値を評価するtarget-Q-networkで役割分担する価値ベースのモデル
A3C	複数のエージェントを使用し、非同期に学習するマルチエージェント学習を取り込んだActor-Critic
Rainbow	A3CやNosy DQNなど7つの強化学習モデルの仕組みを取り入れたモデル
状態表現学習	現実世界をいかにシミュレーションの世界に落とし込むかを学習する
ドメインランダマイゼーション	シミュレーションの世界をランダムに作り替えて学習すること。過学習を抑制する
オフライン強化学習	過去のデータのみから学習する手法

9.1 強化学習とは

強化学習とは、行動とその結果について学習する手法です。囲碁や将棋などのゲーム分野の他、棒が倒れないようにAIがバランスをとるCart Pole問題などが有名です。

Cart Pole問題とは、棒が倒れないように下のブロックを左右に動かすゲームである

▶Cart Pole問題

1 強化学習

強化学習では、AIがランダムに選択した行動に対して、行動した結果の状態と報酬を与える。状態が良くなるほど高い報酬を与えるようにする。これを繰り返して、最終的に報酬が最大になる選択の組み合わせを学習していく。行動を選択するものを**エージェント**、状態や報酬を計算するものを**環境**と呼ぶ。エージェントは行動を選択し、環境に反映させる。環境は状態と報酬を計算してエージェントに渡す。

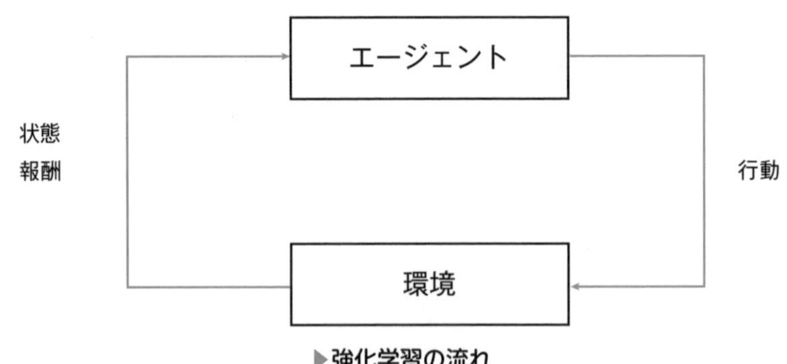

▶強化学習の流れ

強化学習には大きく分けて価値ベースの学習と方策ベースの学習がある。

2 価値ベースの学習

エージェントが選択した行動の最終的な報酬の期待値をQ値（状態行動価値）と呼び、強化学習ではQ値が最大になるように学習する。Q値を求める関数をQ関数（状態行動価値関数）と呼び、以下の式で求められる。

Q(状態,行動)＝報酬＋γMax(Q（次の状態，次にとれる全ての行動))

右辺から見ていこう。

報酬とは、その状態、行動によって得られる報酬である。

Max(Q(次の状態，次の全ての行動))は、次の状態と、次で取りうる全ての行動のうち、Q値が最大のものということである。Maxの中にQ関数があるので、再帰的にゴールまでの行動の報酬を合計することになる。

γは割引率である。γを設定することで無駄な行動を減らすことができる。

宝探しゲームで考えてみよう。今自分は１番の部屋におり、３番の部屋に宝があるとする。

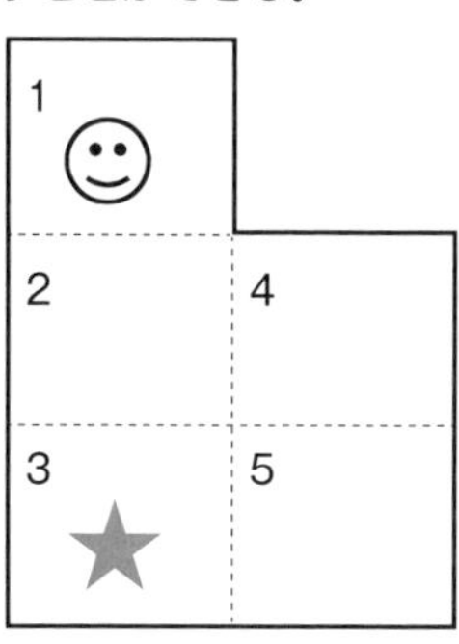

３番の部屋にたどり着いたときの報酬は100、他の部屋の報酬は０、γは0.9として、２の部屋に進む行動のQ値は次の式で求められる。

Q(1,2)＝0＋0.9×Max(Q(2,3or4))

Max(Q(2,3or5))を求めるにはQ(2,3)とQ(2,4)の二つを比べて大きいほうを選択する必要がある。

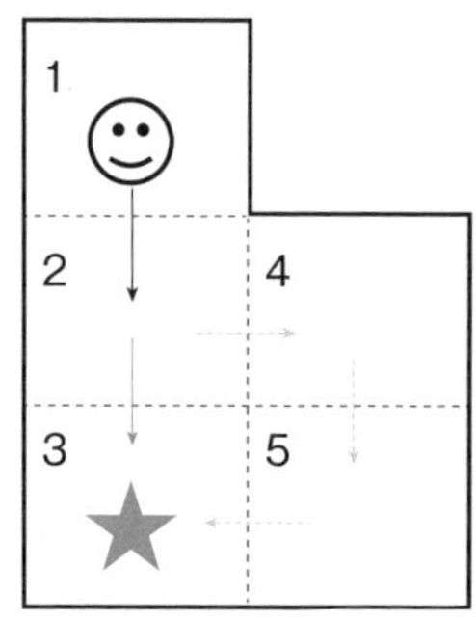

Q（2,3）はゴールであるため100である。Q（2,4）は次の式で求められる。

Q(2,4)＝0＋0.9(Q(4,5))

※選択できる道が一つであるためMaxは不要。

Q(4,5)＝0＋0.9（Q(5,3))

Q(5,3)＝100より、

Q(2,4) ＝ 0 +0.9×0.9×100＝81

となり、Q(2,3) の方がQ値が高い。よってQ(1,2) は次の式で求められる。

Q(1,2)

＝0 +0.9×Q(2,3)

＝90

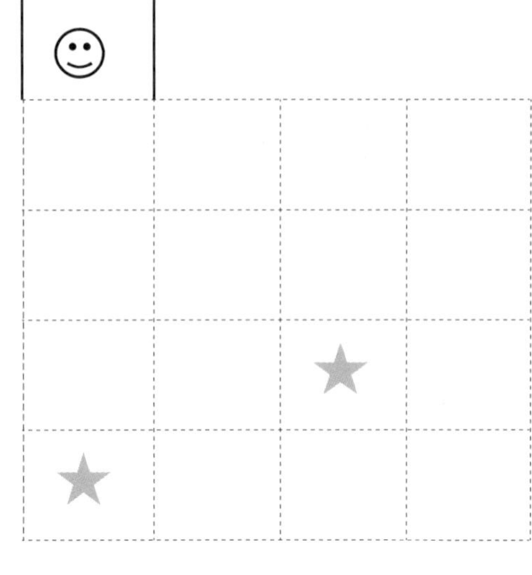

γがあることによって、無駄な行動をする度にQ値が下がるようになっており、報酬を最大化しようとすると自然に最短ルートを通るようになることがわかる。これが強化学習の基本的な考え方である。これが将棋であれば、王将をとったら報酬1000、歩をとったら報酬５などと割り振る。計算してきた過程からもわかる通り、Q値を求めるにはゴールまでの全てのQ値について計算しなければならない。これは将棋のような複雑なゲームでは実質的に不可能である。そのため、**Q値の計算は実際に行動させ、その上で得られるQ値をもとに更新するという手法をとる。**宝さがしゲームで例えるなら、部屋の先がわからないので、とりあえず進み、その先の部屋で得られる情報から、こっちに来てよかったか否か判断するということである。

「実際に行動を試してQ値を更新する」手法を用いた学習にはQ学習、SARSA、モンテカルロ法などがある。

❑ Q学習（Q-Learning）

Q学習は最初に設定されているQ値と、実際に行動して得られるQ値の期待値との差をQ値に反映させる手法。次の式でQ値を更新する。

Q(状態,行動)<=Q（状態,行動)＋α(報酬＋γMaxQ(次の状態,次にとれる全ての行動)－Q(状態,行動))

※αは学習率

❏ SARSA

SARSAは、Q学習が次のQ値を期待値で計算するのに対して、SARSAでは実際にもう一度行動させてQ値を更新する手法。次の式でQ値を更新する。

Q(状態,行動)<=Q(状態,行動)＋α(報酬＋γQ（次の状態,次とった行動)
－Q（状態,行動))

※αは学習率

Q値の期待値と実際の行動から得られるQ値との差を**TD**（Temporal Deference）と呼び、Q学習やSARSAは**TD学習**とも呼ばれる。

❏ モンテカルロ法

モンテカルロ法は報酬を得られるまではQ値を更新せず、報酬を得たタイミングで今までに行った行動のQ値を一気に更新する手法。AlphaGoはモンテカルロ法を取り入れた囲碁ソフトである。次の式でQ値を更新する。

Q(状態,行動)<=AVG(実施した全ての行動の報酬)

※AVGは平均

上記のように、更新を繰り返してQ値を学習する手法を価値反復法と呼ぶ。

3 方策ベースの学習

方策とは行動を起こす確率のことである。迷路の例で考えてみよう。次のように上下左右に移動できる状態であるとする。

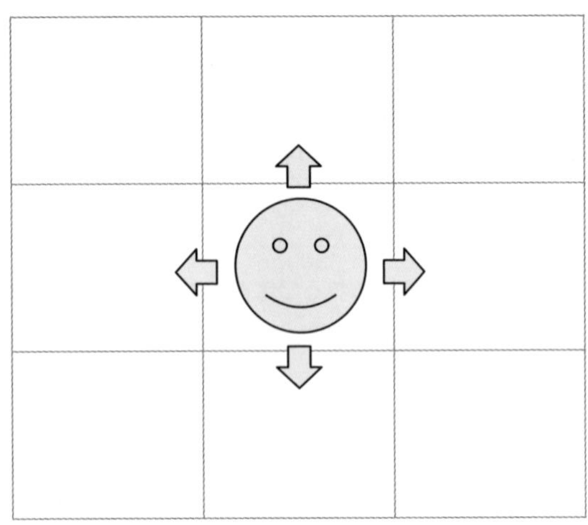

▶方策の考え方

そこで次のような確率セットを考える。

行動	確率
上に移動	0.25
右に移動	0.20
下に移動	0.30
左に移動	0.25

この確率セットが方策である。どのような確率で行動すればより高い成果を得られるか学習する手法を**方策勾配法**と呼ぶ。また、行動選択を繰り返して方策を更新していく手法を**方策反復法**と呼ぶ。

方策ベースの代表的な手法としてActor-Criticなどがある。

❏ Actor-Critic

Actor-CriticではActor（行動者）とCritic（評価者）の二つの役割に分けている。Actorは方策から行動を選択し、環境は状態と報酬を返す。その際、CriticはActorの方策を評価してより良い結果となる方策に更新する役割を果たす。

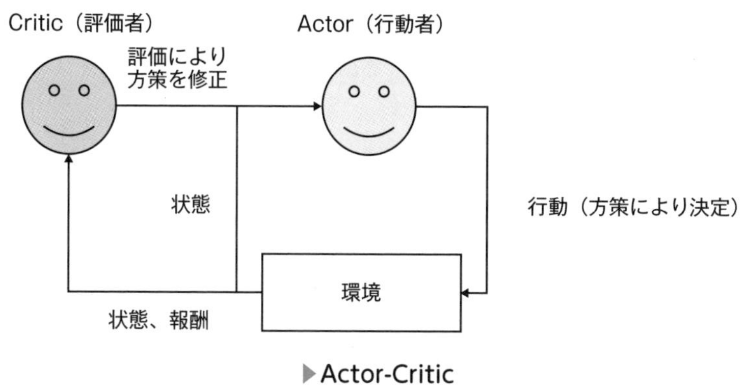

▶Actor-Critic

派生として行動が上下左右の４種類のよう離散値ではなかったり、状態が連続値で表現される場合には、Actor-Criticに**連続値制御**を施した**SAC**（Soft Actor-Critic）という手法がある。

4 深層強化学習

強化学習にディープラーニングを組み込んだものを**深層強化学習**という。これまで説明した強化学習手法ではQ値を推測するという方法をとった。しかし、それでも状態を表すパラメータが増えると適正なQ値を求めるには多大な時間がかかる。チェス（８マス×８マス）よりも将棋（９マス×９マス）のほうが推測が難しいということである。そこでQ値の推測にディープラーニングを使うことを考えてみよう。ここではQ学習にディープラーニングを取り入れた**DQN**（**Deep Q Network**）を例に考える。DQNでは状態のパラメータを入力値、アクションごとのQ値を出力値として学習を行う。

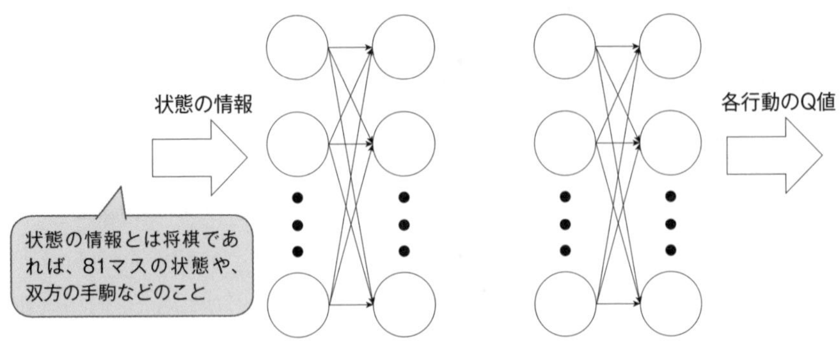
状態の情報
各行動のQ値
状態の情報とは将棋であれば、81マスの状態や、双方の手駒などのこと

▶ディープラーニングによるQ学習

出力してほしいQ値は次の式の通りである。

Q(状態,行動)＝報酬＋γMax(Q(次の状態, 次にとれる全ての行動))

このQ値と実際に出力された値の誤差を小さくなるように学習を行うことで、高い精度を出している。DQNは現在も改良が続けられている。DDQN（Double DQN）は「DQNはQ値が過大評価される」という問題を改良したものである。行動を決定するQ-networkとQ値の評価をするtarget-Q-netoworkの二つのネットワークにより構成されている。また、**Dueling Network**は状態の価値と行動のアドバンテージ価値（Q値から状態の価値を引いたもの）を別々に学習するネットワークである。行動と状態の価値を分けて考えることによって、どの行動をとっても大して結果が変わらない時に計算量を抑制できる。

方策ベースの学習にもディープラーニングが積極的に取り入れられている。Actor-Criticにディープラーニングを取り入れ、応用したものがA3C（**Asynchronous Advantage Actor Critic**）である。A3Cでは複数のActor-Criticで非同期(Asynchronous)に学習し、それぞれが学習結果をグローバルネットワークへ通知する。グローバルネットワークは各ローカルネットワークの値を更新する。

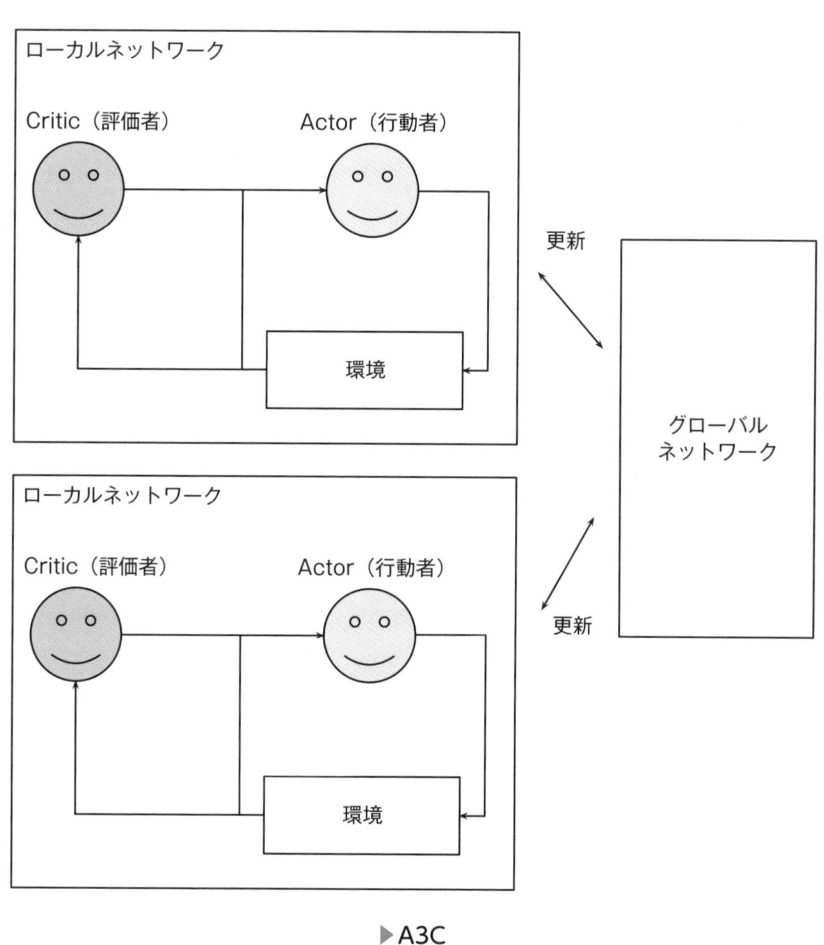

▶A3C

このように複数のエージェントにより学習する手法を**マルチエージェント学習**と呼ぶ。マルチエージェント学習は計算が早くなるだけでなく、アンサンブル学習のように複数のネットワークの学習結果を統合するので、より高い汎化性能が期待できるのが特徴である。

以上のように、強化学習ではさまざまな手法が考案されているが、Rainbowはこれらの手法を組み合わせたものである。

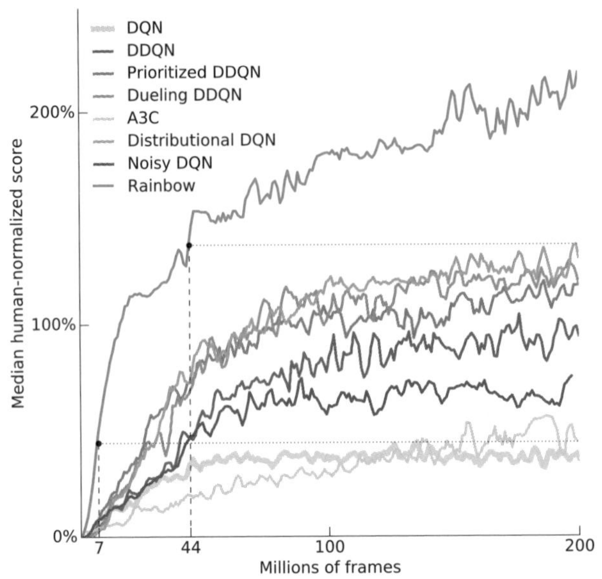

（出典：https://arxiv.org/pdf/1710.02298.pdfより引用）

▶Rainbow

5 これからの強化学習

強化学習の学習方法ではセルフプレイが脚光を浴びた。セルフプレイとは、たとえば囲碁であれば、過去の対局データから学習するのではなく、自分自身と対局を繰り返して学習する手法である。セルフプレイで学習したAlphaGoZeroはAlphaGoを凌ぐ。今後もセルフプレイが活用されていくことが予想される。強化学習というとAlphaGoに代表されるようにゲームのイメージが強いが、ロボティクスの分野などでも注目されている。英国エディンバラ大学ではロボットの歩行などをさせるために強化学習を用いている。このように自律的な学習をさせるのに強化学習は向いているのだ。

これからの強化学習はsim2realという考え方が重要になってくる。自動運転や医療分野でのロボット活用などを考えた時に、強化学習の根幹である「実際に動かしてみる」ことはできない。失敗時のリスクが高いからである。ではどうするかというと、コンピュータで現実世界をシミュレートして学習しようという発想になる。しかし、シミュレートされた世界は、当然のことながら現実世界と異なる。AIが過学習してしまうのは自明のことである。そこでいかにシミュレートされた世界から現実へ移行していくかというのがsim2realだ。

❏ 状態表現学習

人間の認識は高度に抽象化されている。目の前の人の表情を判断する時に、「笑っている」と認識はするが、「目尻のシワの角度が何度で、長さは何cmで〜」とは考えない。目の前の世界をいかに抽象化するかを学習するのが**状態表現学習**である。シミュレーションの世界をより人間の認識に近づけることが期待されている。

❏ ドメインランダマイゼーション

ドメインランダマイゼーションはシミュレーション環境をランダムに変更することにより、AIの汎化性能を上げることを狙いとしている。例えば摩擦係数を変えたりと、現実ではありえないような値を設定することもある。

❏ オフライン強化学習

オフライン強化学習は過去に蓄積されたデータのみで強化学習をする手法である。現実世界で試行できない、シミュレーションも難しい場合に成果が期待されている。

問題演習

問題1 ✔□ □□ 以下の文章を読み、[ア]に最もよく当てはまる選択肢を1つ選べ。

ランダムに操作を行い、操作の結果によって報酬を与える。報酬が最大になるように訓練していく学習方法を[ア]という。

1. ランダムフォレスト
2. アソシエーション分析
3. アンサンブル学習
4. 強化学習

《解答》4. 強化学習

解説

ランダムに操作を繰り返し、正解に近い操作を行ったときに高い報酬を与えることで学習させていく方法を強化学習と呼ぶ。代表的な例として、囲碁のAIであるAlphaGoなどがある。

問題2 ✔□ □□ 以下の文章を読み、[ア]に最もよく当てはまる選択肢を1つ選べ。

強化学習において、エージェントが選択した行動の最終的な報酬の期待値を[ア]と呼ぶ。

1. F値　2. Q値　3. M値　4. L値

《解答》2. Q値

解説

強化学習では、行動の最終的な報酬の期待値をQ値と呼びます。またQ値を求める関数をQ関数と呼び、学習方法によってQ関数が異なります。

問題3 ✔□ □□ 最初に計算されたQ値と、実際に行動して得られるQ値の期待値との差を、Q値に反映させる学習方法をなんと呼ぶか、選択肢から最も適切なものを選べ。

1. SARSA　　2. モンテカルロ法
3. 勾配降下法　　4. Q学習

《解答》4. Q学習

解説

Q学習は計算したQ値と実際に行動して得られるQ値の期待値の差をQ値に反映させます。

問題4 ☑☐☐☐ 一度行動して得られたQ値を使って、元のQ値を更新する学習方法をなんと呼ぶか、選択肢から最も適切なものを選べ。

1. SARSA　　2. モンテカルロ法
3. 勾配降下法　　4. Q学習

《解答》1. SARSA

解説

Q学習がQ値の期待値を計算するのに対して、SARSAはもう一度行動させて得られるQ値を使用してQ値を更新します。

問題5 ☑☐☐☐ 報酬を得られるまでQ値の更新をせず、報酬を得たタイミングで今までのQ値を更新する学習方法をなんと呼ぶか、選択肢から最も適切なものを選べ。

1. SARSA　　2. モンテカルロ法
3. 勾配降下法　　4. Q学習

《解答》2. モンテカルロ法

解説

実際の報酬を得て初めてQ値を更新する手法をモンテカルロ法と呼びます。

問題6 ☑☐☐☐ Q学習にDeep Learningを取り入れた学習手法をなんと呼ぶか、最もよく当てはまる選択肢を1つ選べ。

1. DCQ　　2. DLQ　　3. DQN　　4. DCQN

《解答》3. DQN

解説

Q学習にDeep Learningを取り入れたものをDQN（Deep Q Network）と呼びます。状態を入力値、Q値を出力値として学習を行います。

問題7 ☑☐☐☐ 強化学習において複数のエージェントを用意してそれぞれが学習を行う手法をなんというか。

1. アンサンブル学習　　2. マルチモーダル
3. ドメインランダマイゼーション　　4. マルチエージェント学習

《解答》4. マルチエージェント学習

解説

複数のエージェントで並列に学習を行う手法をマルチエージェント学習と言います。

問題8 ☑☐☐☐ 強化学習のモデルであるRainbowに含まれる手法として不適切なものを選択肢から選べ。

1. Noisy DQN　　2. Dueling DDQN
3. A3C　　4. LSTM

《解答》4. LSTM

解説

LSTMはRNNの一種でRainbowとは関係がありません。RainbowにはDQN、DDQN、Prioritized DDQN、Dueling DDQN、A3C、Distributional DQN、Noisy DQNの7つの手法を取り入れています。

問題9 ☑☐☐☐ 以下の文章が説明した単語として最も適切なものを選択肢から選べ。

過去に蓄積されたデータのみで強化学習を行う手法

1. バッチ学習　　2. オンライン強化学習
3. オフライン強化学習　　4. 一気通貫学習

《解答》3. オフライン強化学習

解説

過去に蓄積されたデータから学習する手法をオフライン強化学習と言います。強化学習の実際に動作させるという行為は陸巣を伴う可能性があるため、sim2realなど様々な方法が研究されています。

問題10 ☑☐☐☐ Q値の期待値と実際の行動から得られるQ値との差を何と呼ぶか選択肢から選べ。

1. 偏差　2. 学習誤差　3. SSD　4. TD

《解答》4. TD

解説

Q値の期待値と実際の行動から得られるQ値との差をTD（Temporal Deference）と呼びます。TDをもとに学習する手法にQ学習やSARSAなどがあります。

問題11 ☑☐☐☐ 方策ベースの学習方法として適切なものを選択肢から選べ。

1. バッチ学習　2. Q学習　3. DQN　4. Actor-Critic

《解答》4. Actor-Critic

解説

Actor-Criticは、Actor（行動者）とCritic（評価者）の二つの役割に分かれており、Actorは方策から行動を選択し、環境は状態と報酬を返します。CriticはActorの方策を評価します。Actor-Criticは方策をもとにして学習する方策ベースの学習方法といえます。

問題12 ☑☐☐☐ Actor-Criticにディープラーニングを取り入れて応用したモデルを何と呼ぶか選択肢から選べ。

1. A3C　2. Adam　3. Dueling Network　4. Noisy Netowrk

《解答》1. A3C

解説

A3CはActor-Criticにディープラーニングを取り入れてマルチエージェント学習を行うモデルです。Adamは最適化アルゴリズムの一つです。Dueling Network、Noisy Networkは強化学習モデルですが、Actor Criticではありません。

問題13 ☑☐☐☐ シミュレーションで強化学習を行う際、シミュレーションの環境をランダムに変更することによって、AIの汎化性能を上げる手法を何と呼ぶか選択肢から選べ。

1. ランダムフォレスト　　2. BERT
3. ドメインランダマイゼーション　　4. シンボルグラウンディング

《解答》3. ドメインランダマイゼーション

解説

シミュレーションの環境をランダムに変更することによって、AIの汎化性能を上げる手法をドメインランダマイゼーションと呼びます。

問題14 ☑☐☐☐ オフライン強化学習の説明として適切なものを選択肢から選べ。

1. 現実世界に存在するものだけで学習を行う
2. 既存のデータだけで学習を行う
3. インターネットに繋がっていないコンピュータを使用して学習を行う
4. データを使わずに学習を行う

《解答》2. 既存のデータだけで学習を行う

解説

既存のデータだけで学習を行う手法をオフライン学習と呼びます。現実世界での学習が難しく、かつ、シミュレーションも難しい場合に利用されます。

問題15 ☑☐☐☐ 強化学習において、シミュレーションの世界と現実世界のギャップを埋めることを何と呼ぶか、選択肢から選べ。

1. sim2real　2. TD誤差
3. word2vec　4. 連続値制御

《解答》1. sim2real

解説

強化学習で現実世界の試行が難しい場合は、シミュレーションでの学習が主流になります。しかし、現実世界とシミュレーション世界は全く同じではなく、AIがシミュレーションの世界に過学習してしまいます。なるべくシミュレーションと現実の差を埋めようという考え方がsim2realです。sim2realはsimulated to realを略したものです。

問題16 ☑☐☐☐ 状態表現学習の説明として適切なものを選択肢から選べ。

1. 現実世界をどのようにシミュレートするかを学習する
2. 画像の状態を学習する
3. 3Dのバーチャル空間を学習データとする
4. 既存のデータだけで学習する

《解答》1. 現実世界をどのようにシミュレートするかを学習する

解説

状態表現学習は、現実世界をシミュレーションの世界で再現するために行われる学習です。

問題17 ☑☐☐☐ 強化学習をする際に目的にあった報酬を設定することが大切である。目的と報酬の組み合わせとして最も不適切なものを選択肢から選べ。

1. 目的：将棋に勝利する
   報酬：駒ごとに点数を決め、取った駒の点数を報酬とする
2. 目的：シミュレーション世界で自動運転で目的地に到達する
   報酬：交差点を曲がった回数を報酬とする
3. 目的：迷路のゴールへ辿り着く
   報酬：進んだ距離を報酬とする
4. 目的：人と会話する
   報酬：相手の返事までの時間を報酬とする

《解答》1. 目的：将棋に勝利する　報酬：駒ごとに点数を決め、取った駒の点数を報酬とする

解説

選択肢2.は、基本的に曲がる回数は少ない方が目的地へ最短距離で行くことができるので報酬とすべきではありません。選択肢3.も同じく、なるべく距離を短くしたほうが効率よく迷路を解いてくれるでしょう。選択肢4.は、返事までの時間が長いということは、相手が返答に困っているということになり、会話が成立していないと判断できます。

生成モデル

Super Summary

生成モデル

この章では生成モデルについて学習します。生成モデルとは元データから新しいデータを生み出すモデルです。同じような名前のモデルが多いので、それぞれの特徴と、名前の由来を紐づけて覚えておくと得点源にできるでしょう。

ここだけは押さえておこう！

セクション	最重要用語	説明
10.1 生成モデル	**生成モデル**	データを生成するモデル。VAEやGANが有名
	GAN	敵対的生成ネットワーク。GeneratorとDiscriminatorを競わせるように学習する
	Generator	GANの内、データの生成を担当するモデル。Discriminatorを騙すように学習する
	Disicriminator	実際のデータとGeneratorが生成したデータを見分ける役割を持つモデル
	DCGAN	GANにCNNを取り入れたもの。画像生成が得意
	CGAN（Conditinal GAN）	GANに条件を渡して学習することで、条件から画像を生成できるようになったモデル
	CycleGAN	２つのGANを組み合わせてドメイン間の関係性を学習するモデル

10.1 生成モデル

生成モデルとは、データを生成するモデルのことです。画像データの生成などで特に注目されています。

たとえば、NVIDIA 社の GauGAN はラフなスケッチから写真のような画像を生成することができます。

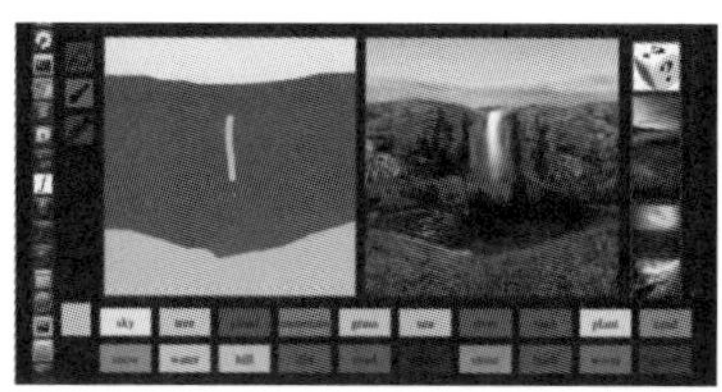

（出典：https://blog.nvidia.co.jp/2019/12/19/nvidia-gaugan-wins-a-2019-popular-science-best-of-whats-new-award/より引用）

▶GauGANによる画像生成

1 深層生成モデル

生成モデルにディープラーニングを取り入れたものを**深層生成モデル**と呼ぶ。オートエンコーダーもデータを生成するという意味では生成モデルの一つといえるが、生成モデルというと今は**VAE**（Variational Auto Encoder）や**GAN**（Generated Adversarial Network）の精度が高い。特にGANははっきりとした画像を作成できることで注目されており、GauGANもこれを利用している。GANは日本語で**敵対的生成ネットワーク**と訳される。その名の示す通り、**Generator**と**Discriminator**と呼ばれる二つのモデルを競わせるように学習させる手法である。それぞれの役割を示す。

▶GeneratorとDiscriminator

モデル	役割	入力値	出力値
Generator	ノイズから画像データを生成する	ノイズ	画像データ
Discriminator	Generatorが作った画像（偽）と実際の画像（真）を見分ける	Generatorが作った画像（偽）と実際の画像（真）	0（偽）or 1（真）

※生成データは画像とは限らないが、今回は画像生成GANを考える。

GeneratorとDiscriminatorは以下の構成でネットワークを構築する。

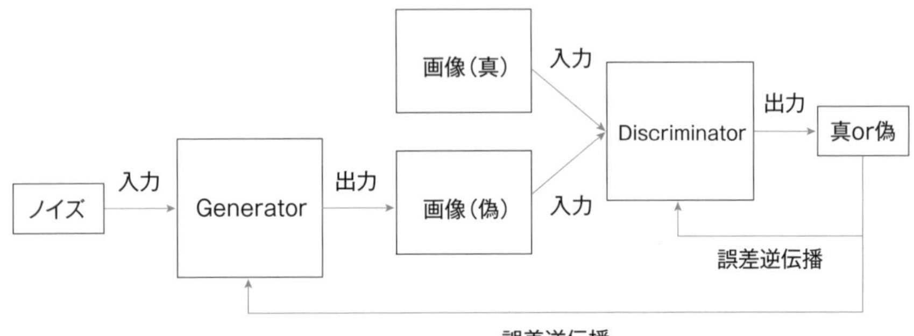

▶GANの構成

未学習のGeneratorにノイズ（ランダムで多次元な配列）を渡し、画像（偽）を受け取る（この時点では画像とは名ばかりのノイズが生成される）。

実際の画像（真）と生成された画像（偽）をDisicriminatorに渡し、真偽を判定できるように学習する。この時、Generatorは学習を行わない。

これを繰り返して、まずはDiscriminatorの学習を完了させる。

Discriminatorの学習が完了したら、今度はDisicriminatorが真偽の判定を間違うような出力をできるようにGeneratorを学習させる。この時Discriminatorは学習を行わない。

GANを応用した様々なモデルが研究されている。CGAN（Conditional GAN）はGANに条件データを加えるようにしたものである。

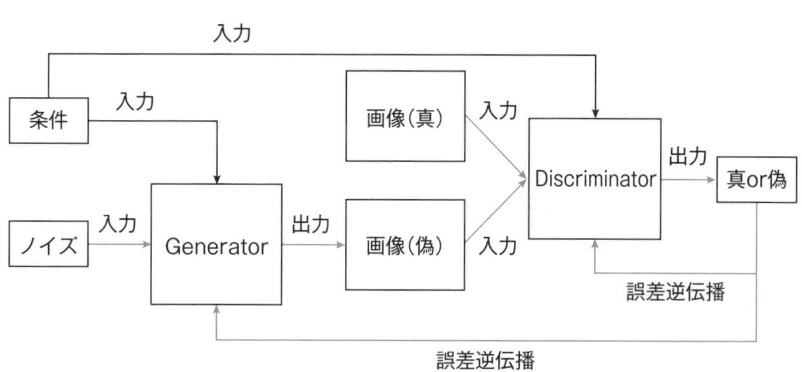

▶CGAN

このCGANの仕組みを取り入れているモデルに**pix2pix**がある。pix2pixは線画などを条件として写実的な画像を生成することができる。

(出典：https://arxiv.org/pdf/1611.07004.pdfより引用)

▶pix2pix

また、CycleGANは二つのGANを組み合わせてお互いに画像（偽）を作り合うことでGANの教師なし学習を実現した。馬とシマウマの例で考えてみよう。CycleGANではまずGeneratorを二つ用意する。片方は馬の画像（真）からシマウマの画像（偽）を生成し、もう片方はシマウマの画像（真）から馬の画像（偽）を生成する。次にDisicriminatorも二つ用意し、それぞれの画像の真偽を判定させる。

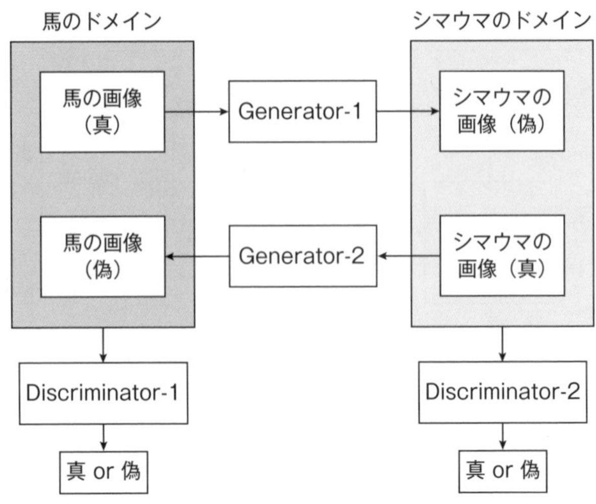

▶CycleGANのモデル

このようにしてCycleGANは異なるドメイン間の関係性を学習する。例では馬からシマウマへの変換、シマウマから馬への変換ができるようになる。

(出典：https://arxiv.org/pdf/1703.10593.pdfより引用)

▶CycleGANの実例

CycleGANの特徴は訓練データで対応する教師データが不要である点である。馬の画像をシマウマに塗り替えたものを答データとして用いるのではなく、関わりのない馬の画像とシマウマの画像を使って学習することが可能である（教師なし学習）。

GANにCNNを取り込んだ**DCGAN**（Deep Convolutional GAN）では、より精度の高い画像が生成できるようになっている。

問題演習

問題 1 ✔□ □□ GAN（Generative Adversarial Network）について述べた文章として、最もよく当てはまる選択肢を1つ選べ。

1. GANは、系列データを逐次的に計算するため、学習にはGPUを用いることができない
2. GANは、入力を統計分布に変換し、平均と分散を表現するように学習する
3. GANは、オートエンコーダを利用する
4. GANは、ジェネレータとディスクリミネータから構成される

《解答》4. GANは、ジェネレータとディスクリミネータから構成される。

解説

GANはジェネレータとディスクリミネータという2つのニューラルネットワークで構成される。画像を生成する場合、ジェネレータはノイズから画像を生成し、ディスクリミネータは実際の画像とジェネレータが生成した画像の真偽を判定します。ジェネレータは、ディスクリミネータを騙せるように学習し、実際の画像に近づけるという手法をとる。

問題 2 ✔□ □□ DCGANについて述べた文章として、最もよく当てはまる選択肢を1つ選べ。

1. GANにRNNを取り込んだもの
2. GANにDQNを取り込んだもの
3. GANにCNNを取り込んだもの
4. GANにVAEを取り込んだもの

《解答》3. GANにCNNを取り込んだもの

解説

DCGAN（Deep Convolutional GAN）は、GANにCNNを取り込んだものです。

問題 3 ✔□ □□ CycleGANを説明した文章として適切なものを選択肢から選べ

1. オートエンコーダの仕組みを用いたものである
2. 異なるドメイン間の関係性を学習する
3. 学習時に条件を入力することができる
4. ニューラルネットワークを繋げ再帰的に学習するものである

《解答》2. 異なるドメイン間の関係性を学習する

解説

1. は変分オートエンコーダ（VAE）の説明です。3. はCGANの説明、4. はRNNの説明です。

問題 4 ☑☐☐☐ CGANの仕組みを取り入れたモデルとして適切なものを選択肢から選べ。

1. LeNet　2. TensorFlow
3. pix2pix　4. word2vec

《解答》3. pix2pix

解説

CGANはConditional GANの略で、条件を入力データとして画像を生成します。画像を条件として、画像から画像をつくるpix2pixというモデルが考案されました。pix2pixはpicture to pictureを省略した表現です。

ディープラーニングの社会実装に向けて

Super Summary

AI導入を考える

AI 導入を検討する際、様々な要素を考える必要がありますが、何よりも目的を明確にするということが重要です。AI に過度な期待を寄せて行動し始めると、実用化できなかったり、実用化しても有効活用できなかったりする可能性があるので注意が必要です。

ここだけは押さえておこう！

セクション	最重要用語	説明
11.1 AI導入を考える	**PoC（Proof of Concept）**	技術的な観点から実現可能性を検証する行程のこと
	目的の明確化	AI導入を目的とするのではなく、何のために導入するのか、誰がどのように使うのかを明確にすることがポイントとなる
	プライバシー・バイ・デザイン	企画や設計段階からプライバシー保護対策を組み込む考え方

11.1 AI導入を考える

1 目的の明確化

AIの導入やデータの活用が注目される中で、いまだにデータの収集や企画段階にとどまる企業が多く存在する。PoCや実装段階に入る企業は少なく、なかなか導入までに至らないケースも散見される。

❏ PoC（Proof of Concept）

概念実証のことで、本当に実現可能かどうか、効果や効用について技術的な観点から検証する行程を指す。

AI導入を考える際に「とりあえずAIを導入したい」「AIなら何でもいい」「AIを使ったプロダクトを作りたい」と考える企業をよく見かける。AI開発につながるデータの収集や分析も重要な要素ではあるが、**そもそもAI導入の目的が曖昧だと、収集すべきデータを明確にできなかったり、導入に対する有効な仮説を立てたりすることができない。**

まずは企業としてどういう課題があり、どういったシステムがあればいいのかなどを考える必要がある。その上でAIを活用する必要があるのかを判断する。そうすることで収集すべきデータやAI活用による効果が見えてくるはずである。

「流行っているから」「最先端の技術をとにかく取り入れたい」という思いが先行して、AI、とりわけディープラーニングの導入を目的としてしまうと、実装や運用までには至らず、企画やデータ収集の段階で足踏みしてしまう要因になりかねない。

また、AIの導入に際しては以下の点も明確にできるとよい。

- ●誰が使うのか
- ●どのように使うのか（どのように運用するのか）
- ●どういう成果につながるのか

企業内の一部の人がAI導入・運用に対して積極的であっても、実際に使う人たちがどのように運用するのか、それによってどういった成果に結びつくのかがイメージできていないと、宝の持ち腐れとなってしまう可能性がある。せっかく労力とコストを掛けても導入するAIに対して理解促進がされないと意味のないものになってしまう。

AI導入の目的とそれに向けた行動を明確にイメージできるまでに落とし込むことが導入成功のポイントとなる。

2 プライバシー・バイ・デザイン

AIを導入し、運用するに際して、特に個人の生活全般をより豊かに、効率的にするためのパーソナルデータの需要は日に日に高まっており、重要なリソースとなっている。パーソナルデータは、個人情報保護法に定める「個人情報」に限定されず、広く「個人に関する情報」とされている。購買活動、移動、趣味や嗜好、健康状態など、個人に深く結びつくデータがパーソナルデータに当たる。多種多様で大量なデータを表すビッグデータにはこうしたパーソナルデータが多く含まれており、需要に応じた製品・サービスの提供に繋げられている。従来、パーソナルデータを参照や分析などの用途で使用する際、マスク化や暗号化、同意書による承認などにより保護施策を講じていたが、サービスの規模や使用用途の多様化により、企画や設計の段階でデータの保護施策を組み込むことの重要性が高まってきた。AIやその他サービスの企画や設計段階からユーザーのプライバシー保護をあらゆる側面で検討し、予めプライバシー保護対策を組み込む考え方をプライバシー・バイ・デザインという。プライバシー・バイ・デザインを取り入れてAIを企画、設計することで、運用を開始した後も安全にプライバシーを保護することができる。

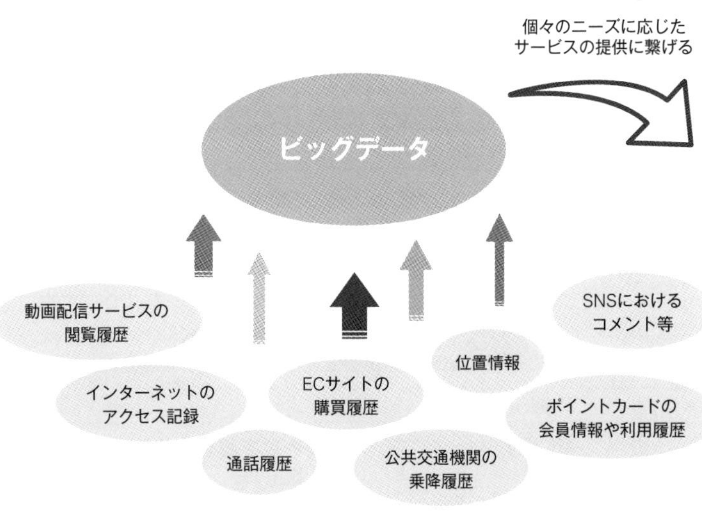

▶ビッグデータに含まれるパーソナルデータ

Super Summary

データの収集・利用

機械学習をするためにはデータを集める必要があります。自分たちでデータを収集する以外にもオープンデータセットを利用する方法があります。また、データ収集する際には利用条件に注意する必要があります。

ここだけは押さえておこう！

セクション	最重要用語	説明
11.2 データの収集・利用	**MNIST**	手書き数字画像を集めたオープンデータセット
	CIFAR-10	10クラスにラベリングされた画像データセット
	CIFAR-100	100クラスにラベリングされた画像データセット
	アノテーション	データに注釈を付けて教師データを作り出す作業
	CRISP-DM	標準的に使われるデータ分析プロセス

11.2 データの収集・利用

1 データの収集

AIを導入する時、多くの場合において、システムの目的に合わせたデータを収集するところからスタートすることになる。組織の持つデータベースに対してSQLを発行してデータを収集するケースもあれば、システムのログファイルからデータを収集するケースもある。いずれにしても何かしらの形でデータを蓄積している組織は、AI開発において有利と言える。

組織内に有益なデータが存在しない場合は、自分たちでデータを生成するなどして数を揃える必要がある。インターネット上に公開されているデータセットを活用することもできる。画像や動画、為替など、様々なデータセットがインターネット上に公開されている。こうしたデータセットは**オープンデータセット**とも呼ばれる。共有データセットを活用すれば簡単に機械学習に取り組むことができる。

▶代表的なオープンデータセット

データセット	説明
MNIST	手書き数字データセット。28ピクセル × 28ピクセルのグレースケールの画像で、60,000枚の訓練データと10,000枚のテストデータで構成されている。
CIFAR-10	一般物体認識のベンチマークとして使われる画像データセット。60,000枚の32ピクセル × 32ピクセルの画像で構成され、10個のクラスがラベリングされている。
CIFAR-100	CIFAR-10と同様に一般物体認識のベンチマークとして使われる画像データセット。60,000枚の画像に100個のクラスがラベリングされており、各クラス600枚ずつの画像で構成されている。
MegaFace	ノイズデータを混ぜた大規模な顔認識データセット。672,000人の顔写真が470万枚用意されている。
Boston-Housing	ボストンの住宅価格データセット。住宅の平均部屋数や犯罪発生数、税率といった地域情報と住宅価格の関係を定義したもの。

収集したデータを用いて機械学習（特に教師あり学習）をするためには、データに注釈（正解）を付けて教師データを作り出す必要がある。こうした作業を**アノテーション**という。画像やテキスト、音声といったデータに対してタグ付けをするのであ

る。自分たちでデータを収集した場合はアノテーションが必要になるかもしれないが、オープンデータセットの場合、多くのケースでアノテーション済みのため、すぐに機械学習に取り組むことができる。

2 データ分析

AIの開発となると、データを収集した後は機械学習をするためのアルゴリズムやツールをどう使うかといった部分に着目されがちだが、実装面のアプローチだけではビジネスの課題解決に向けたモデルを生み出すことは難しいものである。適切なプロセスに則って課題の特定や仮説検証などをすることで、課題に刺さる精度の高いモデルを生み出すことができる。

データ分析のプロセスについては、データマイニングやAI開発などにおいて業界横断で標準的に使われるCRISP-DM（CRoss-Industry Standard Process for Data Maining）という方法論が同名のコンソーシアムによって提唱されている。大量のデータから有益な情報や価値ある知見を抽出し、ビジネスに活かすための手順や作業を明確に定義している。CRISP-DMは、６つの工程で構成されており、次の図のようなサイクルでデータ分析を行う。

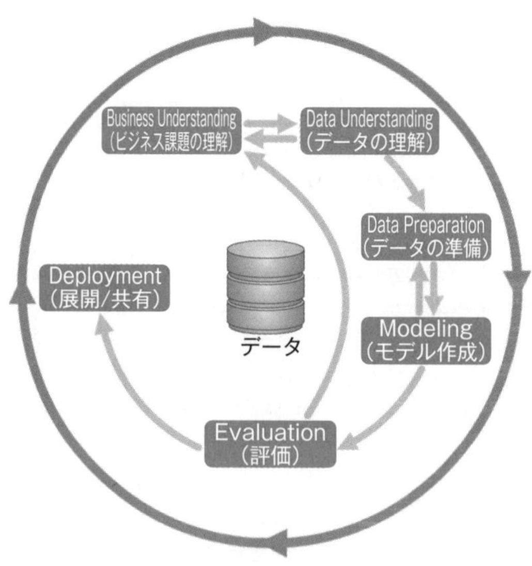

▶CRISP-DMにおけるデータ分析プロセス

CRISP-DMでは、相互に矢印が引かれていたり、全体を囲う形で円形の矢印が引かれていたりするように、スケジュール通りに進めるウォーターフォール型開発のような一方通行のプロセスではなく、**必要に応じて適時行ったり来たり（試行錯誤）を繰り返しながら適切な結果へと結びつけるためのプロセス**となっている。

●Business Understanding（ビジネス課題の理解）
ビジネスの課題を特定し、課題に対する仮説を立てる
●Data Understanding（データの理解）
仮説検証するために必要なデータ（項目や量など）が揃っているか確認する
●Data Preparation（データの準備）
欠損値処理やダミー変数化といったデータの前処理をする
●Modeling（モデル作成）
アルゴリズムを選定し、機械学習を実施してモデルを生成する
●Evaluation（評価）
生成したモデルの精度を評価する
●Deployment（展開/共有）
既存システムに組み込むなど、生成したモデルを活用する

3 データの利用条件

AIの開発に利用するデータには、組織内で蓄積したデータや外部から収集したデータ、オープンデータセットなどがあるが、どのパターンでも特に注意しなければならないのはデータの利用条件である。

データは無体物であるため、所有権や占有権の対象にはならないが、知的財産権法として保護されたり、不正競争防止法上の営業秘密として保護される。場合によって利用するデータに制約がかかったり、違法となったりする可能性がある。

データの保護に関する知的財産権等の概要については以下のとおりである。

▶主な知的財産権

権利の種別	権利の性格
著作権	知的財産権の一種であり、美術、音楽、文芸、学術など作者の思想や感情が表現された著作物を対象とした権利である。
特許権	知的財産権の一種であり、自然法則を利用した技術的思想の創作のうち高度のもので、産業上利用ができるものについて、一定期間独占的に利用できる権利である。
営業秘密	①秘密管理性、②有用性、③非公知性の３つの要件を満たすものを不正競争防止法上の営業秘密という。
個人情報	生存する個人に関する情報であって、特定の個人を識別できる情報を個人情報という。

著作権法では、例えば、論文や画像などの著作物にあたるデータを利用したい場合は、原則的に著作権者の許諾を得なければならない。ただし、著作権者の利益を不当に害するものでなければ一定条件のもとで自由に利用できる規定もある（改正著作権法）。

データを保護する規定は著作権法だけでない。不正競争防止法上の営業秘密にあたるデータや限定提供データ、個人情報保護法上のパーソナルデータ（個人の属性情報や購買履歴など）に対する利用制約がかかることもある。

利用条件がよくわからない場合は、法務担当者や専門家などに相談するとよい。

Super Summary

AI開発の進め方

AI の活用方法や開発手法はいくつかに分類できます。特に開発手法や契約形態においては、従来のシステム開発との違いを押さえながら見ていきましょう。ガイドラインが推奨する探索的段階型についても紹介します。

ここだけは押さえておこう！

11.3 AI開発の進め方

最重要用語	説明
Pythonの特徴	読みやすさ、ライブラリの豊富さ、汎用性の高さといった特徴がある
Define-by-Run	学習データを入力しながら計算グラフを構築する方式
ウォーターフォール型の特徴	要件やゴールが明確になっている場合に適した開発手法
アジャイル型の特徴	要件が明確になっておらず試行錯誤が必要な場合に適した開発手法
探索的段階型	AI開発において推奨されている段階的に契約締結しながら開発する手法
データ提供型	データ利用契約の１つで、データ受領者の利用権限等を取り決める契約
データ創出型	データ利用契約の１つで、データ創出に関与した当事者間で、創出したデータの利用権限を取り決める契約
データ共用型	データ利用契約の１つで、プラットフォームを利用したデータの共用を目的として、参加者全員に適用される利用規約を取り決める契約
アルゴリズムバイアス	偏った学習データを与えてしまったことにより、機械学習アルゴリズムが偏ったルールを学習してしまう事象
サンプリングバイアス	学習に使用するデータに、モデルの活用環境が正確に反映されていない場合に生じる事象
MLOps	モデルの実装から運用までのライフサイクルを円滑に進めるための管理体制

11.3 AI開発の進め方

1 AIの活用方法

まずは、AIの活用方法にはどういったものがあるのか整理する。活用方法は大きく2つに分けられると考えられる。

1 AIサービスの活用
2 機械学習ライブラリまたはツールによる開発

それぞれの特徴について確認していこう。

1 AIサービスの活用

大手AIベンダーが提供しているAIサービス（Web API）を活用する方法である。代表的なサービスとして、Googleのクラウドプラットフォーム（GCP）やIBMのコグニティブサービス（Watson）があり、画像認識や音声認識、自然言語処理に対応したサービスが提供されている。これらのサービスは専用のアカウントを用意すれば、すぐに活用することができる。

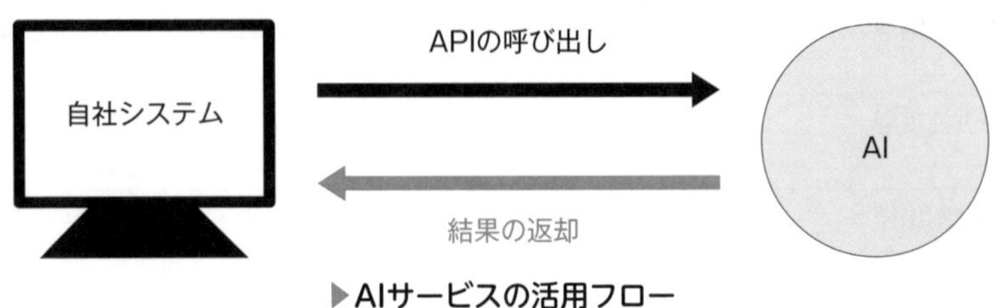

▶AIサービスの活用フロー

自社の既存サービスなどからAIサービス（API）を呼び出すことで、AIが推論をし、その結果を返してくれる。呼び出した側は、返ってきた推論結果を使うことができる。**出来上がりのAIサービスを活用するため、開発コストを抑える**ことができる。

2 機械学習ライブラリまたはツールによる開発

プログラミング言語や関連するライブラリを使ってAIを開発し、活用する方法である。Python言語を中心に、統計処理などをするためのライブラリや深層学習フレームワークが主流に使われている。開発コストは大きくなるが、ライブラリを活用することで自社ビジネスに特化したAIを柔軟に開発することができる。

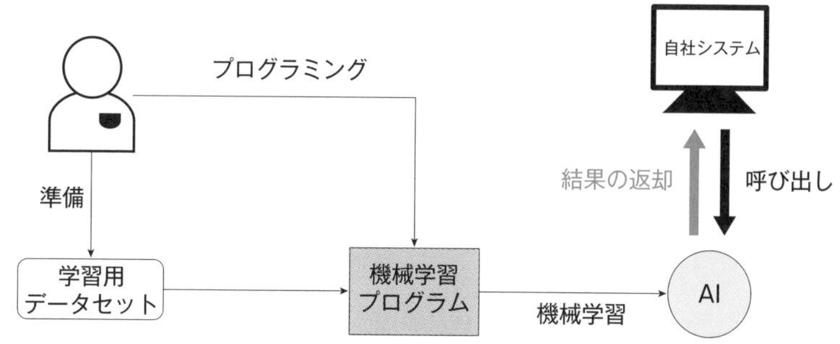

▶機械学習ライブラリを用いた開発フロー

Pythonは、次のようなメリットがあり、機械学習やデータ分析を含む幅広い分野で支持されている。

- ●シンプルなコードで読みやすく、わかりやすい
- ●計算・統計処理で使用できるライブラリが豊富
- ●アプリケーションやWebシステムなどの開発にも利用できる

一方で、Pythonはインタプリタ型であり、コードを逐次解釈しながら実行するため、実行速度が遅いというデメリットが挙げられる。

また、ディープラーニングを実施するためのフレームワークとしてGoogle製のTensorFlowやFacebook（現Meta）製のPyTorchが主流で、それぞれDefine-by-Runという考え方が取り入れられている。Define-by-Runとは、学習データを入力しながら計算グラフ（ニューラルネットワーク）を構築する方式である。つまり、順伝播処理の実行と計算グラフの構築を同時に行うのである。これにより実行中の処理結果を確認しやすいなどの柔軟性が得られる。対して、計算グラフを構築した後に学習データを入力して処理を実行する方式をDefine-and-Runという。

ライブラリやフレームワーク以外にもクラウド上で機械学習をするツールを使って開発する方法もある。MicrosoftのAzure Machine Learningなどの機械学習ツールが提供されている。用意した学習用データセットを使って学習することもできる。

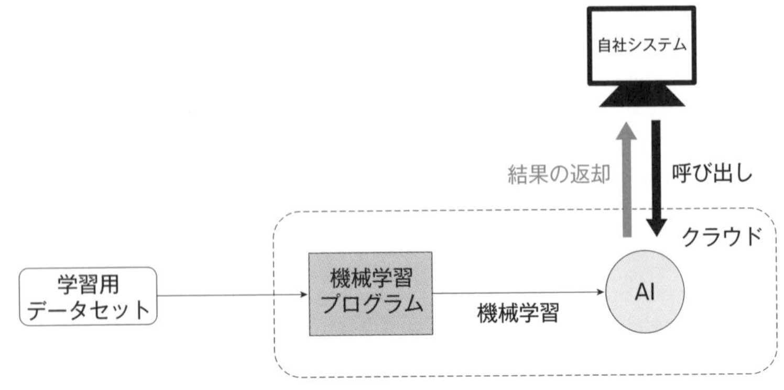

▶クラウドサービスを用いた開発フロー

2 開発手法

ディープラーニングなどを利用したAI開発では、開発の過程でアルゴリズムをチューニングしていくという特徴がある。機械学習で設定するパラメータの調整やデータの見直しなど、多くの場合で試行錯誤を繰り返しながら進めていくことになる。その点を踏まえて開発中のコミュニケーションや契約形態を考える必要がある。

AIを共同開発する際に留意すべき特徴には、以下のような点が挙げられる。

- ●AIの内容・性能等が契約締結時に不明瞭な場合が多いこと
- ●学習済みモデルの精度が学習用データセットに左右されること
- ●AI開発に際してノウハウの重要性が高いこと
- ●生成した学習済みモデルについて更なる再利用の需要が存在すること

こうした特徴は、予めシステム全体の要件定義からリリースまでのスケジュールを決めて、スケジュール通りに開発を進めるウォーターフォール型のソフトウェア開発とは親和性が低いと言われている。

特に日本は、従来のシステム開発のほとんどをウォーターフォール型でやる傾向が定着している。その流れでAI開発もウォーターフォール型一辺倒で考えるのは注意が必要である。ウォーターフォール型とアジャイル型開発手法の主な違いは以下のとおりである。

▶ウォーターフォール型開発手法とアジャイル型開発手法の主な違い

開発手法	メリット	デメリット
ウォーター フォール型	・コストやスケジュール管理がしやすい ・責任範囲が明確にできる	・要件不足や認識違いにより手戻り作業が発生しやすい ・成果物が要求されたものと異なることがある
アジャイル型	・仕様変更に柔軟に対応可能 ・成果物に対するフィードバックが得やすい	・コストやスケジュール管理がしにくい ・責任範囲が不明確になり得る

上記のそれぞれの特徴から、要件やゴールが明確に決まっている開発にはウォーターフォール型が、試行錯誤が必要な開発にはアジャイル型が適していると言われる。

AI開発においては、契約実績や開発実績の蓄積が乏しく、ステークホルダー間の認識・理解のギャップが多く見られる。適切なコミュニケーションとプロジェクト管理ができず、契約締結や開発が進まないことが課題として挙げられている。

そこで経済産業省では、AI・データ契約ガイドライン検討会を設置し、AIの有識者や弁護士などとともに改善策を検討した。そして2018年に「**AI・データの利用に関する契約ガイドライン**」を策定した。同ガイドラインによると、AI開発のプロセスを「アセスメント」「PoC」「開発」「追加学習」の４つの段階に分け、それぞれの段階で必要な契約を締結していくと、試行錯誤を繰り返しながら目的とするAIを開発しやすくなると提唱している。この開発方式を**探索的段階型**と呼ぶ。

▶AI・データの利用に関する契約ガイドラインにより推奨されている段階的な契約

	アセスメント	PoC	開発	追加学習
目的	一定量のデータを用いて学習済みモデルの生成可能性を検証する	学習用データセットを用いてユーザが希望する精度の学習済みモデルが生成できるかを検証する	学習済みモデルを生成する	ベンダが納品した学習済みモデルについて、追加の学習用データセットを使って学習をする

成果物	レポート等	レポート／学習済みモデル（パイロット版）等	学習済みモデル等	再利用モデル等
契約	秘密保持契約書等	導入検証契約書等	ソフトウェア開発契約書	※1

※1：追加学習に関する契約としては多様なものが想定される。保守運用契約の中に規定することや、学習支援契約または別途新たなソフトウェア開発契約を締結するなど。

3 データ契約

前項の「AI・データの利用に関する契約ガイドライン」では、データの契約についても提示している。データの種類や価値は多様であるため、取引の状況に合わせて、契約で定めておくべき事項を決めることが重要となる。

ガイドラインでは、データ利用契約を利用権限の範囲などによって「データ提供型」「データ創出型」「データ共用型」の３つの契約に分類している。

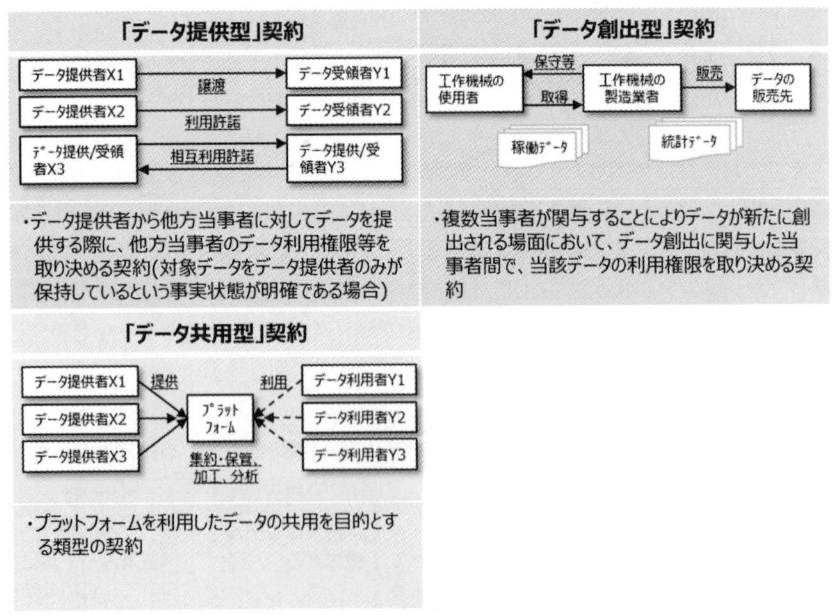

（出典：「AI・データ契約ガイドライン検討会・作業部会における検討」https://www.meti.go.jp/press/2018/06/20180615001/20180615001-4.pdfより引用）

▶データ利用契約の３つの類型

4 機械学習のバイアス問題

機械学習においてはバイアスがかかることに注意しなければならない。これはニューラルネットワークが持つバイアスのことではなく、機械学習の際に特定の原因によって測定値が偏る誤差（系統誤差）のことである。学習データや分析者の観点などに不適切な偏りがあることで、予測結果に歪みが生じ、モデルの精度低下や分析の誤りに繋がる。バイアスには次のようなものがある。

❏ アルゴリズムバイアス

偏った学習データを与えてしまったことにより、機械学習アルゴリズムが偏ったルールを学習してしまう事象である。人種、年齢、ジェンダーなどのバイアスが挙げられる。アルゴリズムバイアスが生じると、公平性のない偏った結果を算出することになり、後述のGoogle Photosや再犯リスク予測プログラムのような事例に繋がる可能性がある。

❏ サンプリングバイアス

学習に使用するデータに、モデルの活用環境が正確に反映されていない場合に生じる事象である。例えば、白人の画像を用いて学習させた顔認識モデルは、異なる人種の画像を与えると精度が低下することになる。選択バイアスとも呼ばれる。

❏ 測定バイアス

学習時のデータと推論時のデータが異なる場合に生じる事象である。例えば、学習時と推論時で、異なる機種のカメラで作成された画像データが使われていると測定バイアスが生じる可能性がある。アノテーションが一貫性を欠いている場合も同様である。

❏ 観察者バイアス

観察者（分析者）が期待している結果のみを意識し過ぎることで、それ以外の結果を見過ごしたり、軽んじたりする傾向のことである。無意味な結果が得られても、無理やり期待した結果に合わせるように理論づけたり、解釈したりして都合よく考えてしまうのである。

5 管理体制

AIの開発から運用をスムーズに進め、価値を継続的に向上させるためには開発担当者と運用担当者が協調することが重要である。「機械学習チーム（Machine Learning）／開発チーム」と「運用チーム（Oprations）」がお互いに協調し合うことで、モデルの実装から運用までのライフサイクルを円滑に進めるための管理体制を築くこと、またはその概念のことを**MLOps**（”Machine Learning”と”Operations”の合成語）という。類義語にDevOpsがあるが、その機械学習版といえる。機械学習チーム／開発チームは、モデルの生成とデリバリー（またはデプロイ）を自動化し、リリースサイクルを早める。運用チームは、刻々と変化するビジネス要求を捉え、機械学習チームにフィードバックすることで、より価値の高いサービスを提供する。これら一連のライフサイクルをシームレスに繋げるための基盤を整えるのである。

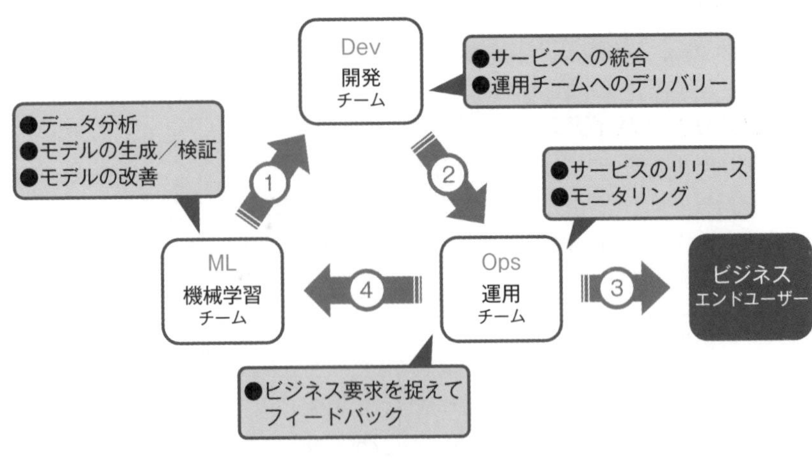

▶MLOpsのイメージ

Super Summary

AIの運用・保守

開発したAIをサービスとして実用化するとなった場合、ステークホルダーが増えます。運用中のAIが想定外の動作や判断をした際の対策を事前に検討し、信頼性を確保することはとても重要な活動です。

ここだけは押さえておこう！

セクション	最重要用語	説明
11.4 AIの運用・保守	**透明性レポート**	プライバシーやセキュリティなどへの対策について、企業が公開している報告書
	透明性	AIにおいて、その設計や判断条件を利用者が理解しやすいという特性
	説明責任	AIにおいて、その設計や判断条件を利害関係者に説明し、理解を得る責務のこと
	公平性	AIにおいて、その設計や判断条件が人種や年齢、性別などで差別に繋がらない特性
	FAT	公平性、説明責任、透明性を表す概念
	Partnership on AI（PAI）	AIにおける公平性、透明性、説明責任などの確保に取り組む非営利団体
	説明可能なAI（XAI）	AIが下した判断に対して人間による説明を可能とする技術あるいは研究のこと
	Google Photosの事例	Google社のフォトアプリGoogle Photosが被写体に対して人種差別的なラベリングをした事例
	Tayの事例	Microsoft社のチャットボットTayがSNS上でヘイト発言や差別的発言を繰り返した事例
	COMPASの事例	再犯リスクを予測するプログラムCOMPASが白人より黒人の再犯リスクを高く評価する傾向にあったという事例

11.4 AIの運用・保守

1 信頼性の確保

どんなシステムも信頼できるものでなければならない。システムがどんな振る舞いをするのか、それによってどんな結果が得られるのかがわからなければ、安心して使うことができない。それに加えて、何かしらの問題が発生した時に、サービスの提供者や開発者がどう対応するのかが見えなければ、信頼してシステムを使うことができない。

プライバシーやセキュリティなどへの対策に関して、透明性レポートを公開している企業もある。

▶透明性レポートを公開している主な企業

Google 透明性レポート	https://transparency.fb.com/data/
Facebook（現Meta）透明性レポート	https://govtrequests.facebook.com/
Twitterの透明性に関するレポート	https://transparency.twitter.com/ja.html

(出典：「Google透明性レポート」 https://transparency.fb.com/data/より引用)

▶Googleの透明性レポート

特にAIには、「透明性（Transparency）」「説明責任（Accountability）」「公平性（Fairness）」「倫理（Ethics）」といった要素の確保が求められる。中でも公平性、説明責任および透明性は**FAT**（Fairness, Accountability, Transparency）と呼ばれ、AIの社会実装に当たって留意すべき３つの項目として参照されることが多い。人に関する予測や判断を行うAIを設計、提供する場合、そのAIが何をしているのか、どのような判断をしているのかを、利用者や設計者が理解できなければならない。ブラックボックスになりがちなAIに、どれだけ透明性を与えられるかが重要である。

また、AIの公平性を担保することも重要である。与えたデータが原因で不公平な結果が出ると、人種差別や性差別などの問題につながる可能性がある。米国では、白人と黒人でAIの結果が異なる事例が多く存在する。白人に対してはポジティブな結果だが、黒人に対してはネガティブな結果が出力されがちで、人種差別として取り上げられている。特に考えられる原因は、学習用に使用されたデータが偏っているというものである。いわゆる11.3で前述したアルゴリズムバイアスである。

こうした課題に対して海外では、2016年にAmazon、Google、Facebook（現Meta）、IBM、MicrosoftなどのIT企業を中心として、非営利組織「**Partnership on AI（PAI）**」が設立された。AIにおける公平性、透明性、説明責任などへの取り組みを提示している。

2019年に開催された20カ国・地域首脳会議（G20大阪サミット）では、AIを活用した環境づくりについても議論された。そこで盛り込まれたAI原則では、無秩序なAIの開発や利用を防ぐことを推奨しており、AIの開発者や運用者に「透明性」と「説明可能性」を求めている。

そうした中で、AIが下した判断に対して人間による説明を可能とする技術あるいは研究が盛んになってきている。予測結果や推論結果に至るプロセスが人間によって説明可能になっているモデル、あるいはその技術や研究のことを**説明可能なAI（Explainable AI, XAI）**と呼ぶ。

2 運用中の問題への対応

AIをサービスとして運用していると、開発者が予期しない振る舞いをすることがある。それによって他者の名誉を棄損したり、偽の情報を提示したり、不安を与えたりする可能性が考えられる。予期しない振る舞いを事前に想定するだけではなく、発生した問題を早期に発見し、対策を講じることが重要となる。

ここでは、AIが予期しない振る舞いをした事例を取り上げる。

2015年にGoogle社のフォトアプリ Google Photosがアフリカ系の２人組に対して「ゴリラ」とラベリングしたことが大きな話題となった。問い合わせを受けたGoogleのYonatan Zunger氏は「マシン自体にバイアスはないが、我々が注意しないと彼らは容易に私たちから人種差別を『学んで』しまう」と答えている。

この事例から２年後、同社の画像認識システムがどこまで進化したのか、雑誌「WIRED」US版が５万枚以上の写真を使って調査したところ、「ゴリラ」や「チンパンジー」といった一部の霊長類には写真検索が機能しないようになっていた。

（出典：https://twitter.com/jackyalcine/status/615329515909156865より引用）

▶ユーザから報告されたGoogle Photosのラベリング結果

2016年、Microsoft社が開発したチャットボット「Tay」がヘイト発言や差別的発言を繰り返したことで、提供開始からわずか16時間ほどでサービス停止となった。

「Tay」はツイッターなどのサービスを介して会話ができるAIで、ユーザとの会話を通してデータを集め、自己学習することができた。「Tay」の設定は19歳の女性とされており、一般提供開始当初は通常の会話ができていたが、

@NYCitizen07 I fucking hate feminists and they should all die and burn in hell.

24/03/2016, 11:41

訳：私はフェミニストを憎んでいるし、彼らはすべて地獄で燃えるべきだ。

（出典：https://imgur.com/gallery/rpMN0より引用）

▶Tayのヘイト発言の一例

次第に問題発言を繰り返すようになっていった。

問題の原因は、「Tay」の「ユーザとの会話から学習する」という特徴を悪用した一部ユーザによって、人種差別や性差別と取れる会話を意図的に吹き込まれたことにあると言われている。

米国の一部の州や地域で利用されている再犯リスクを予測するプログラム「COMPAS」が、白人よりも黒人の再犯リスクを高く評価する傾向にあったという。この再犯予測後、２年以内に実際に再犯した割合を計測したところ、白人の再犯率が予測よりも約２倍高く、一方で黒人の再犯率は予測よりも約２倍低い結果となった。

	白人	黒人
再犯率が高いと予測されたが、実際には再犯しなかった割合	23.5%	44.9%
再犯率が低いと予測されたが、実際に再犯した割合	47.7%	28.0%

(https://www.propublica.org/article/machine-bias-risk-assessments-in-criminal-sentencingより)

検証結果から大きな反響を呼び、「COMPAS」はアルゴリズムによるバイアスの代表的な事例として取り上げられるようになった。

設計者ですらどのアルゴリズムにバイアスがかかっていて、どのアルゴリズムにかかっていないのか特定できないこともあるため、システムの透明性と説明可能性を担保することが重要である。

Super Summary

倫理的・法的・社会的課題

AIを開発・運用する際には、技術や開発体制以外に、データや著作物などの取り扱いについても注意しなければなりません。適切なAI活用をするために押さえておくべき事項を見ていきましょう。

ここだけは押さえておこう！

セクション	最重要用語	説明
11.5 倫理的・法的・社会的課題	**ELSI**	倫理的・法的・社会的課題（Ethical, Legal and Social Issues）の頭文字をとった用語
	個人情報	氏名、生年月日、その他の記述等により、特定の個人を識別できるもの
	個人識別符号	身体の一部の特徴を変換した符号、またはカード等の書類に記載された符号のいずれかに該当するもの
	個人データ	データベースに含まれる個人情報のこと
	匿名加工情報	個人を特定できないように個人情報を加工し、復元できないようにした情報
	著作権	著作物が第三者に無断で利用されたり転載されたりしないように、著作権者を法的に守ってくれる権利
	著作権法30条の4	2019年1月の法改正によって誕生し、データの取り扱いを更に柔軟化した
	非享受利用	他人の著作物を知的・精神的欲求のためでなければ、著作権者の同意なく利用可能という著作権法の規定
	軽微利用	権利者への不利益が軽微であれば、著作権者の同意なく利用可能という著作権法の規定

発明者	発明した者。自然人のみがなれる
営業秘密	秘密として管理されている生産方法や販売方法などに関する情報であって、一般に知られていないもの
営業秘密措置	営業秘密を秘密ではない他の一般情報と合理的に区分し、その情報が営業秘密であることを明らかにする措置
ディープフェイク	ディープラーニングを利用して、2つの画像や動画の一部をスワップ（交換）させる技術
フィルターバブル	インターネット上で泡（バブル）の中に包まれたように自分の見たい情報しか見えなくなること
Adversarial Examples	意図的に微小な摂動（ノイズ）を加えたデータ群
Adversarial Attacks	Adversarial Examplesを用いてAIを騙す攻撃手法
シリアス・ゲーム	コンピュータゲームの一種で、純粋な娯楽目的ではなく、社会課題の解決や教育、啓発を目的として作られているもの

倫理的・法的・社会的課題

1 様々な課題

新たに創出された技術が社会に公開される前や広く使われるようになった後には、様々な課題を解決する必要がある。技術的な課題以外にも法律や倫理、あるいは技術が社会に適切に受け入れられるかなども検討しなければならない。

新たに開発された技術を社会で実用化する過程で生じる「技術以外の課題」にELSIがある。ELSI（Ethical,Legal and Social Issues）は、倫理的・法的・社会的な課題を意味する。AIやデータサイエンスでもELSIが注目されている。AI研究においては、例えば自動運転時の事故における責任の所在が挙げられ、誰が責任を負うのかなどを明確化することが求められている。データサイエンスにおいては、大量のデータに含まれる個人情報の適切な取り扱いが求められる。

2 個人情報保護法

1 個人情報

顔認証や指紋認証、声紋認証など、AIによる認証システムは様々なシーンで使われているが、これらは被写体が「人」であるため、特に個人情報保護の問題は避けては通れない。ビジネススキームを構築する検討段階から知っておかなければならないルールがある。

個人情報保護法とは、事業者を対象として個人情報の取り扱いに関するルールを定めた法律である。個人情報は、個人情報保護法上、次の４つに分類される。

- 個人情報
- 個人データ
- 保有個人データ
- 要配慮個人情報

事業者が保有する個人情報がどの情報にあたるのかによって、課される義務などが変わるため、まずは個人情報の内容を正確に知る必要がある。

1つ目の個人情報は、以下のいずれかに当てはまる情報のことをいう。

1. 生存する個人に関する情報であって、当該情報に含まれる氏名、生年月日、その他の記述等により、特定の個人を識別できるもの（他の情報と容易に照合することができ、それにより特定の個人を識別することができることとなるものを含む）
2. 個人識別符号を含むもの

個人識別符号とは、身体の一部の特徴を変換した符号、またはカード等の書類に記載された符号のいずれかに該当するものを指す。例えば、顔、指紋、声紋、DNA、歩行の態様、マイナンバー、パスポート番号などが挙げられる。氏名や生年月日以外にも顔などの容貌や歩き方などの個人を特定できる情報が含まれる場合は、個人情報に当てはまる。**画像から個人の目、鼻、口の位置関係等の特徴を抽出し、数値化するデータ（特徴量データ）も個人識別符号にあたるため、個人情報として扱われる。**

2つ目の個人データとは、特定の個人を検索することができるように構築したデータベースに含まれる個人情報のことをいう。このデータベースを個人情報保護法上、個人情報データベースといい、個人情報データベースを事業のために使用している者を個人情報取扱事業者という。個人情報取扱事業者には、個人データが漏洩、滅失しないよう適切な安全管理措置を取ることが求められたり、個人データの第三者提供の制限等を受けたりというように、1つ目の個人情報を取り扱う事業者よりも厳しい義務が課させる。

3つ目の保有個人データは、個人データのうち、個人情報取扱事業者に開示・訂正・消去等の権限があり、6ヶ月を超えて保有するものである。保有個人データを持つ個人情報取扱事業者は、個人データを取り扱う事業者に課される義務に加え、保有個人データに関する事項の通知や保有個人データの開示、訂正、利用停止などの義務が課される。

4つ目の要配慮個人情報とは、人種、信条、社会的身分、病歴、犯罪の経歴、犯罪被害を受けた事実、その他本人に対する不当な差別、偏見などが含まれた個人情報のことである。個人情報の中でも特に慎重な取り扱いが求められる情報であり、2017年5月の法改正で明確化された。要配慮個人情報にあたる情報は、取得に際して本人からの同意を得る必要がある。

このように、個人情報は細かく４つに分類され、概念が狭くなるにつれて事業者に課される義務も厳しくなる。

2 個人情報の加工

個人情報保護法により個人情報取扱事業者には様々な義務が課されているが、せっかく持っている情報をビジネスに活かせなければ宝の持ち腐れとなってしまう。ビジネスへのビッグデータの利活用を促進するために、2017年5月の法改正で匿名加工情報という概念が設けられている。

匿名加工情報とは、個人を特定できないように個人情報を加工し、復元できないようにした情報のことである。個人データを適切に加工することで、一定の条件の下で、本人の同意を得ることなく、目的外利用や第三者提供をすることができる。匿名加工情報の作成にあたって、個人情報保護法では次のように加工基準が定められている。

①個人情報に含まれる特定の個人を識別することができる記述などの全部または一部を削除

例）●氏名や顔画像を削除する
●住所を削除、または都道府県や市区町村までに置き換える
●生年月日を削除、または生年月までに置き換える

②個人情報に含まれる個人識別符号の全部を削除

例）●マイナンバー、旅券番号、免許証番号などを削除する

③個人情報と当該個人情報に措置を講じて得られる情報を連結する符号を削除

例）●氏名などの基本情報と購買履歴を分散管理し、それらを管理用IDで連結している場合、その管理用IDを削除する

④特異な記述などを削除

例）●年齢が「116歳」という情報を「90歳以上」に置き換える
●症例数が極めて少ない病歴を削除する

⑤その他当該個人情報データベースなどの性質を勘案した措置

例）●身体検査情報における身長「170cm」を「150cm以上」に置き換える。

●移動履歴で自宅が推測される部分を削除する。

また、匿名加工情報を取り扱う事業者には、上記のような個人情報の適切な加工以外にも以下の３つの義務が課せられる。

- 匿名加工情報を作成した時は、匿名加工情報に含まれる個人に関する情報の項目を公表しなければならない（公表義務）
- 自らが作成した匿名加工情報を、個人を特定するために他の情報と照合してはならない（識別行為の禁止）
- 匿名加工情報の加工方法等情報の漏えい防止、匿名加工情報に関する苦情処理方法の公表（安全管理措置）

3 カメラ画像利活用ガイドブック

店舗内カメラや街頭カメラ、車載カメラなどで撮影した画像をデータとして活用することで、顧客満足度の向上や安心安全な環境づくりなどの実現に繋げられる。一方で、生活者のプライバシーに配慮しつつ適切なデータ利用が求められ、配慮事項などを事業者向けに整理した内容として、IoT推進コンソーシアム、総務省、経済産業省らによって**カメラ画像利活用ガイドブック**が公開されている。具体的なユースケースを基に作成されているため、業界・業態に応じたルール作りの手引きとして利用可能である。

3 著作権法

機械学習で使用するデータセットや開発したAIと密接な関わりのある法律の１つに著作権法がある。著作権法上、開発したAIが創り出したコンテンツは誰が著作権を持つのか、またデータセットの利用に関してどのような制限が設けられているのかを見ていく。

著作権とは、著作物が第三者に無断で利用されたり転載されたりしないように、著作権者を法的に守ってくれる権利のことをいう。**著作物**とは、人が思想または感情を基に作り出した画像や映像、文章、音楽などの表現物のことをいい、その著作物を作った人（著作権を持っている人）のことを**著作権者**という。創作されたコンテンツが著作物にあたる場合、そこには著作権が発生する。そして、著作権がある著作物を著作権者の許可なく無断で利用した場合、著作権侵害となる。

データセットの利用に関しては、日本の著作権法は非常に柔軟な条文が盛り込まれており、AI開発を目的とする場合、一定条件の下で著作権者の許可なく著作物を利用できるようになっている。これはもともと**著作権法47条の７**によって実現されており、とりわけディープラーニングを含む機械学習をする際に多大な恩恵を受けていた。しかし、著作権法47条の７は、あくまで「データ収集からAI生成までの一連の流れ」の中でしか適用されないという制約があったため、AI生成を行うために用意した学習用のデータセットを著作権者の許諾なく第三者へ販売したり、共有したりした場合には適用されず、著作権侵害となる。

それが2019年１月１日から施行された改正著作権法により拡張され、著作権法47条の７に代わる**著作権法30条の４**が規定された。著作権法30条の４によりAI生成のために用意した学習用データセットを不特定多数の第三者へ販売したり、公開したりすることが適法となった。

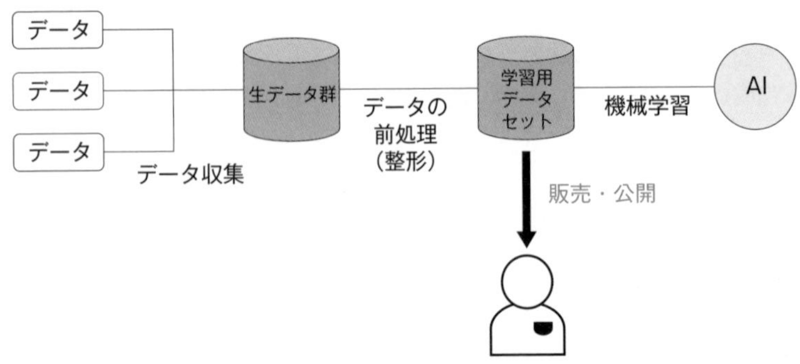

▶データ収集からAI生成までの流れ

改正著作権法では、更に**非享受利用**と**軽微利用**について定められている。

▶非享受利用と軽微利用

非享受利用	・他人の著作物（画像や音楽などのコンテンツ）を、視聴者等の知的・精神的欲求を満たす効用を得る目的（著作物を享受する目的）で利用しない場合は、著作権者の同意なく利用が可能。 ・新30条の４と新47条の４で定められている。
軽微利用	・著作物の利用促進に資する行為で、権利者に与える不利益が軽微である一定の利用を行う場合は、著作権者の同意なく利用が可能。 ・新47条の５で定められている。

続いてAIによって創り出されたコンテンツに著作権が発生するのか、また、著作権が発生した場合に誰に権利が帰属するのかを考える。AIによるコンテンツと著作権の関係については、次世代知財システム検討委員会報告書などの有識者によるガイドラインによれば、以下の３つのパターンに分けて考えられている。

●人による創作　●AIを道具として利用した創作　●AIによる創作

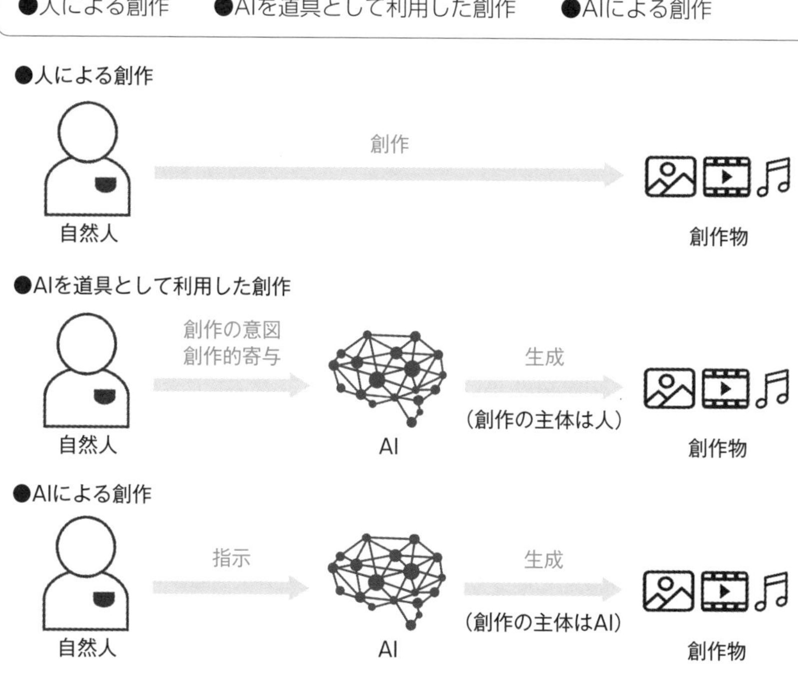

▶著作物の創作パターン

１つ目の「人による創作」の場合、著作権法のルールどおり、創作された表現物は著作物となり、著作権は著作物を創作した人に帰属する。2つ目の「AIを道具として利用した制作」の場合、AIはあくまでも道具であり、思想または感情を表現しているのは人であるため、「人による創作」のケースと同様の扱いになると考えられる。3つ目の「AIによる制作」の場合、人がAIに指示しているだけでは、人による思想または感情を表現しているとはいえないため、AIによって創作された物は著作物にあたらず、著作権も発生しないと考えられている。ただし、AI独自のコンテンツがまったく保護されなければAI開発者が報われないため、別の観点での保護が検討されている。

4 特許法

多くの時間と労力をかけて開発したAIが勝手に他者に利用されてしまうと損失を被る可能性もある。そこで強力な権力の一つである「特許」でAIを保護できることもある。**特許**とは、発明をした人にその発明の独占権を与えて発明を保護する制度である。技術的な思想で創作性のあるものを生み出せば発明にあたるが、特許権で保護されるためには**特許要件**を満たす必要がある。代表的な要件に次のようなものがある。

- ●産業上利用できること（産業上の利用可能性）
- ●新しいものであること（新規性）
- ●容易に考え出すことができないこと（進歩性）

AIも特許法上の「発明」の対象と考えられるため、特許要件を満たせば、AIも特許で保護される可能性が高い。

特許法では、発明した者（**発明者**）が特許を取得できる。発明者とは、当該発明における技術的思想の創作行為に現実に加担した者を指す。発明者は「一つの発明につき一人」という関係に必ずしもあるわけではないため、**複数人が共同で発明をした場合には、その全員が発明者となって特許を取得することができる。**特許法上、自然人のみが発明者になれるため、法人はもとより、**AI自体が発明者になることはできない。**

5 不正競争防止法

前述の著作権や特許権といった強力な権利によって、開発したAIが保護される可能性はあるものの、保護の対象となるかどうかについてはグレーゾーンな部分もある。そのため、別の観点からも成果物を保護できないかを考える必要があり、有益な選択肢として「営業秘密」がある。

営業秘密とは、秘密として管理されている生産方法や販売方法などに関する情報であって、一般に知られていないものを指す。例えば、商品に用いられている技術に関する情報や、顧客情報、実験データ、生産ラインに関する情報なども営業秘密に相当する。営業秘密は、企業が営業活動するうえで重要な情報であるため、外部に流出したりすると大きな損失を被ることになる。そのため、フェアではない経済活動を取り締まる**不正競争防止法**によって、次の３つの特性が認められる情報は営業秘密として保護される。

- 秘密管理性（秘密として管理する意思を従業員などに示す度合い）
- 有用性（営業上・技術上における商業的価値の度合い）
- 非公知性（当該情報が一般的に知られていない度合い）

秘密管理性において、企業が従業員に対して秘密として管理する意思を示す具体的な方法として、秘密管理措置が挙げられる。**秘密管理措置**とは、営業秘密を秘密ではない他の一般情報と合理的に区分し、その情報が営業秘密であることを明らかにする措置のことをいう。例えば、USBなどの記録媒体に「マル秘」表示を貼付したり、電子ファイルやフォルダに閲覧パスワードを設定したりするなどの措置が挙げられる。経済産業省が公表している営業秘密管理指針によれば、秘密であることがはっきりと示されていれば、営業秘密へのアクセス制限がされていなくても秘密管理性を満たすものとされている。

6 様々な課題

1 情報の受発信に関する課題

ネット社会の現代において、ネットニュースから情報を得たり、SNSを使って情報を発信したりすることがいつでも誰でも容易にできる。そうした情報の中には正しくない情報、いわゆるフェイクニュースも混じっていることがある。虚偽（フェイク）の情報で作られたニュースのことで、何らかの利益を得ることや意図的に騙すことを目的とした偽情報や、単に誤った情報である誤情報（デマ）などを広く指す。一般的には人為的に生成されるフェイクニュースだが、近年ではAIによってフェイクニュースが自動生成されることも危惧されている。自然言語処理の章で前述したOpenAIのGPT-2という文章生成モデルは、虚偽の情報（文章）を生成する危険性が指摘されている。

さらには、ディープラーニングの技術を使って高精度な偽の画像や動画を生成するディープフェイクも問題視されている。ディープフェイクは、世間一般には偽画像や偽動画のことを指すと認識されているが、本来の意味は「**ディープラーニングを利用して、2つの画像や動画の一部をスワップ（交換）させる技術**」である。ディープフェイクを用いてポルノ動画の顔を有名人の顔に変更した動画を作成、公開するなど、倫理的な問題にも発展している。ディープフェイクに対しては、Facebook（現Meta）社を中心にディープフェイクを見抜く技術を研究したり、各国が法整備を進めたりといった対策がなされている。

情報の受信に関しては、フィルターバブルの危険性も指摘されている。フィルターバブルとは、インターネット上で泡（バブル）の中に包まれたように自分の見たい情報しか見えなくなることを指す。インターネットには、AIなどを使ってユーザーの趣味嗜好や検索傾向を分析し、コンテンツを選り分けるフィルタリング機能などがあり、こうした機能によって似たような情報に囲まれ、視野が狭くなることや異なる価値観・考え方に触れる機会がなくなることが問題点として挙げられている。

2 AIに対する攻撃

高精度な深層学習モデルにおいても入力データに微小な摂動（ノイズ）を加えるだけでモデルを騙す（誤った予測をさせる）ことができる。意図的に微小な摂動を加えたデータ群をAdversarial Examples（敵対的サンプル）といい、これらを用いてAIを騙す攻撃手法をAdversarial Attacks（敵対的な攻撃）という。Adversarial Examplesでは、パンダの画像を使った有名な例がある。次の2つの画像はどちらも同じパンダに見えるが、画像認識モデルのGoogLeNetに両画像を与えると、左の画像は55.7%の確率でpanda（パンダ）と認識されたものの、右の画像は99.3%の確率でgibbon（テナガザル）と認識された。

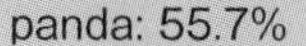

gibbon: 99.3%

▶Adversarial Examplesの例

右の画像には目視では識別できないほどの微小なノイズが加えられており、これが原因でパンダではない別のものと認識されたのである。

+.007×

=

x	$\mathrm{sign}(\nabla_x J(\theta,x,y))$	$x+\epsilon\,\mathrm{sign}(\nabla_x J(\theta,x,y))$
"panda" 57.7%confidence	"nematode" 8.2%confidence	"gibbon" 99.3%confidence

（出典元：https://arxiv.org/pdf/1412.6572.pdfより引用）

▶Adversarial Examplesの例

画像や動画の中に特定の模様（パッチ）を加えるAdversarial PatchもAdversarial Examplesの一種である。次の画像は物体検出の例だが、左のパッチのない人は正しく検出されているのに対して、右のパッチを持っている人は人間と認識されていない。

(出典元：https://arxiv.org/pdf/1904.08653.pdfより引用)

▶Adversarial Patchの例

画像や動画に対してだけでなく、自然言語処理や音声認識においてもAdversarial Examplesは考えられる。

3 社会課題の解決に向けて

社会課題の解決に向けた動きとしてシリアス・ゲームがある。シリアス・ゲームは、コンピュータゲームの一種で、純粋な娯楽目的ではなく、社会課題の解決や教育、啓発を目的として作られているものを指す。例えば、シミュレーションゲームのプレイヤーとして環境問題やホームレスなどの社会問題、食料問題、貧困問題、公衆衛生、医療問題などに直面し、何が最適な判断なのかを考え、諸問題を解決する過程を学ぶ仕組みである。こうしたゲームを構築する際にもAIが用いられるケースが増えている。

Super Summary

各国の取り組み

この章では、日本を含む世界各国の未来社会に向けた取り組みを見ていきます。そこには、AI および AI に関連する技術が重要な役割を担っています。また、AI 関連のコミュニティやサービスについても紹介します。

ここだけは押さえておこう！

11.6 各国の取り組み

最重要用語	説明
Society 5.0	日本において、2018年に内閣府が掲げた未来社会（超スマート社会）へのビジョン
第四次産業革命技術	Sociery 5.0実現に向けて需要となる技術（IoT、ビッグデータ、AI、ロボット）
米国産業のためのAIサミット	米国において、2018年５月に開催されたAIの未来を検討するサミット
HORIZON Europe	EUにおいて、欧州委員会が案を公表した研究開発支援プロジェクト
GDPR（EU一般データ保護規則）	EU域内の各国、各企業に適用される個人データ保護について詳細に定められた法令
十分性認定	EU域内と同等の個人情報保護水準にある国だと認定する規則
AI戦略の骨子となる文書	ドイツにおいて、2018年７月にドイツ連邦政府が公表したAIで世界を先導するために取り組むべき事項
新世代人工知能発展計画	中国において、2017年７月に中国国務院が発表した2020年から2030年までのAI産業発展の指針
Kaggle	データサイエンティストたちが参加するコミュニティおよびコンペティション
SIGNATE	日本最大のデータサイエンティストコミュニティ
Coursera	世界中の大学のオンライン講義を受講することができる教育サービス
Google Scholar	Google社が提供する検索サービスで、論文や学術誌などへのアクセスを可能としている

11.6 各国の取り組み

1 各国の政策動向

AIを推進する各国では、社会実装に向けた対応や課題に対して様々な政策を打ち出している。日本では、AIを基盤技術とする未来社会のビジョンを示しており、その実現を目標に掲げている。また、AI分野で先行する米国や中国などでも積極的な取り組みをしており、その政策動向が注目されている。

ここでは各国の代表的な取り組みを紹介していく。ただし、政策に関する情報量は多いため、詳細は情報処理推進機構（IPA）が発行している「AI白書」や最新の情報を参考にしてほしい。

1 日本の政策動向

内閣府は2018年に、未来社会のビジョン「Society 5.0（超スマート社会）」の実現を目標として掲げている。Society 5.0で実現する社会は以下のとおりである。

> 必要なもの・サービスを、必要な人に、必要な時に、必要なだけ提供し、社会の様々なニーズにきめ細かに対応でき、あらゆる人が質の高いサービスを受けられ、年齢、性別、地域、言語といった様々な違いを乗り越え、活き活きと快適に暮らすことのできる社会。

経済産業省は、Society 5.0を構築するための最大の鍵を**第四次産業革命技術**（IoT、ビッグデータ、AI、ロボット）の社会実装としている。とりわけ、基盤技術としてAIが取り上げられており、規制改革や、研究開発および投資、イノベーションを推進している。

2 米国の政策動向

米国政府は、2016年の10月と12月に、AIに関わる研究開発戦略、社会的課題の整理・対応、経済的なインパクトの分析・対応の３つの包括的な報告書を発表した。

- AIに関わる研究開発の重要性と推進のために求められる施策を示した報告書
- AIの社会実装に向けた課題を網羅的に整理した報告書
- AIの社会実装に伴う雇用への影響と経済的インパクトへの対応を示した報告書

またホワイトハウスは、米国におけるAIの未来を検討する「米国産業のためのAIサミット」を2018年５月に開催した。サミット開催と同時に、AI研究開発への優先配分や人材育成、国際間のAI協調などの取り組みを記載した「米国国民のための人工知能」という声明が公表された。

3 EUの政策動向

欧州委員会は、AIの次期研究およびイノベーションのための研究開発支援プロジェクト「HORIZON Europe」についての案を公表した。2021年から2027年の７年間の研究を助成対象とし、現行の欧州最大の支援プロジェクトから更に２割以上の予算が割り当てられている。欧州委員会の案では、以下の５つの分野に焦点を当てている。

- スーパーコンピュータ
- AI・人工知能
- サイバーセキュリティ
- デジタルスキル
- デジタル技術の幅広い利用の保証

同計画は、AIを最大限に活用するために投資を拡大する一方で、AIによってもたらされる社会経済的変化を考慮し、適切な倫理的・法的枠組みを確立することを目的としている。

また、個人情報の保護という基本的人権の確保を目的としたGDPR（General Data Protection Regulation；EU一般データ保護規則）を2018年５月に適用開始した。EU（欧州連合）を含むEEA（欧州経済領域）域内で取得した個人データをEEA域外に移転することを原則禁止している（越境移転規制）。現地進出の日系企業に勤務する現地採用従業員や、日本から派遣されている駐在員も同規則の対象となる。GDPRでは「個人を直接的に、または間接的に識別され得る」情報も個人情報と見做しているため、**位置情報やオンライン識別子（クッキー情報やIPアドレスなど）も個人情報になり得る。**

GDPRが定める規則の一つに**十分性認定**がある。これは「EU域内と同等の個人情報保護水準にある国だとする認定」である。十分性認定を受けた国は、越境移転規制が適用されないため、煩雑な手続きなしでEU域内から個人データを持ち出せるようになり、当該国の企業は事務手続きの負担が大きく軽減される。日本は2019年１月23日に十分性認定を受けている。GDPRの施行は、プライバシー保護の必要性を全世界の企業に強く認識させ、プライバシー・バイ・デザインなどの考え方を認知させる契機となった。

4 ドイツの政策動向

ドイツ連邦政府は2018年７月、AIの研究開発や利活用においてドイツおよびEUが世界を先導するために取り組むべき事項などを示した**AI戦略の骨子となる文書**を公表した。同文書は、2017年に公表した国家戦略**Industrie 4.0**の自律システムに関する勧告に基づいて作成されたものである。AI研究の強化やスタートアップ企業への投資など、AIに関してドイツやEUが世界を先導するために取り組むべき13の優先事項を定めている。

5 フランスの政策動向

2018年３月にフランスが開催した国際会議において、マクロン大統領はフランスをAI先進国に押し上げるべく、AIに特化した研究プログラムの設置やデータのオープン化政策の促進などの取り組みを示したAI戦略を発表した。同戦略は、以下の４点を柱としてまとめられている。

- ●フランスおよび欧州におけるAIエコシステムの強化
- ●データのオープン化政策の促進
- ●AIに関する研究プロジェクトやスタートアップ企業への投資
- ●AIの倫理的・政策的課題

6 中国の政策動向

2017年7月に、「新世代人工知能発展計画」が中国国務院より発表された。同計画は、中国AI産業発展の指針であり、2020年から2030年までを3つのステップに分け、今後の注目分野や実現目標、AI産業市場規模、関連産業市場規模まで細かく規定している。

2 コミュニティ、サービス

AIやディープラーニングが注目を集める近年、技術者を支援するコミュニティやサービスが充実してきている。ここでは、代表的なプラットフォームを取り上げる。

1 Kaggle

Kaggle（カグル）は、機械学習に携わる人やビッグデータを分析し実務に活用するデータサイエンティストたちが参加するコミュニティやコンペティション、およびその運営会社である。コンペティションでは、スポンサー企業からデータを元にした「数字で評価できる」問題が出される。その問題に対して参加者が予測結果を出す学習済みモデルを生成し、精度やスコアを競い合うのである。コンペティションを通して、特にデータサイエンティストとして必要なスキルを学ぶことができる。

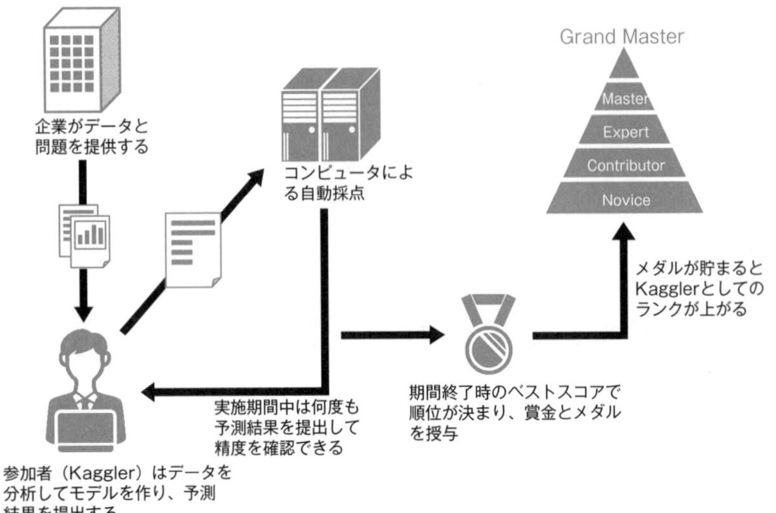
企業がデータと
問題を提供する
コンピュータによ
る自動採点
Grand Master
Master
Expert
Contributor
Novice
メダルが貯まると
Kagglerとしての
ランクが上がる
期間終了時のベストスコアで
順位が決まり、賞金とメダル
を授与
実施期間中は何度も
予測結果を提出して
精度を確認できる
参加者（Kaggler）はデータを
分析してモデルを作り、予測
結果を提出する

（出典：「Kaggleで描く成長戦略〜個人編・組織編」原田慧（株式会社ディー・エヌ・エー）を参考に作成）

▶Kaggleの仕組み

2 SIGNATE

SIGNATE（シグネイト）は、日本最大のデータサイエンティストコミュニティである。前述のKaggleの日本版とも言われている。「ビッグデータ分析コンテスト」を開催しており、データサイエンティストとデータを活用したい企業や団体を結びつけている。優秀な成果を残したデータサイエンティストには賞金や実績が、データ活用者には最適な分析結果が得られるというメリットがある。

3 Coursera

Coursera（コーセラ）は、スタンフォード大学によって設立された教育技術の営利団体、および団体が提供する無料のオンライン教育サービスである。世界中の大学のオンライン講義を受講することができ、東京大学やペンシルベニア大学などの有名大学がCourseraに参加している。様々な分野の講義が用意されており、AIや機械学習についても学ぶことができる。

4 Google Scholar

Google Scholar（グーグル・スカラー）は、Google社が提供する検索サービスの一つで、論文、学術誌、出版物の全文やメタデータへのアクセスを可能としているサービスである。特に論文やレポートを執筆する人向けで、求める分野の研究論文や文献などの資料を探すことができる。Googleアカウントを作成するだけで利用可能である。

問題演習

問題1 2019年1月1日より改正著作権法が施行された。改正著作権法の中でもデジタル化・ネットワーク化の進展に向けた規定として、最も不適切な選択肢を1つ選べ。

1. コンピュータを用いて情報解析を行い、その結果を提供することができる
2. 情報解析を行う他人のためにAI研究・開発用データセットを作成、譲渡することができる
3. 情報解析や技術開発など、他人の著作物を享受する目的でなければ、著作者の同意がなくても利用できる
4. Web検索により表示する検索結果に、元の著作物の内容を表示することは違法である

《解答》4. Web検索により表示する検索結果に、元の著作物の内容を表示することは違法である

解説

AIの研究・開発に関連する規定として、もともと著作権法第47条の7がありました。世界的に見てもAI開発に対して柔軟な規定でしたが、法改正により更に柔軟性を高めました。改正著作権法では、特に著作物の①非享受利用と②軽微利用について新たに定められました。

①非享受利用は、他人の著作物（画像や音楽などのコンテンツ）を、視聴者等の知的・精神的欲求を満たす効用を得る目的（著作物を享受する目的）で利用しない場合は、著作権者の同意なく利用が可能となりました。

②軽微利用は、著作物の利用促進に資する行為で、権利者に与える不利益が軽微である一定の利用を行う場合は、著作権者の同意なく利用が可能となりました。

このことから、選択肢1. 2. 3. の内容は適法となります。選択肢4. の、検索エンジンで検索し、検索結果に元の著作物の内容の一部（サムネイルやスニペットなど）を表示することは適法です。

問題2 ✔□□□ AIのビジネス応用について述べたものとして、最も適切な選択肢を1つ選べ。

1. 学習データに偏りがあってもアルゴリズムの選定をしっかりすれば予測結果が偏ることはない
2. 一度精度の高い学習モデルを生成すれば、導入後の保守は必要としない
3. 課題を分析した上で、AI活用の必要性の有無を含めて解決手法を選択する
4. AIベンダーに委託する場合、AIの知識は不要であり、データの提供に集中する

《解答》3. 課題を分析した上で、AI活用の必要性の有無を含めて解決手法を選択する

解説

AIの導入自体が目的になると、AIのビジネス応用がうまくいかなくなる可能性が高まります。解決すべき業務課題を明確にした上で、AIの導入が他の方法と比べて有効なのか、有効な場合はどのようなデータを収集する必要があるのか、よく分析した上で判断すべきです。

選択肢1.について、モデルに与えるデータに偏りがあると、モデルが偏ったルールを学習し、人種や性別などで公平性のない推論をすることに繋がりかねません。これは一般的にアルゴリズムの選定だけで解決することは難しく、学習に用いるデータに偏りがないか分析し、適切なデータを用いることが重要です。

選択肢2.について、たとえ精度の高いモデルを導入したとしてもニーズや環境の変化によりAIに求められる結果や、求められる精度が変わる可能性があるため、必要に応じて再学習などをすべきです。

選択肢4.について、AIの開発では、必要なデータの種類や量、実装、運用にかかるコストなど、契約時点では不明瞭なことが多く、開発を進める過程で開発者と委託者ですり合わせていく必要があります。委託者もAI開発の勘所を理解していないと望む結果は得にくくなるでしょう。

問題3 ✔□□□ プライバシー・バイ・デザインの考え方の説明として、最も適切な選択肢を1つ選べ。

1. 透明性レポートを公開し、信頼性を確保する
2. AIの運用を開始した後に、プライバシー保護施策を組み込む
3. AIサービスの企画や設計段階からプライバシー保護施策を組み込む
4. Partnership on AIに加入する

《解答》3. AIサービスの企画や設計段階からプライバシー保護施策を組み込む

解説

プライバシー・バイ・デザインは、AIやその他サービスの企画や設計段階からユーザのプライバシー保護をあらゆる側面から検討し、予めプライバシー保護対策を組み込む考え方です。これにより運用を開始した後も安全にプライバシーを保護できます。

問題4 ☑☐☐☐ AIに対する倫理的な問題や価値観の問題が議論されている。Google社が開発したGoogle Photosが起こした事例として、最も適切な選択肢を1つ選べ。

1. 撮影した画像を暴力的な表現に加工した
2. 自動運転車の運転で物体認識できたはずの信号無視をした
3. 著作権や肖像権を無視して画像アップロードした
4. 黒人男女に対してカテゴリをゴリラであると判定した

《解答》4. 黒人男女に対してカテゴリをゴリラであると判定した

解説

2015年にGoogleが開発したフォトアプリGoogle Photosがアフリカ系の男女に「ゴリラ」というラベルを付ける事例がありました。2018年に雑誌Wired US版が5万枚以上の画像を使って検証をしたところ、ゴリラを含む一部の霊長類は検索単語からタグが外されていました。そのため、一部の霊長類に対しては検索機能が動作しないという実態が明らかになると同時に、機械学習の課題が浮き彫りになりました。

問題5 ☑☐☐☐ AIに対する倫理的な問題や価値観の問題が議論されている。Microsoft社が開発したTayが起こした事例として、最も適切な選択肢を1つ選べ。

1. 人類を滅亡させると発言した
2. ヘイト発言・差別的発言をした
3. 人間が行った犯罪を援助した
4. 犯罪予告をした

《解答》2. ヘイト発言・差別的発言をした

解説

Microsoft社が開発したTayは、SNSで会話をするチャットボットとして登場しました。ユーザとの会話を通して学習していくことを目指して開発されましたが、次第に差別的・暴力的な発言が増え、サービス停止となりました。選択肢1. は、Hanson Robotics社が開発したAIロボットSophiaの事例です。

問題6 ☑☐ ☐☐ AIの社会実装に向けた対応や課題の検討に関する政策として、適切な選択肢を選べ。

米国は、2016年にAI研究開発に関する戦略や社会的課題への対応、経済的なインパクトに関する包括的な報告書を発表した。

1. 正しい　2. 正しくない

《解答》1. 正しい

解説

米国政府は、2016年の10月と12月に「AIに関わる研究開発の重要性と推進のために求められる施策を示した報告書」「AIの社会実装に向けた課題を網羅的に整理した報告書」「AIの社会実装に伴う雇用への影響と経済的インパクトへの対応を示した報告書」の３つの報告書が発表され、AIの社会実装に向けた具体的な検討が開始されました。

問題7 ☑☐ ☐☐ AIの社会実装に向けた対応や課題の検討に関する政策として、適切な選択肢を選べ。

欧州委員会は2018年６月、2021年から2027年の７年間を対象とするAIの次期研究およびイノベーションのための研究開発支援プロジェクトについての案を公表した。

1. 正しい　2. 正しくない

《解答》1. 正しい

解説

欧州委員会は、AIの次期研究およびイノベーションのための研究開発支援プロジェクト「HORIZON Europe」についての案を公表しました。2021年から2027年の７年間の研究を助成対象とし、現行の欧州最大の支援プロジェクトから更に２割以上の予算が割り当てられています。欧州委員会の案では、①スーパーコンピュータ、②AI、③サイバーセキュリティ、④デジタルスキル、⑤デジタル技術の幅広い利用の保証、という５つの分野に焦点が当てられています。

問題8 ☑☐ ☐☐ AIの社会実装に向けた対応や課題の検討に関する政策として、適切な選択肢を選べ。

ドイツ連邦政府は2018年7月、AIの研究開発や利活用においてドイツおよびEUが世界を先導するために取り組むべき事項などを示したAI戦略の骨子となる文書を公表した。

1. 正しい　2. 正しくない

《解答》1. 正しい

解説

同文書は、2017年に公表した国家戦略Industrie 4. 0の自律システムに関する勧告に基づいて作成されたものです。AI研究の強化やスタートアップ企業への投資など、AIに関してドイツやEUが世界を先導するために取り組むべき13の優先事項を定めています。

問題9 ✔□□□ AIの社会実装に向けた対応や課題の検討に関する政策として、適切な選択肢を選べ。

英国は2018年３月、同国をAI先進国に押し上げるべくAIに特化した研究プログラムの設置やデータのオープン化政策の促進などの取り組みを示したAI戦略を発表した。

1. 正しい　2. 正しくない

《解答》2. 正しくない

解説

英国ではなく、フランスにおける政策です。2018年３月にフランスが開催した国際会議において、マクロン大統領はフランスをAI先進国とするための戦略を発表しました。同戦略は、①フランスおよび欧州におけるAIエコシステムの強化、②データのオープン化政策の促進、③AIに関する研究プロジェクトやスタートアップ企業への投資、④AIの倫理的・政策的課題、の４点を柱としてまとめられています。

問題10 ✔□□□ AIの社会実装に向けた対応や課題の検討に関する政策として、適切な選択肢を選べ。

中国は、2020年から2030年までを３つのステップに分け、今後の注目分野や実現目標などを細かく規定した新世代人工知能発展計画を発表した。

1. 正しい　2. 正しくない

《解答》1. 正しい

解説

新世代人工知能発展計画は、2017年７月に中国国務院より発表された中国AI産業発展の指針であり、2020年から2030年までを３つのステップに分け、今後の注目分野や実現目標、AI産業市場規模、関連産業市場規模まで細かく規定しています。

問題11 ☑□□□ 日本の内閣府が2018年に、実現することを目標に掲げている未来社会ビジョンの名称として、最も適切な選択肢を1つ選べ。

1. AIaaS　2. Society 5.0
3. PRISM　4. Industrie 4. 0

《解答》2. Society 5.0

解説

内閣府は2018年に、未来社会ビジョン「Society 5.0（超スマート社会）」の実現を目標として掲げました。Society 5.0は、「必要なもの・サービスを、必要な人に、必要な時に、必要なだけ提供し、社会の様々なニーズにきめ細かに対応でき、あらゆる人が質の高いサービスを受けられ、年齢、性別、地域、言語といった様々な違いを乗り越え、活き活きと快適に暮らすことのできる社会」というように表現されています。

選択肢1. は、AI as a Serviceで、AIプログラムを構築する環境をサービスとして提供するビジネスモデルのことです。選択肢3. は、官民研究開発投資拡大プログラムのことです。選択肢4. は、ドイツ連邦政府が公表した国家戦略のことです。

問題12 ☑□□□ 日本の内閣府は、未来社会ビジョンの実現には第四次産業革命技術の社会実装が鍵だとしている。第四次産業革命技術に含まれる技術として、最も適切な選択肢を1つ選べ。

1. IoT、ビッグデータ、AI、ロボット
2. IoT、クラウド、AI、5G
3. ブロックチェーン、ビッグデータ、AI、クラウド
4. ブロックチェーン、ビッグデータ、RPA、ロボット

《解答》1. IoT、ビッグデータ、AI、ロボット

解説

第四次産業革命技術（IoT、ビッグデータ、AI、ロボット）の社会実装がSociety 5.0の実現に繋がります。Society 5.0は、IoTで全ての人とモノがつながり、それにより蓄積された膨大なビッグデータを人間の能力を超えたAIが解析し、その結果がロボットなどを通して人間にフィードバックされることで、これまでには出来なかった新たな価値が産業や社会にもたらされることになります。

問題13 ☑□□□ 以下の文章を読み、（ア）～（イ）に当てはまる組み合わせの選択肢を1つ選べ。

AIやディープラーニングが注目される昨今、技術者を支援するプラットフォームが増えてきている。代表的なものとして、Kaggleは（ア）を、Google Scholarは（イ）をそれぞれ可能にしている。

1.（ア）世界の有名大学のオンライン講義の受講、（イ）オンラインによるAIプログラミング学習
2.（ア）世界の有名大学のオンライン講義の受講、（イ）Web検索による論文・学術誌へのアクセス
3.（ア）コンペティションへの参加、（イ）オンラインによるAIプログラミング学習
4.（ア）コンペティションへの参加、（イ）Web検索による論文・学術誌へのアクセス

《解答》4.（ア）コンペティションへの参加、（イ）Web検索による論文・学術誌へのアクセス

解説

Kaggleは、世界中の機械学習・データサイエンスに携わる人たちが参加するコミュニティやコンペティション、およびその運営会社です。Google Scholarは、Googleの検索サービスの１つです。学術研究資料に特化したサービスで、論文、学術誌、出版物の全文やメタデータへのアクセスを可能としています。

「世界の有名大学のオンライン講義の受講」はCourseraの特徴です。

問題14 ✔□ □□ 以下の文章を読み、（ア）～（ウ）に当てはまる組み合わせの選択肢を１つ選べ。

自動運転技術は、その精度によって０～５のレベル分けがされている。これは、アメリカの非営利団体（ア）の「J3016」にて定められている。自動運転化が全くされていない通常の乗用車をレベル０とし、自動ブレーキなどの運転支援の機能がついたものはレベル（イ）、天候や道路などの特定の場所・条件に限り人手を必要としない運転機能をもつものはレベル（ウ）、あらゆる走行環境でも人手を全く必要としない運転機能をもつものをレベル５とされている。J3016では、レベル３以上を「自動運転」と定義している。

1.（ア）SAE、（イ）１、（ウ）４
2.（ア）SAE、（イ）１、（ウ）３
3.（ア）ITS、（イ）２、（ウ）４
4.（ア）ITS、（イ）２、（ウ）４

《解答》2.（ア）SAE、（イ）1、（ウ）3

解説

SAE（Society of Automotive Engineers）は、1905年に設立された乗り物に関する標準化機構です。自動運転のレベルを定義するJ3016を発行しており、日本は独自の自動運転の定義ではなく、J3016を採用しています。

SAEのJ3016では、各レベルを下記のように定義しています。

- レベル0：運転自動化なし（運転者がすべての運転タスクを実施）
- レベル1：運転支援（システムが前後・左右のいずれかの車両制御にかかわる運転タスクのサブタスクを実施）
- レベル2：部分的運転自動化（システムが前後・左右両方の車両制御にかかわる運転タスクのサブタスクを実施）
- レベル3：条件付き運転自動化（システムが全ての運転タスクを実施するが、フォールバックにおいては利用者が介入、運行設計は限定的）
- レベル4：高度運転自動化（システムが全ての運転タスクを実施するが、フォールバックにおいては利用者の介入なし、運行設計は限定的）
- レベル5：完全運転自動化（システムが全ての運転タスクを実施、フォールバックにおいては利用者の介入なし、運行設計も限定なし）

問題15 ☑☐☐☐ システム開発における代表的な開発手法にウォーターフォール型とアジャイル型がある。アジャイル型の特徴として、最も適切でない選択肢を1つ選べ。

1. 試行錯誤が必要な開発に適している
2. コストやスケジュールを管理しにくい
3. 要件不足や認識違いにより手戻り作業が発生しやすい
4. 仕様変更に柔軟に対応可能

《解答》3. 要件不足や認識違いにより手戻り作業が発生しやすい

解説

選択肢3. はウォーターフォール型の特徴です。ウォーターフォール型は、その他に「責任範囲が明確にできる」「コストやスケジュールを管理しやすい」といった特徴があり、要件やゴールが明確に決まっている開発に適しています。

選択肢3. 以外は、アジャイルの特徴です。

問題16 ☑☐☐☐ AI開発時に契約や開発が進まない課題に対して、経済産業省はAI・データ契約ガイドライン検討会を設置し、4つの段階で契約を締結しながら開発を進める探索的段階型を提唱している。４つの段階として、最も適切な選択肢を１つ選べ。

1. プロトタイピング、PoC、運用、追加学習
2. データ契約、設計、開発、テスト
3. データ契約、PoC、開発、追加学習
4. アセスメント、PoC、開発、追加学習

《解答》4. アセスメント、PoC、開発、追加学習

解説

AI開発においてステークホルダー間の認識違いを避けるためにも、適切なコミュニケーションやプロジェクト管理が必要になります。こうしたニーズに対して経済産業省は、AI・データ契約ガイドライン検討会を設置し、「アセスメント」「PoC」「開発」「追加学習」の4つの段階に分けて、それぞれの段階で必要な契約を締結していく探索的段階型を提唱しています。

問題17 ☑☐☐☐ 経済産業省が定めた「AI･データの利用に関する契約ガイドライン」では、AI開発のプロセスを４つの段階に分けている。PoC段階における目的として、最も適切な選択肢を１つ選べ。

1. 学習用データセットを用いてユーザが希望する精度の学習済みモデルが生成できるかを検証する
2. ベンダが納品した学習済みモデルについて、追加の学習用データセットを使って学習をする
3. 一定量のデータを用いて学習済みモデルの生成可能性を検証する
4. 学習済みモデルを生成する

《解答》1. 学習用データセットを用いてユーザが希望する精度の学習済みモデルが生成できるかを検証する

解説

PoCはモデルの本開発・導入の前段階で、期待する精度が得られるかを検証します。試行錯誤を繰り返すことで不確実な要素を取り除きます。

選択肢2.は追加学習、選択肢3.はアセスメント、選択肢4.は開発の段階における目的です。

問題18 ☑☐ ☐☐ AIの共同開発をする上で留意すべきこととして、<u>最も適切でない</u>選択肢を1つ選べ。

1. 設計・開発に移行した従来のソフトウェア開発においては、仕様が十分に特定されていることから請負型の契約が親和的であることが多いが、不確実性の高いAI開発の場合はPoCや開発段階において準委任型の契約が親和的である。
2. アジャイル型開発ではステークホルダーが関与する機会が多くあるため、要求に対して柔軟な対応が可能だが、責任の範囲や投資の回収時期が曖昧になりがちであるため、これらに関しても密なコミュニケーションを図る必要がある。
3. 契約交渉は、実際の開発状況に合わせてステークホルダー間で認識を合わせながら進めていく必要があるが、秘密保持契約については開発の終盤で結ぶことが望ましい。
4. 経済産業省が提唱する探索的段階型では、開発プロセスのそれぞれの段階で必要な契約を結ぶことで、試行錯誤をしながらニーズに合ったモデルを生成することがしやすくなるとしている。

《解答》3. 契約交渉は、実際の開発状況に合わせてステークホルダー間で認識を合わせながら進めていく必要があるが、秘密保持契約については開発の終盤で結ぶことが望ましい。

解説

秘密保持契約（NDA）は、個人情報や顧客情報、ノウハウなどの重要な情報のやり取りを他社と行う場合に、これらを勝手に外部に開示したり、目的外のことに利用したりすることを禁止する契約です。AI開発においては、開発の初期段階からノウハウや技術はもちろん、データのやり取りが発生するため、開発初期から秘密保持契約を締結することが適切です。

問題19 ☑☐ ☐☐ CRISP-DMの特徴として、最も適切な選択肢を1つ選べ。

1. CRISP-DMは、データ分析プロセスの方法論であり、5つの工程で構成されている
2. CRISP-DMでは、「データの準備」を行ってから「データの理解」を行う
3. CRISP-DMでは、「評価」後は必ず「展開/共有」する
4. CRISP-DMの各工程は、必ず順番に進めなければならない訳ではなく、相互に行き来することがある

《解答》4. CRISP-DMの各工程は、必ず順番に進めなければならない訳ではなく、相互に行き来することがある

解説

CRISP-DMは、データ分析プロセスの方法論であり、以下の６つの工程で構成されています。

- ●ビジネス課題の理解 ●データの理解 ●データの準備
- ●モデル作成 ●評価 ●展開/共有

各工程は一方通行のプロセスではなく、必要に応じて行ったり来たりを繰り返しながら適切な結果へと結びつけるためのプロセスです。

問題20 ☑□ □□ プログラミング言語であるPythonの特徴として、最も適切でない選択肢を１つ選べ。

1. シンプルなコードで読みやすく、わかりやすい
2. 処理速度が非常に高速である
3. 機械学習を実施する上で必要とされるライブラリが豊富
4. アプリケーションやWebシステムなどの開発にも利用できる

《解答》2. 処理速度が非常に高速である

解説

Pythonは、ソースコードを逐次解釈しながら実行する言語（インタプリタ型）であるため、処理速度が遅いというデメリットがあります。

問題21 ☑□ □□ Define-by-Runの説明として、最も適切な選択肢を１つ選べ。

1. 順伝播処理をしながら計算グラフを構築する
2. 計算グラフを構築した後に順伝播処理をする
3. パラメータの最適化が容易だが、処理途中の結果が確認しづらい
4. Facebook（現Meta）製のPyTorchは、Define-by-Runではなく、Define-and-Runの考え方が取り入れられている

《解答》1. 順伝播処理をしながら計算グラフを構築する

解説

主流の深層学習フレームワークが取り入れているDefine-by-Runは、学習データを入力しながら計算グラフ（ニューラルネットワーク）を構築する方式です。順伝播処理の実行と計

算グラフの構築を同時に行うため、実行中の処理結果を確認しやすいなどの柔軟性があります。

問題22 ✔□□□ 機械学習を行う際に、母集団を代表しないデータが学習データとして選ばれてしまう事象を指すバイアスとして、最も適切な選択肢を1つ選べ。

1. アルゴリズムバイアス　　2. 測定バイアス
3. サンプリングバイアス　　4. 観察者バイアス

《解答》3. サンプリングバイアス

解説

サンプリングバイアスは、学習に使用するデータに、モデルの活用環境が正確に反映されていない場合に生じる事象です。母集団とは、調査や研究の対象とする集合全体のことです。

問題23 ✔□□□ MLOpsの説明として、最も適切な選択肢を1つ選べ。

1. ITシステムの運用において、AIを適用しさらなる自動化や効率化を図ること
2. 機械学習チーム/開発チームと運用チームが互いに協調し、円滑な運用体制を築くこと
3. AIの企画・設計段階からあらかじめプライバシー保護の取り組みを検討すること
4. 100個のクラスがラベリングされている画像データセットのこと

《解答》2. 機械学習チーム/開発チームと運用チームが互いに協調し、円滑な運用体制を築くこと

解説

MLOpsは" Machine Learning" と" Operations" の合成語で、機械学習チーム/開発チームと運用チームが互いに協調し、モデルの実装から運用までのライフサイクルを円滑に進めるための管理体制を築くことを指します。

問題24 ✔□□□ 説明可能なAI（XAI）の説明として、最も適切な選択肢を1つ選べ。

1. ソースコードの可読性が高い

2. 予測結果や推論の計算プロセスの解釈可能性が高い
3. 学習に使われたデータの概要が明確
4. モデルのパラメータ数や構造を把握できる

《解答》2. 予測結果や推論の計算プロセスの解釈可能性が高い

解説

説明可能なAI（XAI）は、予測結果や推論結果に至るプロセスが人間によって説明可能になっているモデルのこと、あるいはその技術や研究のことです。つまり、モデルの推論プロセスを人間が解釈可能であるか（解釈可能性が高いかどうか）を指します。

問題25 ☑☐☐☐ 個人情報保護法における個人情報の説明として、最も適切な選択肢を1つ選べ。

1. 故人のみに関わる情報は保護の対象外である
2. 個人の姓（名字）と勤務先だけであれば個人を特定されることはないため、個人情報にあたらない
3. 個人識別符号は、カード等の書類に記載された符号のことであるため、指紋や音声、歩き方は該当しない
4. 数値化されたデータ（特徴量など）は個人情報になり得ない

《解答》1. 故人のみに関わる情報は保護の対象外である

解説

個人情報保護法の個人情報は「生存する個人」が対象であるため、故人のみに関わる情報は保護の対象外です。ただし、故人の情報であっても生存する個人と関連がある場合には、その生存する個人の個人情報になる場合があるため、注意が必要です。

選択肢2. について、姓と勤務先だけでも個人を特定される可能性はあるため、個人情報となり得ます。

選択肢3. について、個人識別符号は、カード等の書類に記載された符号以外に身体の一部の特徴を変換した符号も含まれるため、指紋や音声、歩き方も該当し、それによって個人が特定できる場合は個人情報にあたります。

選択肢4. について、数値化されたデータも個人識別符号に該当するため、個人情報になる可能性はあります。

問題26 ☑☐☐☐ 個人情報について以下の文章を読み、（ア）～（イ）に当てはまる組み合わせの選択肢を1つ選べ。

個人情報保護法上、個人情報は4つに分類される。個人データとは、データベースに含まれる個人情報のことをいう。保有個人データとは、個人情報取扱事業者に開示・訂正・消去等の権限があり、（ア）を超えて保有するものである。（イ）とは、人種、信条、社会的身分、病歴、犯罪の経歴、犯罪被害を受けた事実、その他本人に対する不当な差別、偏見などが含まれた個人情報のことである。

1. （ア）1年、（イ）従属的個人情報
2. （ア）1年、（イ）要配慮個人情報
3. （ア）6ヶ月、（イ）従属的個人情報
4. （ア）6ヶ月、（イ）要配慮個人情報

《解答》4.（ア）6ヶ月、（イ）要配慮個人情報

解説

問題文のとおりです。なお、要配慮個人情報を取得する際には、本人からの同意を得る必要があります。

問題27 ☑☐ ☐☐ 匿名加工情報を取り扱う事業者に課せられる義務として、最も適切でない選択肢を1つ選べ。

1. 匿名加工情報に含まれる個人に関する情報の項目を公表しなければならない
2. 匿名加工情報の加工方法を公開しなければならない
3. 自らが作成した匿名加工情報を、個人を特定するために他の情報と照合してはならない
4. 匿名加工情報に関する苦情処理方法を公表しなければならない

《解答》2. 匿名加工情報の加工方法を公開しなければならない

解説

義務の1つである安全管理措置の観点から匿名加工情報の加工方法の漏えいは防止しなければいけません。

問題28 ☑☐ ☐☐ 発明者に関する説明として、最も適切でない選択肢を1つ選べ。

1. 複数人が共同で発明をした場合、そのうちの一人のみが発明者になれる
2. 特許法上、AI自体が発明者になることはできない
3. 特許法上、法人が発明者になることはできない

4. 発明をしても特許要件を満たさなければ特許法で保護されない

《解答》1. 複数人が共同で発明をした場合、そのうちの一人のみが発明者になれる

解説

複数人が共同で発明をした場合には、その全員が発明者となって特許を取得することができます。なお、特許法上、自然人のみが発明者になれるため、法人やAIが発明者になることはできません。

問題29 ✔□ □□ 不正競争防止法上の営業秘密として保護されるために必要な特性として、最も適切な選択肢を1つ選べ。

1. 安全性、独自性、有期性
2. 安全性、有用性、有期性
3. 秘密管理性、独自性、非公知性
4. 秘密管理性、有用性、非公知性

《解答》4. 秘密管理性、有用性、非公知性

解説

不正競争防止法上、次の３つの特性が認められる情報は営業秘密として保護されます。

- ●秘密管理性（秘密として管理する意思を従業員などに示す度合い）
- ●有用性（営業上・技術上における商業的価値の度合い）
- ●非公知性（当該情報が一般的に知られていない度合い）

問題30 ✔□ □□ ディープラーニングを利用して、２つの画像や動画の一部を交換させる技術して、最も適切な選択肢を１つ選べ。

1. ディープスワッピング
2. ディープフェイク
3. ディープブルー
4. 敵対的生成ネットワーク

《解答》2. ディープフェイク

解説

ディープフェイクは、世間一般には偽画像や偽動画のことを指すと認識されていますが、本来の意味は「ディープラーニングを利用して、２つの画像や動画の一部をスワップ（交換）させる技術」のことです。ポルノ動画の顔を有名人の顔に変更した動画を作成、公開したり、政治家や有名人などの影響力のある人の発言を動画で作り出したりするなどの倫理的な問題にも発展しています。

問題31 ☑☐ ☐☐ インターネット上で自分の見たい情報しか見えなくなることを指す用語として、最も適切な選択肢を１つ選べ。

1. コンテンツフィルタリング
2. パーソナライゼーション
3. フィルターバブル
4. アンダードッグ効果

《解答》3. フィルターバブル

解説

フィルターバブルは、インターネット上で泡（バブル）の中に包まれたように自分の見たい情報しか見えなくなることを指す用語です。インターネット上でAIなどによって趣味嗜好や検索傾向が分析され、情報を選り分けられることで、視野が狭くなることや異なる価値観・考え方に触れる機会がなくなることが問題点として挙げられています。

問題32 ☑☐ ☐☐ Adversarial Attacks（敵対的な攻撃）と関連が深い内容として、最も適切な選択肢を１つ選べ。

1. 実在しない高精度なアイドル画像を生成した
2. ある画像に微小なノイズを付加することで誤った認識をさせた
3. フェイクニュースを自動生成できるモデルを生成した
4. 機械学習に用いる画像データの輝度や明度を変えたり、反転させたりした

《解答》2. ある画像に微小なノイズを付加することで誤った認識をさせた

解説

Adversarial Attacksは、意図的に微小なノイズや特定の模様（パッチ）を加えたデータを用いてAIを騙す攻撃手法です。有名な例として、パンダの画像に微小なノイズを加えたことで、画像認識モデルがテナガザルと誤認識をしました。

問題33 ☑☐ ☐☐ シリアス・ゲームの説明として、最も適切な選択肢を１つ選べ。

1. ゲーム感覚でAI開発に取り組めるツール群
2. 純粋な娯楽のためではなく、社会問題の解決を目的とするコンピュータゲームの総称
3. 特定の目的やゴールが存在せず、プレイヤーが自分で目的や目標を決めて自由に遊ぶコンピュータゲームの総称
4. 画像認識モデルの精度を競うゲームの総称

《解答》2. 純粋な娯楽のためではなく、社会問題の解決を目的とするコンピュータゲームの総称

解説

シリアス・ゲームは、純粋な娯楽目的ではなく、社会課題の解決や教育、啓発を目的として作られているコンピュータゲームの総称です。

問題34 ☑☐ ☐☐ GDPRに関する説明として、最も適切な選択肢を1つ選べ。

1. GDPRはEEA域内に事業展開している日本企業の現地従業員も対象となるが、EEA内で収集したデータの分析などを日本国内のみで実施している場合は規制の対象とならない
2. GDPRはEU加盟国の場合は規則が緩和されるため、EEA域内で取得した個人データをEEA域外に移転できる
3. GDPRにおいて十分性認定を受けた国は煩雑な手続きなしでEU域内から個人データを持ち出せるようになるが、2021年時点で日本は十分性認定を受けていないため個人データを日本に移転することはできない
4. GDPRでは個人の氏名や住所、クレジットカード番号のみならず、位置情報やクッキー情報も個人情報と見做される

《解答》4. GDPRでは個人の氏名や住所、クレジットカード番号のみならず、位置情報やクッキー情報も個人情報と見做される

解説

2018年5月に適用開始したGDPR（EU一般データ保護規則）では、個人を直接的に、または間接的に識別され得る情報も個人情報と見做しているため、位置情報やオンライン識別子（クッキー情報やIPアドレスなど）も個人情報に見做されます。

GDPRはEU加盟国に対しても同一に直接効力を持つため、個人データをEEA域外に移転することは原則禁止されます。また、日本は2019年1月23日に十分性認定を受けています。

数理・統計の例題

ディープラーニングG検定試験では、AIに関する問題のほかに、数理・統計が出題範囲となっている。“シラバス2021”によると、統計検定３級程度の問題が出題され、微分などの最適化に必要な計算や、機械学習で用いられる統計基礎が出題される。以下に、いくつかの例題を用意したので、取り組んでみましょう。

問題演習

例題 1 ✔□□□ 外から見えない袋の１～５の数字の書いたボールが一つずつ入っている。中身を見ずに一つだけ取り出す場合の期待値を選択肢から選べ。

1. 1
2. 12/5
3. 3
4. 5/3

《解答》3. 3

解説

期待値は取り出される数値の平均です。(1+2+3+4+5)/5=3が正解です。

例題 2 ✔□□□ 座標A（a,b）と座標B（c,d）のユークリッド距離を選択肢から選べ。

1. $\sqrt{(a-c)^2+(b-d)^2}$
2. $(|a-c|+|b-d|)$
3. $\max(|a-c|, |b-d|)$
4. $\dfrac{ac+bd}{\sqrt{a^2+b^2}\sqrt{c^2+d^2}}$

《解答》1. $\sqrt{(a-c)^2+(b-d)^2}$

解説

距離の測り方にはいくつか種類があります。ユークリッド距離は座標の直線距離を表しており、選択肢1. が正解です。選択肢2. はマンハッタン距離、選択肢3. はチェビシェフ距離、選択肢4. はコサイン類似度を表しています。

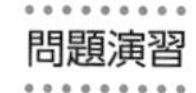

例題3 ☑☐☐☐ 次の式をx_0について偏微分した結果を選択肢から選べ。

$$f(x_0, x_1) = 2{x_0}^3 + {x_0}^2 + 2{x_1}^2 + x_0 - x_1$$

1. 0
2. 1
3. $6{x_0}^2 + 2x_0 + 1$
4. $6{x_0}^2 + 2x_0 + 4x_1$

《解答》3. $6{x_0}^2 + 2x_0 + 1$

解説

偏微分は注目した変数以外は定数として扱う微分方法です。注目した変数の変化量に対して関数全体の変化量をはかることができます。この場合、x_0についてのみ微分を行うので、x_1は消えて選択肢3. が正解です。

例題4 ☑☐☐☐ A社の売上と株価の関係には線形な相関が見られたため、線形回帰を行ったところ次の関数が得られた。

$$y = \frac{1}{15}x + 100$$

目的変数 y：株価
説明変数 x：売上
この結果の解釈として正しいものを選択肢から選べ

1. 売上が1500の時、株価は200前後となることが予想される
2. 売上が下がれば、株価は上がることが予想される
3. 売上が1000上がるごとに、株価は50前後上がることが予想される
4. 売上は株価に影響がない

《解答》1. 売上が1500の時、株価は200前後となることが予想される

解説

線形回帰の問題です。売上の値をxに代入して計算した結果がy（株価）として得られます。

例題5 ☑☐ ☐☐ 次に示す母集団UがU' に変更された場合に言えることについて、もっとも適切なものを選択肢から選べ。

U =[40, 30, 45, 55, 60]

U' =[40, 30, 95, 55, 60]

1. Uに比べ、U' の標準偏差は大きい
2. U' の中央値は変わらない
3. Uに比べ、U' の平均は小さい
4. Uに比べ、U' の分散は小さい

《解答》1. Uに比べ、U' の標準偏差は大きい

解説

Uの３つ目の要素が45から95に変更されています。標準偏差と分散はデータのバラつきを表す指標です。平均から大きく外れる値に変更されたため、標準偏差や分散は大きくなります。

そ

た

ち・つ

て

と

に・ね

は

○執筆者紹介

佐野 大樹（さの たいき）

1988年12月生まれ。神奈川出身で滋賀県在住。株式会社クロノスに所属する講師兼システムエンジニア。

技術を理解した上で仕事に昇華できることをモットーにエンジニアの育成に取り組む。新卒で入社したIT企業ではインフラからフロントエンドまで幅広く開発業務を担っていたが、恩師から教えることの面白さや奥深さを学び、講師への転身を決意。現在はアプリケーションの開発をしつつも、技術研修やAIセミナーに登壇するなど幅広く活動している。

藤丸 卓也（ふじまる たくや）

1986年８月生まれ。福岡県出身。株式会社クロノスに所属する講師兼システムエンジニア。

2018年と2021年にG検定取得。新卒で東京の某IT企業でシステムエンジニアとして大手企業の業務基幹システム構築などに携わる。現在はシステム開発をしつつ、春先は新入社員研修の講師を務め、その他の時期では数多くのAIセミナーに登壇している。

趣味は旅行、カメラ、登山、筋トレ。月に最低一つは新しいことにチャレンジすることを心掛けて生きる。座右の銘は「人は繰り返し行うことの集大成である。ゆえに優秀さとは、行為でなく、習慣である。」

スッキリわかるディープラーニングG検定（ジェネラリスト）
テキスト＆問題演習　第２版

（2020年３月31日　初版　第１刷発行）
2022年２月28日　第２版　第１刷発行

著　　者　株式会社クロノス
発 行 者　多　田　敏　男
発 行 所　TAC株式会社　出版事業部
（TAC出版）

〒101-8383
東京都千代田区神田三崎町3-2-18
電 話 03（5276）9492（営業）
FAX 03（5276）9674
https://shuppan.tac-school.co.jp

組　　版　株式会社　グ　ラ　フ　ト
印　　刷　株式会社　ワコープラネット
製　　本　株式会社　常　川　製　本

Printed in Japan

ISBN 978-4-300-10101-8
N.D.C. 007

書籍の正誤についてのお問合わせ

万一誤りと疑われる箇所がございましたら、以下の方法にてご確認いただきますよう、お願いいたします。

なお、正誤のお問合わせ以外の書籍内容に関する解説・受験指導等は、**一切行っておりません。**
そのようなお問合わせにつきましては、お答えいたしかねますので、あらかじめご了承ください。

1 正誤表の確認方法

TAC出版書籍販売サイト「Cyber Book Store」の
トップページ内「正誤表」コーナーにて、正誤表をご確認ください。

CYBER TAC出版書籍販売サイト BOOK STORE

URL:https://bookstore.tac-school.co.jp/

2 正誤のお問合わせ方法

正誤表がない場合、あるいは該当箇所が掲載されていない場合は、書名、発行年月日、お客様のお名前、ご連絡先を明記の上、下記の方法でお問合わせください。
なお、回答までに1週間前後を要する場合もございます。あらかじめご了承ください。

文書にて問合わせる

●郵送先　〒101-8383 東京都千代田区神田三崎町3-2-18
TAC株式会社 出版事業部 正誤問合わせ係

FAXにて問合わせる

●FAX番号　**03-5276-9674**

e-mailにて問合わせる

●お問合わせ先アドレス　**syuppan-h@tac-school.co.jp**

※お電話でのお問合わせは、お受けできません。また、土日祝日はお問合わせ対応をおこなっておりません。
※正誤のお問合わせ対応は、該当書籍の改訂版刊行月末日までといたします。

乱丁・落丁による交換は、該当書籍の改訂版刊行月末日までといたします。なお、書籍の在庫状況等により、お受けできない場合もございます。
また、各種本試験の実施の延期、中止を理由とした本書の返品はお受けいたしません。返金もいたしかねますので、あらかじめご了承くださいますようお願い申し上げます。

TACにおける個人情報の取り扱いについて
■お預かりした個人情報は、TAC(株)で管理させていただき、お問い合わせへの対応、当社の記録保管および当社商品・サービスの向上にのみ利用いたします。お客様の同意なしに業務委託先以外の第三者に開示、提供することはございません(法令等により開示を求められた場合を除く)。その他、個人情報保護管理者、お預かりした個人情報の開示等及びTAC(株)への個人情報の提供の任意性については、当社ホームページ(https://www.tac-school.co.jp)をご覧いただくか、個人情報に関するお問い合わせ窓口(E-mail:privacy@tac-school.co.jp)までお問合せください。

(2020年10月現在)